施工现场专业管理人员实用手册系列

材料员实用手册

汪 灵 主编

U0285729

中国建筑工业出版社

图书在版编目（CIP）数据

材料员实用手册/汪炅主编. —北京：中国建筑工业
出版社，2017.4
（施工现场专业管理人员实用手册系列）
ISBN 978-7-112-20367-3

Ⅰ.①材… Ⅱ.①汪… Ⅲ.①建筑材料-技术手册
Ⅳ.①TU5-62

中国版本图书馆 CIP 数据核字（2017）第 013807 号

　　本书是"施工现场专业管理人员实用手册系列"丛书中的一本，供施工现场材料员学习使用。全书结合现场专业人员的岗位工作实际，详细介绍了材料员岗位主要工作、职责及职业发展方向、材料员的技术基础知识。对建筑工程胶凝材料、建筑木材、混凝土、建筑砂浆、建筑钢材、其他金属制品、砌筑材料、建筑绝热保温材料、建筑吸声材料、建筑防水材料、沥青、沥青混合料、合成高分子材料、新型建筑材料等常用材料的性质进行讲解。本书可作为材料员的培训教材，也可供职业院校师生和相关专业技术人员参考使用。

责任编辑：王砾瑶　范业庶
责任设计：李志立
责任校对：李欣慰　张　颖

施工现场专业管理人员实用手册系列
材料员实用手册
汪　炅　主编

*

中国建筑工业出版社出版、发行（北京海淀三里河路9号）
各地新华书店、建筑书店经销
北京科地亚盟排版公司制版
北京圣夫亚美印刷有限公司印刷

*

开本：850×1168毫米　1/32　印张：13⅜　字数：345千字
2017年5月第一版　2017年5月第一次印刷
定价：**36.00**元
ISBN 978-7-112-20367-3
（29906）

施工现场专业管理人员实用手册系列
编审委员会

出　版　说　明

　　建筑业是我国国民经济的重要支柱产业之一，在推动国民经济和社会全面发展方面发挥了重要作用。近年来，建筑业产业规模快速增长，建筑业科技进步和建造能力显著提升，建筑企业的竞争力不断增强，产业队伍不断发展壮大。因此，加大了施工现场管理人员的管理难度。

　　现场管理是工程建设的根本，施工现场管理关系到工程质量、效率和作业人员的施工安全等。正确高效专业的管理措施，能提高建设工程的质量；控制建设过程中材料的浪费；加快建设效率。为建筑企业带来可观的经济效益，促进建筑企业乃至整个建筑业的健康发展。

　　为满足施工现场专业管理人员学习及培训的需要，我们特组织工程建设领域一线工作人员编写本套丛书，将他们多年来对现场管理的经验进行总结和提炼。该套丛书对测量员、质量员、监理员等施工现场一线管理员的职责和所需要掌握的专业知识进行了研究和探讨。丛书秉着务实的风格，立足于工程建设过程中施工现场管理人员实际工作需要，明确各管理人员的职责和工作内容，侧重介绍专业技能、工作常见问题及解决方法、常用资料数据、常用工具、常用工作方法、资料管理表格等，将各管理人员的专业知识与现场实际工作相融合，理论与实践相结合，为现场从业人员提供工作指导。

本书编写委员会

主　　编：汪　炅

编写人员：裘樊安　王益坚　汪乔林　黄　成　张方晖

应信群

前　　言

　　随着国民经济的蓬勃发展，建筑施工也迅猛发展，施工技术日新月异，并在许多方面有了新的突破，各种新技术、新工艺、新材料不断涌现，需要从事建筑施工的现场管理人员不断学习，更新知识，以适应施工技术发展的需要。材料员作为基层的技术组织管理人员肩负着重要的职责。为了提高材料员的素质和工作水平，进一步完善施工现场全面材料的管理问题，我们编写了这本《材料员实用手册》。

　　全书以"理论够用，实践为重"为原则，强调了对于材料员应掌握的基础知识、标准、规范和操作技术；立足于实践应用，结合专业特点，突出业务技能。同时，充分考虑了土木工程材料知识的特点、难点、要点，体现了实用性。

　　本书主要内容为材料的基本性质、建筑工程胶凝材料、建筑木材、混凝土、建筑砂浆、建筑钢材、其他金属制品、砌筑材料、建筑绝热保温材料、建筑吸声材料、建筑防水材料、沥青、沥青混合料、合成高分子材料、新型建筑材料等。在编写过程中参考了国家有关最新规范，突出了实用性和适用性。

　　本书由杭州建德市建筑业管理处汪昃担任主编，杭州市土地发展有限公司裘樊安、杭州运河集团建设管理有限公司王益坚、杭州萧山环境集团有限公司汪乔林、杭州大江东区建设工程质量安全监督站黄成、杭州市城市基础设施建设发展中心张方晖和浙江文华建设项目管理有限公司应信群参与编写。

　　本书编写过程中参阅了大量文献和国家标准、行业规范，在此对各参考文献的作者表示衷心的感谢。由于建筑科学技术和土木工程材料发展很快，新材料、新品种不断面世，而且土木工程的各领域各行业的技术标准不尽统一，加上编者的水平有限，书中的疏漏、不足之处敬请读者批评指正。

目　　录

第1章　材料员岗位职责及
职业发展方向

1.1　材料员的地位及特征

　　材料是建筑业必不可少的物质基础，是构成房屋建筑主体结构的重要组成部分。在建筑工程中，材料费用占工程总造价的 70％左右，材料的质量、性能、品种和规格直接影响到建筑工程的质量，影响建筑物的功能，影响建筑物的使用寿命，影响我国的能源战略，特别是许多的材料耗能较大，材料的发展对我国的节能减排、创建节能型社会有重要意义。因此，一个建筑企业材料管理的好坏，是衡量其经营管理水平和实现文明施工的重要标志之一，也是保证工程进度和工程质量、提高劳动效率、降低工程成本的重要环节。建筑企业的盈亏与建筑材料的采购成本和现场消耗有着很大的关系，因此材料员的工作就显得尤为重要，同时也对材料员提出了较高的素质要求。

　　一般来说，材料员包括材料计划员、材料采购员、仓库材料保管员和施工现场材料员，但在实行项目承包的过程中也有一人兼上述数职的情况，不管怎样分工，材料员都必须围绕着"从施工生产出发，为施工生产服务"这个中心，并按照"计划、采购、运输、仓储、供应到施工现场"的基本程序，加强供、管、用三个环节的协调配合，从而保证施工生产的顺利进行和创造较好的经济效益。

1.2　材料员应具备的条件

　　材料员在业务管理的工作中起到极为重要的作用，材料员的工作主要是在保证材料供应的前提下尽量做到零库存，并对材料进行有效保管。施工是一种附加值较低的行业，在其成本费用构成中，材料占 70％ 甚至更多，所以材料管理是施工企业业务管理的重中之重，对施工企业的盈亏起着决定性影响。

材料员需要具备相应的就业条件，具备丰富的物资管理知识和经验。表面上看，材料员无非是根据项目经理的交代去购置材料，但实质上，采购只是基础环节，一次购置多少，如何保管，如何设立一个好的体系保证快速知道材料的消耗情况，这些才是关键。而做到这一点就需要了解保管、账表统计和材料成本核算等物资管理知识。另外，由于掌握一定的现金，而且手握材料验收的大权，因此材料员的品德非常重要。

1.3 材料员应完成的主要工作任务

1.3.1 现场材料管理

现场材料管理是在施工组织设计的统一部署下进行的材料专业管理工作，其主要任务是做好现场材料备、收、管、用、算五个方面的工作。

"备"就是做好施工前的材料准备工作。现场材料人员要参与施工准备，同有关单位商定进料计划，做好现场堆料安排与仓储设置，并按照施工组织设计要求，促使施工部门做好现场材料进场的各项准备。

"收"就是做好进场材料的验收工作。按工程预算或定包合同材料数量，结合工程进度需要而正确编制材料的进场计划，及时反映用料信息，并按施工进度，组织材料有次序地适时供应；严格进场材料验收手续，保证质量和数量准确无误，以避免质差、量差、价差的三差损失。

"管"就是做好现场的材料管理。坚持进场材料按平面布置堆放，按保管规程进行保管；坚持收、发、领、退、回收、盘点制度；贯彻周转材料的租赁办法，建立"用"、"管"、"清"责任制。

"用"就是监督材料合理使用。严格定额供料、定额考核，贯彻节约材料的技术措施，实行材料定包和节奖超罚制度，组织修旧利废，监督班组合理使用材料。

"算"就是加强定额管理、经济核算与统计资料分析工作。正确填制收、发、领、退各种原始记录和凭证；同时，建立单位工程台账，搞好单位工程耗料核算，以便分析节超原因；填制统计报表，并办理经济签证，及时整理并管好账单和报表资料；建立单位工程材料计划与实际耗用档案，定期统计分析，积累定额资料，总结管理经验，不断提高现场材料管理水平。

1.3.2 施工前的现场材料准备工作

施工准备工作是一项细致的技术工作和组织工作，是保证建筑施工有计划、有节奏的顺利进行，多、快、好、省地完成各项施工任务的基础。准备工作做好了就能做到事半功倍，否则就会使各项工作被动。

施工准备工作的基本任务是：掌握建设工程的特点和进度需要，摸清施工的客观条件，经济合理地部署和使用施工力量，积极及时地从技术、物资、人力和组织等方面为建筑施工创造一切必要的条件。

接受施工任务后要现场调查和规划，首先要熟悉工程项目、建设规模、技术要求与建设期限，而且要对地形、地质、气象、水文等自然条件进行调查，对材料资源、加工能力、交通运输、施工用水和用电以及生活物资供应等经济条件进行调查。

施工现场材料准备工作的主要内容可概括为"六查"、"三算"、"四落实"、"一规划"。

1. "六查"的内容与目的要求

（1）查工程合同或协议：包括工程项目建设期限、承建方式和供料方式等。签订合同或协议，以便与建设单位商定材料供应的分工范围，预付款额度等。

（2）查工程设计：包括工程用途、结构特征、建筑面积、工作量、特殊材料的选用等。根据工程设计计算主要材料需用量，有无特殊材料及品种规格要求，以便安排备料。

（3）查现场自然经济条件：包括现场地形、气候、当地材料资源、产量、质量、价格、交通运输条件与社会运力等。先查清现场自然经济条件，再进行经济分析，以便就地就近取材，选择最佳经济效益的货源供应点和运输路线。

（4）查施工组织设计：包括总平面布置、施工总进度、大型设施搭设、技术措施、主要材料和构件需用计划等。进行施工组织设计，以制定材料仓库的现场堆放位置规划，计算脚手架工具和周转材料用量，以及计算主要材料分期分批进场数量。

（5）查供货资源落实情况：包括建设单位、上级供料部门和市场货源等。落实货源供货情况，提前解决缺口材料。

（6）查管理规章制度：包括上级和本单位制定的各项管理规章制度，并按照现场实际需要，拟订切合实际而又简明可行的补充办法。

2. "三算"的内容与目的要求

（1）算主要材料需要量和运输装卸作业量，包括材料品种、规格、质量、数量及用料时间，以便编制材料需要和供应计划、运输计划，并报送有关单位（供货单位、运输单位、装卸搬运单位）联系解决货源供应、运输、装卸搬运等问题。

（2）算现场大宗材料及各类构件（钢、木、混凝土构件与成型钢筋等）的用料顺序、时间、批量，据以规划堆放位置与堆放面积，以便按施工顺序、进度、分期分批地组织进场子。

（3）算各类仓库（包括木材、模板、架料等）的储存容量，确定规模与人员配备，既为合理存放提供必要条件，又可节约开支不增大临时设施费用。

3. "四落实"的内容与目的要求

（1）落实单位工程施工图预算、施工预算和现场平面布置，核实材料需要计划与材料供应计划，向单位工程、承包班组核发材料，安排大宗材料直达现场堆放。

（2）落实各类构件的加工订货与交货日期，以及配套生产情况，为有计划地合理组织施工提供信息。

（3）落实建设单位、供料部门和自购材料的供料时间安排，向施工部门提供正确的供料信息，为制定施工作业计划作参考，使供料部门各种管理人员做到心中有数，并对材料进场事先做好安排。

（4）落实节约材料技术措施，要与有关部门配合督促检查，促进主要材料节约指标的实现。

4. "一规划"的内容与目的要求

"一规划"就是要切实做好现场大宗材料堆放位置的平面规划。"一规划"是根据现场工程施工的进展情况，再结合不同施工阶段的不同情况、不同特点、不同条件，因地制宜地对材料堆放进行合理规划和布置。"一规则"的目的要求是：尽量做到进料一次就位，避免二次转运；尽量靠近用料地点，以缩短运距，提高工效；做到道路畅通，以保证进料、领料、施工生产互不发生干扰。

1.3.3 现场材料管理程序

施工现场是建筑企业多种任务联合作业的场所，使用的各种材料、构件、设备、工具品种规格繁多，加上露天作业、流水作业与立体交叉作业多，工序衔接复杂，劳动力调进调出频繁。要在这样一个复杂的施工生产领域里合理组织施工生产，做好材料供、管、用等工作，按质按期地多、快、好、省地完成建设任务，必须用科学的方法进行管理。

1. 把好进场材料验收关

进入施工现场的材料，其质量的优劣、数量的缺亏，最终必然要反映到建筑产品的质量及成本上来。要保证建筑工程的质量，并促使建筑工程各项技术经济指标获得全优，首先就要保证材料的质量，因此，对进入施工现场的材料要严格验收其规格、质量和数量，对不符合技术要求的，要拒收退货。

（1）代用材料的验收：材料代用是经常发生的问题。由于供应的材料规格不符合施工用料要求或因设计变更而改变用料规格，因而发生材料代用，如钢筋大规格代小规格化、水泥高强度等级代低强度等级。建设单位来料在收料时发现供料不符合施工用料要求者，应先办理经济签证手续，明确经济损失处理后再验收。如果在收料后发生设计变更而代用者，则以技术核定单作依据。

（2）保证进场材料的数量准确：材料进场要按照法定计量单位和标准计量器具，采取点数、过磅、标尺、换算、量方等办法进行数量验收。周转材料必须按租用合同规定内容和计量方法验收，不用时应及时退租。构件应按型号规格单位体积计量验收。

（3）质量问题：按施工技术管理规定，立体结构用料必须具有质量合格证明，无质量合格证证明者不能验收。有的材料（如水泥、焊条等）虽有合格证明，但已超过保管期限或已发现变质，必须重新检验，经检验合格后才能验收，其检验费用由供料的一方负担。

一切进场材料验收，都必须做好原始记录，经核对无误后才能正式办理验收凭证和入库入账手续，不得随便在进场料单上签字，一经签收，就要负责到底。

2. 把好现场材料的发放关

材料发放是材料工作服务于生产的直接体现，也是加强现场材料管理的环节。加强材料管理，就是要彻底改变敞口供应（即"以领代耗"）那种不讲经济核算吃"大锅饭"的局面，要做到领有标准，发有依据，控制乱要、多要等不良现象。控制发料一般有以下办法：

（1）按定额发料：就是按施工预算的材料消耗进行发料，做到发料、用料有定额。工程完工后，余料要退回，避免浪费，同时还要检查造成材料超耗和节约的原因。对超耗材料的必须查明原因，经核定批准后，才能补发，并要明确经济责任。

对于不是直接构成建筑实体的材料和使用工具，即周转材料和工具（如脚手架周转材料、模板、夹具和高凳等），现在一般都实行租赁办法，使用阶段由班组负责保管，完工后进行清点，超过定额规定损耗要查明原因，负一定经济责任，节约的要发给资金进行鼓励。

分部分项工程共享的材料，如水泥砂浆、混凝土等，有条件的应建立集中搅拌站，实行商品供应；或按限额发牌子，结算时可根据收回牌子的数量进行用料结算。这个办法可以避免砂浆、混凝土搅拌了无人用，同时也易于分别核算。搅拌站每天生产的产品以及按配合比耗用的原材料，应逐日做好记录，整理汇总，分单位工程或分部分项工程分户记账，由班组材料员核实签字认可，再办理领用手续。共享的材料一般不要采用按任务摊的办法，更不能吃"大锅饭"。对自搅自用者，应请专人控制配料，以防无形浪费。

（2）按定包合同发料：实行内部承包经济责任制，按栋号或分部分项材料消耗定额包干使用的，可按以下三种方式核发材料：

1）实行单位工程栋号承包的，按栋号定包合同核定的施工预算或施工图预算材料包干计划发料。

2）根据专业施工要求，组织专业工程队按分部工程或专业施工项目进行定包的，如模板工程、混凝土工程、砂浆搅拌、油漆、玻璃等，可以分别按分项工程量、技术措施、配合比及有关施工定额计算的材料需用量进行发料。

3）按分项工程以生产班组进行定包核算的，如砌砖、抹灰、油漆、防水、木作及混凝土等，分别按分项工程量及有关定额资料核算的材料需要量进行发料。

3. 把好现场材料保管关

现场材料大多属于露天存放，与仓库保管方法不尽相同，但都应做到安全、完整、整齐，并加强账、卡、物管理。同时，按照材料的性能不同，采取不同的保管措施，以减少消耗、防止浪费、方便收发、有利施工。对现场大宗材料和结构件，一般应按品种采取以下方法进行保管：

（1）钢材的保管：按不同的钢号、品种规格、长度及不同的技术质量标准分别堆放，对退回的可用的余料也需要分材质堆放，以利使用，对所有钢材均应防潮和防酸碱锈蚀。完好与锈蚀的钢材应分开，并及时除锈，尽早投入使用。

（2）水泥的保管：水泥是水硬性胶凝材料，受潮后会发生硬化，降低强度，一般应专库保管，如需在露天短期存放，必须有足够毡垫及防雨措施。堆放水泥要按厂别、品种规格、强度等级、出厂日期分开保管，坚持先进先用的原则；散装水泥应用水泥罐或设置密封仓库进行保管，并严禁不同品种强度等级混装。

（3）木材保管：施工现场一般均用垛堆放板材等锯材，堆垛时应按树种、材质、规格、等级、长短、新旧分别堆放，场内要清洁，除去一切杂物杂草，并设垛基 40cm 以上，而且要留有空隙，以便通风。此外，注意防火、防潮、防腐、防蛀，还要避免暴晒引起的开裂翘曲。

（4）砖瓦的保管：普通砖与空心砖都可以露天存放，但要求地基坚实、平坦、干净，应留走道，四周要排水。饰面砖和耐火砖、耐酸砖等应储存在室内棚库，如无条件需在露天存放时须上盖下垫，以防受潮影响质量。堆放饰面砖、耐火砖时，应按不同品种、规格、式样、色彩悬挂标牌，定量堆垛，以便于收发、保管和盘点。平瓦堆放整齐，瓦与瓦之间排列要紧密，叠放高度不超过五层，用途及等级不同者应分别堆放。石棉瓦应在棚库内保管，平直存放，注意防振，以免破裂而不能使用；堆放室外时，须覆盖，防止瓦上积水，每垛高度以不超过 50 张为宜，垛上不得放置杂物，不得敲击，以免损坏。

（5）砂、石的保管：应按施工平面布置图在工程使用点或搅拌台站附近堆放保管，并按堆放悬牌标明规格数量，不得任意搬迁乱堆乱放。地面要平整坚实，做好存放，以利检尺量方，防止污水、液体油脂浸入砂石中。彩色石子或白石子等一般用编织袋装运，未用包装装运的应冲洗后使用。散装石子或石粉，应修建简易库房，而且要分别堆存。

（6）石油沥青的保管：石油沥青是易燃有毒物品，要注意防火、防毒，绝对避免与易燃品堆放在一起，还应防止风吹、日晒、雨淋，按品种牌号分别堆放。假如发生火灾，切忌用水扑救，以免热液流散而扩大灾害损失，须用泡沫灭火机、二氧化碳灭火机、四氯化碳灭火机扑灭，或用砂土扑灭。

（7）钢筋混凝土构件的保管：按分阶段的平面布置图规定位置堆放，场地要平整夯实，尽可能靠近起吊设备的起吊半径规范内。堆放时要弄清钢筋分布情况，不能放反。不宜堆码过高，上下垫木位置要垂直同位。按规格、型号结合施工与进度分层分段，把先用的堆在上面，以便按顺序进行吊装，防止倒塌、断裂和二次搬运。

（8）钢、木构件的保管：分品种、规格、型号堆放，要上盖下垫、挂牌标明，以防止错发错领，存放时间较长的钢、木门窗、铁件等要放入棚库，防止日晒雨淋、变形或锈蚀。

4.把好现场材料的盘点关

施工现场的材料（包括周转材料）必须按月、季、年度进行盘点，在分部、分项竣工和单位工程竣工时也需及时盘点。

竣工后材料员要对现场存料以及周转使用材料全面清查、盘点，编制材料盘点表，以便做到心中有数。盘点应做到账物相符、账账相符，以利正确结算工程实际耗用材料数量，以利正确计算班组定包的节、超数量，为工程成本核算提供准确依据。

施工现场材料盘点工作量大，时间紧，尤其是周转材料（如脚手架、模板）很难盘点正确。因此，要依靠群众，认真组织力量，集中时间，逐项进行有计划的盘点，并与租赁数量核对，不能马虎对待和走过场。通过盘点，施工现场应做到"三清"、"三有"、"一保证"。"三清"，即数量清、质量清、账目清；"三有"，即盈亏有原因、积压报废有报告、调账面有依据；"一保证"，即保证账、表、物、资金四对口。

1.3.4 材料消耗过程中的管理

材料耗用过程的管理，就是对材料在施工生产消耗过程中进行组织、指挥、监督、调节和核算，借以消除不合理的消耗，以达到物尽其用、降低材料成本、增加企业经济效益的目的。

在建筑安装工程中，材料费用占工程造价比重很大。建筑企业的利润，大部分来自材料采购成本的节约和降低材料的消耗，特别是来自降低现场材料的消耗。因此，材料员应做好如下工作：

1. 搞好"两算"对比

施工预算是建筑企业根据施工图、施工方案、技术节约措施、配合比及施工定额计算出产品生产的工料计划，是企业对施工班组实行内部核算、定额管理包干使用的准则，也是企业内部核算成本费用支出的依据。通常所说的"两算对比"，就是在施工前施工图预算的工料费用中主要材料实物量的预算收入数，用来与施工预算的工料费用、主要实物量的预计支出数进行对比。目的在于：先算后干，做到心中有数；核对施工预算有无错误；对施工预算中超过施工较长预算的项目，要及时查找原因，尽快采取措施。由于施工预算编制较细，又有比较切实合理的施工方案和技术节约措施，一般应低于施工图预算。

2. 抓好"三基"是实施两算的基础

一是基层组织建设，关键在于施工班组的建设。班组是企业的基层生产组织，也是企业管理的主要对象，企业的计划与技术经济指标都要依靠生产班组来完成。因此，选配好班组领导和技术业务骨干，是完成任务的保证；二是基础管理工作，主要是建立健全企业的各项管理制度，如标准计量、质量管理，材料的验收、保管、发放、退料、回收等岗位责任制度健全的原始记录，这可为划清责任、考核经济效果、实行奖惩奠定基础；三是按专业不同，做好各专业人员、包括班组的各专业人员进行材料管理知识和基本业务培训，使他们明确任务和职责范围，懂得材料管理的基本知识和基本方法。

1.3.5 施工现场周转材料的管理

周转材料是指可以多次重复使用的材料。它用于施工过程后，基本上能保持材料的原有形态，清理或稍加修补又可继续使用，如模板、脚手架等材料。由于周转材料在施工过程中用量较大，一次使用周期短，周转更换频繁，但占用流动资金较多，因此必须加强管理与核算，加速周转使用，以减少资金占用。

周转材料的使用管理办法，公司往往有专门规定，应按专门规定管理；无专门规定的，应建立项目自己的管理办法。

1.4　材料员的岗位职责、权利和义务

（1）掌握材料的库存情况，及时调整材料供应计划。

（2）掌握材料的性能、质量要求，按检验批提供合格证给技术员。

（3）需要复检的材料，按检验批进行复检，复检单给技术员。

（4）掌握材料的地区价格信息，及供货单位的情况，收集第一手资料。

（5）掌握本工程的总计划及月、周计划，并编制工程材料供应计划。

（6）根据材料供应计划进行市场询价，货比三家，然后向经理汇报，确定价格。

（7）熟悉工程进度及市场情况，按计划进行采购，并满足质量进度要求。

（8）对购进不符合要求的材料，杜绝用在工程中，要协商处理解决。

（9）材料及时入库、及时报销，报销时间不宜超过三天。

（10）及时掌握现场的工程变更情况及时供料。

（11）监督材料的使用情况，对材料浪费、损坏情况应及时制止，并对有关人员提出处罚。

（12）掌握材料供应价格及预算价格，如材料供应价格不小于预算价格应及时反馈信息给预算员办理有关报批手续。

（13）当材料员兼司机时，负责车辆的日常维护、保修。确保车辆内外洁净。

（14）搞好对内、对外结算，建立各种台账，账面整洁、清

晰，账物相符，盈亏有原因，损坏有报告，记账有凭证，调整有依据。

（15）负责各种材料原始凭证、计量凭证、核算凭证质量证明书等资料收集，按程度准确及时地传递和反馈，并装订成册，专项保管。

（16）忠于职守，实事求是，全面、准确、及时地收方、结算、报统计资料，为改善管理、提高经济效益提供依据。

1.5 材料员成长的职业发展前景

材料员是每个工程项目必备的职位，对人才的需求量特别大。随着经济发展和路网改造、城市基础设施建设工作的不断深入，新型材料的出现，再加上住房市场的不断发展，家居装修日益盛行，可以说材料员有不错的就业前景。

第2章 材料员的基础知识

2.1 材料的分类与性质

2.1.1 材料的分类

材料的分类的方法很多，主要有以下方法：

1. 按化学成分分类

根据材料的化学成分可分为有机材料、无机材料以及复合材料三大类，见表2-1。

材料按化学成分分类　　　表 2-1

分13类			实例
无机材料	金属材料	黑色金属	钢、铁及其合金、合金钢、不锈钢
		有色金属	铜、铝及其合金等
	非金属材料	天然石材	砂、石及石材制品
		烧土制品	黏土砖、瓦、陶瓷制品等
		胶凝材料	石灰、石膏及制品、水泥及混凝土制品、硅酸盐制品等
		玻璃	普通平板玻璃、特种玻璃等
		无机纤维材料	玻璃纤维、矿物棉等
有机材料	植物材料		木材、竹材、植物纤维及制品等
	沥青材料		煤沥青、石油沥青及其制品等
	合成高分子材料		塑料、涂料、胶粘剂、合成橡胶等
复合材料	有机与无机非金属材料复合		玻璃纤维增强塑料、聚合物混凝土等
	金属与无机非金属材料复合		钢筋混凝土、钢纤维混凝土等
	金属与有机材料复合		有机涂层铝合金板、PVC钢板等

2. 按使用功能分类

通常按使用性能将材料分为结构材料、非结构材料及功能材料。

结构材料，是指构成建筑物受力构件和结构使用材料。材料性能要具有强度和耐久性。基础主体梁板柱等所用的材料均属结构性材料，如钢筋混凝土、砖、石等材料。

非结构材料，是指建筑物中起围护作用的构件所使用材料，一般要求具有强度和耐久性，以及符合节能指标的要求，目前外墙保温隔热复合墙体中应用较多的是聚苯乙烯泡沫板薄板保温系统。另外地面材料、屋面材料、饰面材料等所用的土木工程材料也属非结构材料。

功能材料，是保障建筑物达到某些特定功能的材料。如防水材料、采光材料、装饰材料、绝热材料、防腐材料、吸声隔声材料等，这些材料是实现建筑物满足设计要求而采用的。

2.1.2 材料的性质

在土木工程各类建筑物中，材料要受到各种物理、化学、力学因素单独及综合作用，为满足建筑物对材料的不同要求，建筑材料应具有相应的不同性质。例如，用于建筑结构的材料要受到各种外力的作用，因此，选用的材料应具有所需要的力学性能。又如，根据建筑物各种不同部位的使用要求，有些材料应具有防水、绝热、吸声等性能；对于某些工业建筑，要求材料具有耐热、耐腐蚀等性能。此外，对于长期暴露在大气中的材料，要求能经受风吹、日晒、雨淋、冰冻而引起的冲刷、化学侵蚀、生物作用、温度变化、干湿循环及冻融循环等破坏作用，即具有良好的耐久性。为了保证建筑物的耐久性，要求在工程设计与施工中正确地选择和合理地使用材料。因此，对土木工程材料性质的要求应当是严格的和多方面的。必须熟悉和掌握各种材料的基本性质。

所谓材料的性质是指在负荷与环境因素联合作用下材料所具有的属性。因此，工程中讨论的材料各种性质，都是在一定环境条件下测试的各种性能指标。

土木工程材料的性质是多方面的，不同材料又有其特殊性质。本章将具有共同性和比较重要的材料性质作为基本性质重点介绍，各类材料的特殊性质及工艺性质，将分别在有关章节中介绍。

土木工程材料所具有的各项性质主要是由材料的组成、结构和构造等因素决定的，要掌握土木工程材料的性质，需要了解它们与材料的组成、结构、构造的关系。

虽然环境因素对土木工程材料性能的影响很大，但这些都属外因，外因要通过内因才起作用，所以对材料性质起决定性作用的应是其内部因素。所谓内部因素就是指材料的组成、结构、构造对材料性质的影响。

1. 材料的基本物理性质

（1）密度

密度是指材料在绝对密实状态下，单位体积的质量，单位为 g/cm^3 或 kg/m^3。绝对密实状态下的体积是指不包括孔隙在内的体积。除了钢材、玻璃等少数接近于绝对密实的材料外，绝大多数材料都有一些孔隙，如砖、石材等块状材料。在测定有孔隙的材料密度时，应把材料磨成细粉以排除其内部孔隙，经干燥至恒重后，用密度瓶（李氏瓶）测定其实际体积，该体积即可视为材料绝对密实状态下的体积。材料磨得越细，测定的密度值越精确。

（2）表观密度

表观密度是指材料在自然状态下单位体积的质量。材料在自然状态下的体积是指材料的实体积与材料内所含全部孔隙体积之和。当材料含有水分时，其自然状态下质量、体积的变化会导致表观密度的变化，故对所测定的材料而言，其表观密度必须注明含水状态。通常材料的表观密度是在气干状态下的表观密度，在烘干状态下的表观密度称为干表观密度。

对于外形规则的材料，其测定很简便，只要测得材料的质量和体积，即可算得表观密度。不规则材料的体积要采用排水法求得，但材料表面应预先涂上蜡，以防水分渗入材料内部而影响测定值。

（3）堆积密度

散粒材料在自然堆积状态下单位体积的质量称为堆积密度。散粒材料在自然状态下的体积，是指既含颗粒内部的孔隙，又含颗粒之间空隙在内的总体积。测定散粒材料的堆积密度时，材料的质量是指在一定容积的容器内的材料质量，其堆积体积是指所用容器的容积。堆积密度的大小与装填于容器中的条件有关。在自然状态下称松散堆积密度，若以捣实体积计算时，则称紧密堆积密度。工程上通常所说的堆积密度是指松散堆积密度。

2. 材料的孔隙率和空隙率

（1）孔隙率

孔隙率是指材料体积内孔隙体积占材料总体积的百分率。材料孔隙率的大小直接反映材料的密实程度，孔隙率越小，则密实程度越高。孔隙率相同的材料，它们的孔隙特征（即孔隙构造）可以不同。按孔隙的特征，材料的孔隙可分为连通孔和封闭孔两种，连通孔不仅彼此贯通且与外界相通，而封闭孔彼此不连通且与外界隔绝。按孔隙的尺寸大小，又可分为极微细孔隙、细小孔隙及粗大孔隙三种。孔隙率的大小及其孔隙特征与材料的许多重要性质，如强度、吸水性、抗渗性、抗冻性和导热性等都有密切关系。一般而言，孔隙率较小，且连通孔较少的材料，其吸水性较小，强度较高，抗渗性和抗冻性较好。而对需要保温隔热的建筑物或部位，要求其所用材料的孔隙率要较大。

（2）空隙率

空隙率是指散粒材料在堆积状态下，颗粒之间的空隙体积占堆积体积的百分率。空隙率的大小反映了散粒材料的颗粒之间相互填充的密实程度。在配制混凝土时，砂、石的空隙率是作为控制混凝土中骨料级配与计算混凝土含砂率时的重要依据。

3. 材料与水有关的性质

（1）亲水性与憎水性

固体材料在空气中与水接触时，按其是否被水润湿分为亲水性材料与憎水性材料两类。大多数材料都属于亲水性材料，如砖、混凝土、石材、木材等。沥青、石蜡、橡胶等为憎水性材料。

材料产生亲水性的原因是因其与水接触时，材料与水分子之间的亲和力大于水分子之间的内聚力所致。当材料与水接触，材料与水分子之间的亲和力小于水分子之间的内聚力时，则材料表现为憎水性。

亲水性材料易被水润湿，且水能通过毛细管作用而渗入材料内部。憎水性材料则能阻止水分渗入毛细管中，从而降低材料的吸水性。憎水性材料常被用做防水材料，或用做亲水性材料的覆面层，以提高其防水、防潮性能。

（2）材料的吸水性与吸湿性

1）吸水性

材料在水中能吸收水分的性质称吸水性。材料的吸水性用吸水率表示，有质量吸水率与体积吸水率两种表示方法。

① 质量吸水率。质量吸水率是指材料在吸水饱和时，内部所吸水分的质量占材料干燥质量的百分率。

② 体积吸水率。体积吸水率是指材料在吸水饱和时，其内部所吸收水分的体积占干燥材料自然体积的百分率。

材料的吸水性与材料的孔隙率及孔隙特征有关。对于细微连通的孔隙，孔隙率越大，则吸水率越大。封闭的孔隙内水分不易进去，而开口大孔虽然水分易进入，但不易存留，只能润湿孔壁，所以吸水率仍然较小。各种材料的吸水率差异很大，如花岗石的吸水率只有 $0.1\% \sim 0.7\%$，混凝土的吸水率为 $2\% \sim 3\%$，烧结普通砖的吸水率为 $8\% \sim 20\%$。

水对材料有许多不良的影响，它使材料的表观密度和导热性增大，强度降低，体积膨胀，易受冰冻破坏，因此材料吸水率大，对于材料性能而言是不利的。特别是湿胀干缩及冻融循环，对材料的耐久性有较严重影响。

2）吸湿性

材料在潮湿空气中吸收水分的性质称为吸湿性。材料的吸湿性用含水率表示。含水率是指材料内部所含水的质量占材料干燥质量的百分率。

材料的吸湿性随着空气湿度和环境温度的变化而改变，当空气湿度较大且温度较低时，材料的含水率较大；反之则小。材料中所含水分与周围空气的湿度相平衡时的含水率，称为平衡含水率。当材料吸湿达到饱和状态时的含水率即为吸水率。具有微小开口孔隙的材料，吸湿性特别强，在潮湿空气中能吸收很多水分，这是由于这类材料的内表面积很大，吸附水的能力很强所致。

材料的吸湿性和吸水性一样，均会对材料的性能产生不利影响。也会导致其自重增大、导热性增大、强度和耐久性将产生不同程度的下降。材料干湿交替还会引起其形状尺寸的改变而影响使用。

（3）材料的耐水性

材料长期在水作用下不破坏，强度也不会显著降低的性质称为耐水性。材料的耐水性用软化系数表示。

软化系数的大小表示材料在浸水饱和后强度降低的程度。一般来说，材料被水浸湿后，强度均会有所降低。这是因为水分被组成材料的微粒表面吸附，形成水膜，削弱了微粒间的结合力。软化系数越小，表示材料吸水饱和后强度下降越多，即耐水性越差。材料的软化系数在 $0 \sim 1$ 之间。不同材料的软化系数值相差颇大，如黏土为 0、金属为 1。土木工程中将软化系数不低于 0.85 的材料，称为耐水材料。在设计长期处于水中或潮湿环境中的重要结构时，必须选用 $0.85 \sim 0.90$ 的材料。用于受潮较轻或次要结构物的材料，其软化系数不宜小于 0.75。

（4）抗渗性

材料抵抗压力水渗透的性质称为抗渗性。材料的抗渗性通常用渗透系数表示。渗透系数的意义是：一定厚度的材料，在单位压力水头作用下，在单位时间内透过单位面积的水量。

抗渗系数值越大，表示渗透材料的水量越多，即抗渗性越差。

材料（如混凝土、砂浆）的抗渗性也可用抗渗等级表示：抗渗等级是以规定的试件，在标准试验条件下所能承受的最大水压力来确定，以符号"Pn"（水利水电工程用 Wn）表示，其中 n 为该材料在标准试验条件下所能承受的最大水压力的 10 倍数，如 P4、P6、P8、P10、P12 等分别表示材料能承受 0.4MPa、0.6MPa、0.8MPa、1.0MPa、1.2MPa 的水压而不渗水。

材料的抗渗性与其孔隙率及孔隙特征有关。绝对密实的材料，具有封闭孔隙或极微细孔隙的材料，不透水域很难渗入，其抗渗性良好。而开口孔隙、粗大孔隙的材料，水最易渗入，故其抗渗性最差。

抗渗性是决定材料耐久性的重要因素。在设计地下结构、水工建筑物、压力管道、压力容器等结构时，均要求其所用材料具有一定的抗渗性能。抗渗性也是检验防水材料质量的重要指标。

（5）抗冻性

材料在吸水饱和状态下，经受多次冻融循环作用而不破坏，同时强度也不严重降低的性质称为材料的抗冻性。

材料的抗冻性用抗冻等级表示。抗冻等级是以规定的试件，在规定的试验条件下，测得其强度降低和质量损失不超过规定值，此时所能经受的冻融循环次数，用符号"Fn"表示，其中 n 即为最大冻融循环次数，如 F50、F200 等。

材料抗冻等级的选择，是根据结构物的种类、使用要求、气候条件等来决定。例如，陶瓷面砖、轻混凝土等墙体材料，一般要求其抗冻等级为 F15 或 F25；用于桥梁和道路的混凝土应为 F50、F100 或 F200，而水工混凝土要求高达 F500。

材料受冻融破坏，主要是因其孔隙中的水结冰所致。水结冰时体积增大约 9%，若材料孔隙中充满水，则结冰膨胀对孔壁产生很大的冻胀应力，当此应力超过材料的抗拉强度时，孔壁将产生局部开裂。随着冻融循环次数的增多，材料破坏加重。所以材料的抗冻性取决于其孔隙率、孔隙特征、充水程度和材料对结冰膨胀所产生的冻胀应力的抵抗能力。如果孔隙未充满水，即还未达到饱和，具有足够的自由空间，则即使受冻也不致产生很大的冻胀应力。极细的孔隙虽可充满水，但因孔壁对水的吸附力极大，吸附在孔壁上的水冰点很低，它在一般负温下不会结冰。粗大孔隙一般水分不会充满其中，对冻胀破坏可起缓冲作用。毛细管孔隙中易充满水分，又能结冰，故对材料的冰冻破坏影响最大。若材料的变形能力大、强度高、软化系数大，则其抗冻性较高。一般认为软化系数小于 0.80 的材料，其抗冻性较差。

另外，从外界条件来看，材料受冻融破坏的程度。与冻融温度、结冰速度、冻融频繁程度等因素有关。环境温度越低、降温越快、冻融越频繁，则材料受冻融破坏越严重。材料的冻融破坏作用是从外表面开始产生剥落，逐渐向内部深入发展。

抗冻性良好的材料，对于抵抗大气温度变化、干湿交替等破坏作用的能力较强，所以抗冻性常作为考察材料耐久性的一项重要指标。在设计寒冷地区（冬季室外气温低于 −10℃ 的地区）及寒冷环境（如冷库）的建筑物时，必须要考虑材料的抗冻性。处于温暖地区的建筑物，虽无冰冻作用，但为抵抗大气的作用，确保建筑物的耐久性，也常对材料提出一定的抗冻性要求。

4. 材料与热有关的性质

土木工程中的围护结构材料，除了须满足必要的强度及其性能要求外，为了降低建筑物的使用能耗，创造适宜的室内环境条件，常要求材料具有保温隔热等热工性质，以维持室内温度。常考虑的热工性质有材料的导热性、热容量和比热容等。

（1）导热性

材料传导热量的能力称为导热性。材料的导热性可用热导率（导热系数）表示。热导率的物理意义是：厚度为 1m 的材料，当其相对两侧表面温度差为 1K 时，在 1s 时间内通过 $1m^2$ 面积的热量。

热导率越大，导热性越强，绝热性越差。材料的热导率越小，表示其绝热性能越好。通常把热导率小于 0.23W/(m·K) 的材料称为绝热材料。各种材料的热导率差别很大，大致在 0.029～3.5W/(m·K) 范围内，如泡沫塑料为 0.03～0.04W/(m·K)，而普通混凝土为 1.50～1.86W/(m·K)。

导热性与材料的含水率、孔隙率与孔隙特征等有关。由于密闭空气的热导率很小［为 0.26W/(m·K)］，所以材料的孔隙率较大者，其热导率较小，但如果孔隙粗大或贯通，由于对流作用，材料的热导率反而增高。材料受潮或受冻后，其热导率大大提高，这是由于水和冰的热导率比空气的热导率大很多［分别为 0.58W/(m·K) 和 2.20W/(m·K)］。因此，绝热材料应经常处于干燥状态，以利于发挥材料的绝热效能。

（2）热容量

热容量是指材料受热时吸收热量或冷却时放出热量的能力，用比热容 C 作参数。

比热容的物理意义是指质量为 1kg 的材料，在温度改变 1K 时所吸收或放出热量的大小。比热容是反映材料的吸热或放热能力大小的物理量。不同的材料比热容不同，即使是同一种材料，由于所处物态不同，比热容也不同，例如，水的比热容为 4.19J/(kg·K)，而结冰后比热容则是 2.05J/(kg·K)。

材料的比热容，对保持建筑物内部温度稳定有很大意义，比热容大的材料，能在热流变动或采暖设备供热不均匀时，缓和室内的温度波动。

材料的热导率和热容量是设计建筑物围护结构（墙体、屋盖）进行热工计算时的重要参数，设计时应选用热导率较小而热容量较大的土木工程材料，有利于保持建筑物室内温度的稳定性。同时，热导率也是工业窑炉热工计算和确定冷藏绝热层厚度的重要数据。

（3）温度变形性

温度变形性是指温度升高或降低时材料体积变化的特性。体积变化表现在单向尺寸时，为线膨胀或线收缩，相应的表征参数为线膨胀系数（α）。

土木工程中，对材料的温度变形大多关心其某一单向尺寸的变化，因此，研究其平均线膨胀系数具有实际意义。例如，分析混凝土路面、混凝土连续墙，以及大型建筑物纵向温度变形，以确定温度伸缩缝的位置和宽度。

材料的线膨胀系数与材料的组成和结构有关，常通过选择合适的材料来满足工程对温度变形的要求。

（4）耐燃性

耐燃性是指材料能经受高温或火的作用而不被破坏，强度也不严重降低的性能。

根据耐燃性可分为不燃烧类、难燃烧类、燃烧类三大类材料。

不燃烧类：遇火或遇高温不易起火、不燃烧，且不碳化的材料，如石材、混凝土、金属等无机类材料。

难燃烧类：遇火或遇高温不易燃烧、不碳化，只有火源持续存在时才能继续燃烧，火焰熄灭燃烧即停止的材料，如沥青混凝土、经防火处理后的木材、某些合成塑料制品等。

燃烧类：遇火或遇高温容易引燃而着火，火源移去后，仍能继续燃烧的材料，如木材、沥青、油漆、合成高分子胶粘剂等有机类材料。

（5）耐火性

耐火性是指材料在长期高温作用下，保持其结构和工作性能的基本稳定而不损坏的性质。某些工程部位的材料通常要求其耐火性，如砌筑炉窑、锅炉炉衬、烟道等所有的材料。

根据不同材料的耐火度，可将其划分为三大类。

耐火材料：耐火度不低于 1580℃，如各类耐火砖。

难熔材料：耐火度为 1350～1580℃，如耐火混凝土。

易熔材料：耐火度低于 1350℃，如普通黏土砖。

5. 材料的基本力学性质

材料的力学性质是指材料在外力作用下的变形及抵抗破坏的性质。

（1）强度

材料在外力作用下抵抗破坏的能力，称为材料的强度。

强度以材料受外力破坏时单位面积上所承受的力的大小来表示。材料的这些强度是通过静力试验来测定的，故总称为静力强度。材料的静力强度是通过标准试件的破坏试验而测得，必须严格按照国家规定的试验方法和标准进行。

当材料受外力作用时，其内部产生应力，外力增加，应力相应增大，直至材料内部质点间结合力不足以抵抗所作用的外力时，材料即发生破坏。材料破坏时，应力达到极限值，这个极限应力值就是材料的强度，也称极限强度。

根据外力作用形式的不同，材料的强度有抗拉强度、抗压强度、抗剪强度及抗弯强度等。

材料的强度与其组成及结构有关，即使材料的组成相同，其构造不同，强度也不同。材料的孔隙率越大，则强度越低。

一般表观密度大的材料，其强度也高。晶体结构的材料，其强度还与晶粒粗细有关，其中细晶粒的强度高。玻璃是脆性材料，抗拉强度很低，但当制成玻璃纤维后，则成了很好的抗拉材料。

材料的强度还与其含水状态及温度有关，含有水分的材料，其强度较干燥时的低。一般温度高时，材料的强度将降低，沥青混凝土尤为明显。

材料的强度与其测试所用的试件形状、尺寸有关，也与试验时加荷速度及试件表面性状有关。相同材料采用小试件测得的强度比大试件的高；试件表面不平或表面涂润滑剂的，所测得强度值偏低。

由此可知，材料的强度是在特定条件下测定的数值。为了使试验结果准确，且具有可比性，各个国家都制定了统一的材料试验标准。在测定材料强度时，必须严格按照规定的试验方法进行。材料强度是大多数材料划分等级的依据。

（2）强度等级

各种材料的强度差别甚大。土木工程材料按其强度值的大小划分为若干个强度等级，如烧结普通砖按抗压强度分为 5 个强度等级；硅酸盐水泥按抗压强度和抗折强度分为 4 个强度等级，普通混凝土按其抗压强度分为 12 个强度等级等。

土木工程材料划分强度等级，对生产者和使用者均有重要意义，它可使生产者在控制质量时有据可依，从而保证产品质量；对用户则有利于掌握材料的性能指标，以便于合理选用材料，正确地进行设计和便于控制工程施工质量。

（3）比强度

为了对不同强度的材料进行比较，可采用比强度这个指标。比强度反映材料单位体积重量的强度，其值等于材料强度与其表观密度之比。比强度是衡量材料轻质高强性能的重要指标。优质的结构材料，必须具有较高的比强度。

6. 材料的弹性与塑性

（1）弹性

材料在外力作用下产生变形，当外力取消后，材料变形即可消失并能完全恢复原来形状的性质，称为弹性。材料的这种当外力取消后瞬间内即可完全消失的变形，称为弹性变形。

弹性模量（E）是衡量材料抵抗变形能力的一个指标。E 值越大，材料越不易变形，亦即刚度好。弹性模量是结构设计时的重要参数。

（2）塑性

在外力作用下材料产生变形，如果取消外力，仍保持变形后的形状尺寸，并且不产生裂缝的性质，称为塑性。这种不能恢复的变形称为塑性变形。塑性变形为不可逆变形，是永久变形。

实际上纯弹性变形的材料是没有的，通常一些材料在受力不大时，仅产生弹性变形；受力超过一定极限后，即产生塑性变形。有些材料在受力时，如建筑钢材，当所受外力小于弹性极限时，仅产生弹性变形；而外力大于弹性极限后，则除了弹性变形外，还产生塑性变形。有些材料在受力后，弹性变形和塑性变形同时产生，当外力取消后，弹性变形会恢复，而塑性变形不能消失，如混凝土。

7. 材料的脆性与韧性

材料在外力作用下，当外力达到一定限度后，材料发生突然破坏，且破坏时无明显的塑性变形，这种性质称为脆性。具有这种性质的材料称脆性材。

脆性材料抵抗冲击荷载或振动荷载作用的能力很差。其抗压强度远大于抗拉强度，可高达数倍甚至数十倍。所以脆性材料不能承受振动和冲击荷载，只适于用做承压构件。建筑材料中大部分无机非金属材料均为脆性材料，如天然岩石、陶瓷、玻璃、普通混凝土等。

材料在冲击或振动荷载作用下，能吸收较大的能量，产生一定的变形而不被破坏，这种性质称为韧性，如建筑钢材、木材等属于韧性较好的材料。材料的韧性值用冲击韧性指标 a_K 表示。冲击韧性指标系指用带缺口的试件做冲击破坏试验时，断口处单位面积所吸收的功。

在土木工程中，对于要求承受冲击荷载和有抗震要求的结构，如吊车梁、桥梁、路面等所用的材料，均应具有较高的韧性。

（1）硬度

硬度是指材料表面抵抗硬物压入或刻划的能力。测定材料硬度的方法有多种，常用的有刻划法和压入法两种，不同材料其硬度的测定方法不同。刻划法常用于测定天然矿物的硬度，按刻划法矿物硬度分为 10 级（莫氏硬度），其硬度递增顺序为滑石 1 级、石膏 2 级、方解石 3 级、萤石 4 级、磷灰石 5 级、正长石 6 级、石英 7 级、黄玉 8 级、刚玉 9 级、金刚石 10 级。钢材、木材及混凝土等材料的硬度常用压入法测定，如布氏硬度。布氏硬度值是以压痕单位面积上所受压力来表示。

一般材料的硬度越大，则其耐磨性越好。工程中有时也可用硬度来间接推算材料的强度。

（2）耐磨性

耐磨性是材料表面抵抗磨损的能力。

材料的耐磨性与材料的组成成分、结构、强度、硬度等有关。在建筑工程中，对于用做踏步、台阶、地面、路面等的材料，应具有较高的耐磨性。一般来说，强度较高且密实的材料，其硬度较大，耐磨性较好。

8. 材料的耐久性

材料的耐久性是指材料在使用过程中抵抗环境长期作用，并保持其原有性能而不破坏、不变质的能力。

材料的耐久性直接关系到土木工程的使用功能和使用寿命。国内外对耐久性的认识，经历了一个较长的过程，并为此付出了巨大的经济代价。目前我国是世界上每年新建建筑量最大的国家，每年 20 亿新建面积，相当于消耗了全世界 40％的水泥和钢材，而一些建筑物的寿命却只有 25～30 年。相对于美国、英国、日本等国家 80～130 年的建筑使用寿命，如此短寿的建筑将每年产生数以亿计的建筑垃圾，给中国乃至世界带来巨大的环境威胁。据对砖混结构、全现浇结构和框架结构等建筑的施工材料损耗的粗略统计，在每万平方米建筑的施工过程中，仅建筑垃圾就会产生 500～600t；而每万平方米拆除的旧建筑，将产生 7000～12000t 建筑垃圾，而中国每年拆毁的老建筑占建筑总量的 40％。高度重视材料的耐久性，吸取国外建筑发展的经验教训，努力延长土木工程的使用年限，减少资源消耗和环境污染，有利于社会的可持续性发展。

耐久性是材料的一项综合性质，诸如抗冻性、抗风化性、抗老化性、耐化学腐蚀性等均属耐久性的范围。此外，材料的强度、抗渗性、耐磨性等也与材料的耐久性有着密切关系。

2.1.3 环境对材料的作用

在构筑物使用过程中，材料除内在原因使其组成、构造性能发生变化以外，还长期受到周围环境及各种自然因素的作用而破坏。这些作用概括为以下几个方面。

1. 物理作用

物理作用包括环境温度、湿度的交替变化，即冷热、干湿、冻融等循环作用。材料在经受这些作用后，将发生膨胀、收缩，产生内应力。长期的反复作用，将使材料渐遭破坏。

2. 化学作用

化学作用包括大气和环境水中的酸、碱、盐等溶液或其他有害物质对材料的侵蚀作用，以及日光等对材料的作用，使材料产生本质的变化而破坏。

3. 机械作用

机械作用包括荷载的持续作用或交变作用引起材料的疲劳、冲击、磨损等破坏。

4. 生物作用

生物作用包括菌类、昆虫等的侵害作用，导致材料发生腐朽、蛀蚀等破坏。

各种材料耐久性的具体内容，因其组成和结构不同而异。例如，钢材易氧化而锈蚀；无机非金属材料常因氧化、风化、碳化、溶蚀、冻融、热应力、干湿交替作用等而破坏；有机材料多因腐烂、虫蛀、老化而变质等。

2.1.4 材料耐久性的测定

建筑材料的耐久性指标，对于传统材料生产中的质量控制、使用条件的规定，特别是新材料能否推广使用是很关键的。对材料耐久性最可靠的判断，是对其在使用条件下进行长期的观察和测定，但这需要很长时间。由于近代材料科学和统计数学的发展，把材料在使用中的变质失效作为某种随机过程来处理，通过数学模拟，并辅以短期试验，从而预测比较可靠的安全使用年限，作为耐久性指标，进行安全使用年限的预测。事实上，对某些金属材料耐久性的研究试验，已开始向这个方向努力。

在实验室进行快速试验的项目主要有干湿循环、冻融循环、碳化、加湿与紫外线干燥循环、盐溶液浸渍与干燥循环、化学介质浸渍等。

工程中改善材料耐久性的主要措施有：根据使用环境合理选择材料的品种；采取各种方法控制材料的孔隙率与孔隙特征；改善材料的表面状态，增强抵抗环境作用的能力。

耐久性是土木工程材料的一项重要的技术性质。在设计和选用土木工程材料时，必须考虑材料的耐久性问题。采用耐久性良好的土木工程材料，对节约材料、保证建筑物长期正常使用、减少维修费用、延长建筑物使用寿命等，均具有十分重要的意义。

2.2 材料的供应管理

2.2.1 材料供应计划编制与实施

1. 材料供应计划的编制方法

（1）平衡原理计算材料实际供应量

据材料需用计划、计划期库存量、计划期末库存量（周转储备量），用平衡原理计算材料实际供应量。

$$材料供应量 = 材料需用量 - 期初库存量 + 期末储备量 \tag{2-1}$$

$$期初库存量 = 编制计划时的实际库存 \\ + 至期初的预计到货量 - 至期初的预计消耗量 \tag{2-2}$$

$$期末储备量 = 经常储备 + 保险储备 \tag{2-3}$$

$$或 \ 期末储备量 = 经常储备 + 保险储备 + 季节储备 \tag{2-4}$$

经常储备：是指企业在正常供应条件下两次材料到货的间隔期中，为保证生产的进行而需经常保持的材料存在。它的特征是，在进料后达到最大值，叫最高经常储备，此后，随着陆续投入消费而逐渐减少，在下一批到料前达到最小值，叫最低经常储备，然后，再补充进料，如此循环，周而复始。在两次到料之间的时间间隔叫供应间隔期，以天数计算，每批到货量叫到货批量。在均衡消费等间隔、等批量到货的条件下，材料库存曲线如图 2-1 所示。在建筑企业实际上是随机型的消费，即消费不是均衡的，不同时期的消费量均不相等；随机型的到货条件，即到货间隔和批量均不相等，这时的库存曲线如图 2-2 所示。为了解决随机型消费和到货条件下的储备问题，要先从均衡消费、等间隔、等批量到货的情况入手。

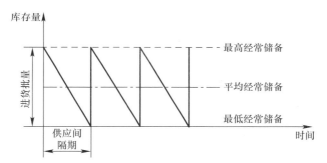

图 2-1　均衡消耗等间隔、等批量到货情况下的库存

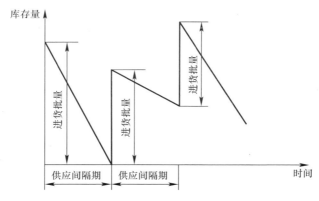

图 2-2　随机型到货条件下的库存

保险储备：是在材料不能按期到货或到货不适用，消费速度加快等情况下，为保证施工生产需要而建立的保险性材料库存。它是一个常量（图 2-3），即平时不动用，在必要时动用，

动用后要立即补充。对于那些容易补充，对施工生产影响不大的材料，可以用其他材料代用的材料，不必建立保险储备。

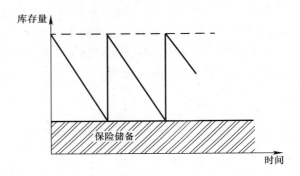

图 2-3　保险储备

季节储备：是指由于材料生产上有季节性中断，如北方冬季的砖瓦生产、南方夏季的洪水期间的河砂、河卵石生产，为保证施工生产供应需要，在材料生产中断期内所建立的材料储备（图 2-4）。它的特征是将材料生产中断期间的全部需用量，在中断前一次或分批购进、存储，以备不能进料期间的消耗，直到材料恢复生产可以进料时，再转为经常储备。由于某些材料在施工消费上有季节性，一般不需建立季节储备，而只在用料季节建立季节性经常储备。

计算出材料供应量，只完成了材料供应计划的第一步，还需根据企业实际情况制定具体供应措施，才能够完成完整的供应计划。

（2）制定供应措施

制定供应措施，是按照材料管理体制，划分供应渠道；根据施工进度和储备定额，确定进货批量和具体时间。

1）划分供应渠道：按照材料管理制度，将所需供应的材料分为物资企业供应材料、建筑企业自供材料，以及由企业内部挖潜、自制、改、代的材料。划分供应渠道的目的是为编制订货、采购等计划提供依据。

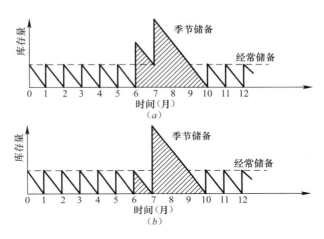

图 2-4　洪水期河砂的季节储备

（*a*）分批进料的季度储备；（*b*）一次性进料的季度储备

2）确定供应进度：计划期供应的材料，不可能一次进货。应根据施工进度与合理的储备定额，确定进货的批量及具体时间。

2. 材料供应计划的实施

材料供应计划确定以后，就要对外渠道落实货源，对内组织计划供应（即定额供料）来保证计划的实现。在计划执行过程中，影响计划的执行有多种因素，会出现许多不平衡的现象。因此，还要注意在落实计划中组织平衡调度，其方式主要有以下几类：

（1）会议平衡

月度或季度供应计划编制后，供应部门或供应机构召开材料平衡会议，由供应部门向用料单位说明计划期材料到货和各单位需用的总情况，同时说明施工进度及工程性质，结合内外资源，分轻重缓急。在保竣工扫尾、保重点工程的原则下，先重点、后一般，最后具体宣布对各单位的材料供应量，平衡会议一般自上而下召开，逐级平衡。

（2）重点工程专项平衡

对列为重点工程的项目，由公司主持召开会议，专项研究组织落实计划，拟订措施，切实保证重点工程的顺利进行。

（3）巡回平衡

为协助各单位工程解决供需矛盾，一般在季（月）度供应计划的基础上，组织服务队定期到各施工点巡回服务，切实掌握第一手资料来搞好计划落实工作，确保施工任务的完成。

（4）与建设单位协作配合搞好平衡

属建设单位供应的材料，建筑企业应主动积极地与建设单位交流供需信息，互通有无，避免脱节而影响施工。

（5）竣工前的平衡

为确保竣工正点，在单位工程竣工前细致地分析供应工作情况，逐项落实材料供应的品种、规格、数量和时间，确保工程按期竣工。

2.2.2　材料供应方式及选择

1. 材料的供应方式

不同的材料供应方式对企业材料储备、使用和资金都有着一定的影响。

（1）根据材料流通过程的环节各不相同，材料供应方式有直达供应和中转供应两种。

1）直达供应方式。直达供应方式指由材料生产企业直接供给需用单位材料，而不经过第三者。这种供应方式减少了中间环节，缩短了材料流通时间，减少了材料的装卸、搬运次数，节省了人力、物力和财力支出，因此降低了材料流通费用和材料途中损耗，加速了材料周转和材料资金周转。

2）中转供应方式。中转供应方式指生产企业供给需用单位材料时，由第三者衔接。中转供应由于通过第三者与生产企业和需用单位联系，可以减少材料生产企业的销售工作量，同时也可以减少需用单位的订购工作量。使生产企业把精力集中于搞好生产。这种方式适用于消耗量小，通用性强，品种规格复杂，需求可变性较大的材料。如建筑企业常用的小五金、辅助材料、工具等。它虽然增加了流通环节，但从保证配套、提高采购工作效率和就地、就近采购看，这是一种不可缺少的材料供应方式。

但是，中转供应也同样有它的局限性和缺陷，直达供应中的优点，中转供应就无法做到，因此中转供应也有一定的适用范围。

（2）按照供应单位在建筑施工中的地位不同，材料供应方式有建设单位组织供应方式、建筑企业组织供应方式、建设单位和建筑企业分别供应方式和物资企业供应。

1）建筑单位组织供应。建设单位组织供应，即建设单位按照建筑工程施工图预算的材料用量及施工单位有关材料品种、规格，使用时间的计划，将全部材料供应到施工现场供施工单位验收。凡使用过程中造成的损失和浪费，由施工单位负责。

2）建筑企业组织供应。建筑企业供料，指由建筑企业组织全部材料的供应，有利于建筑企业对材料统一管理，统一核算，降低材料成本。

3）建设单位和建筑企业分别供应。建设单位和建筑企业签订工程承包合同时，签订材料供应分工协议，明确双方在材料供应中应承担的责任和拥有的权利。施工过程中，双方按照协议明确分工范围，分别组织材料的供应。

4）物资企业供应。物资企业供应，是将材料供应业务发包给材料公司，由材料公司负责全部材料的供应工作。

2. 材料供应方式选择

按照材料供应中对数量控制的方式不同，材料供应有限额供应和敞开供应两种方式。

（1）限额供应。也称定额供应，就是根据计划期内施工生产任务和材料消耗定额及技术节约措施等因素，确定的供应材料数量标准。材料部门以此作为供应的限制数量，施工操作部门在限额内使用材料。

限额供应可以分为定期和不定期两种，既可按旬、按月、按季限额，也可按部位、按分期工程限额，而不论其限额时间长短、限额数量可以一次供应就位，也可分批供应，但供应累计总量不得超过限额数量。限额的限制方法可以采取凭票、凭证方法，按时间或部位分别计账，分别核算。凡在施工中材料耗用已达到限额而未完成相应工程量，需超限额使用时，必须经过申请和批准，并计入超耗账目。

（2）敞开供应。根据资源和需求供应，对供应数量不作限制，不下指标，材料耗用部门随用随要供应的方法即为敞开供应。

这种方式对施工生产部门来说灵活方便，可减少现场材料管理的工作量，而使施工部门集中精力搞生产。但实行这种供应方式的材料，必须是资源比较丰富，材料采购供应效率高，而且供应部门必须保持适量的库存。敞开供应容易造成用料失控，材料利用率下降，从而加大成本。故这种供应方式，通常用于抢险工程、突击性建设工程的材料需用。

2.2.3 材料供应考核办法

对供应计划的执行情况进行经常的检查分析，发现执行过程中的问题；采取对策，保证计划实现。检查的方法主要有经常检查和定期检查两种。经常检查，即在计划执行期间，随时对计划进行检查，发现问题，及时纠正。定期检查如月度、季度和年度检查。

1. 材料供应计划完成情况的分析

将某种材料或某类材料实际供应数量与计划供应数量进行比较，可考核某种或某类材料计划完成程度和完成效果。其计算公式见式（2-5）：

$$\text{某种类材料供应计划完成率（\%）} = \frac{\text{某种（类）材料实际供应数量（金额）}}{\text{该种（类）材料计划供应数量（金额）}} \times 100\%$$

$$(2-5)$$

考核某种材料供应计划完成情况时，其实物量计量单位一致，可有实物数量指标；当考核某类材料供应计划完成情况时，其实物量计量单位有差异时，应使用金额指标。

考核材料供应计划完成率，是从整体上考核材料供应完成情况，而具体品种规格，特别是对未完成材料供应计划的材料品牌，对其进行品种配套供应考核是十分必要的。材料供应品种配套率计算公式见式（2-6）：

$$\text{材料供应品种配套率（\%）} = \frac{\text{某种（类）材料实际供应数（金额）}}{\text{该种（类）材料计划供应数量（金额）}} \times 100\%$$

$$(2-6)$$

某分公司第三季度地方材料供应计划完成情况　表 2-2

材料名称及规格		计量单位	计划供应量	实际进货量	计划完成（%）
砖		千块	1400	1000	71.4
黏土瓦		千匹	400	500	125.0
石灰		t	4500	4200	93.3
细砂		m³	3000	4000	133.3
石子	总量	m³	3500	4500	128.6
	粒径 0.5～1.5	m³	1200	1000	83.3
	粒径 3～7	m³	300	500	166.7

从表 2-2 可以看出：

（1）砖实际完成计划的 71.4%，与原计划供应量差距颇大。砖目前仍是土建结构工程的主要材料，如果缺乏足够的储备，势必影响施工生产计划的完成。

（2）石灰只完成计划的 93.3%。石灰在主体工程和装饰工程中都是必要的材料，完不成供应计划，必将影响主体和收尾工程的完成。

（3）石子总量实际完成计划的 128.6%，超额颇多。但是，其中粒径 0.5～1.5 的石子只完成计划的 83.3%，供应不足，混凝土构件的浇灌将受到影响。

（4）从品种配套情况看，6 种材料就有 3 种没有完成供应计划，配套率只有 50.0%。

这样的配套不但影响施工生产的进行，而且使已进场的其他地方材料形成呆滞，影响资金的周转使用。要认真查找完不成计划的因素，采取相应措施，力争按计划配套供应。

$$品种配套率(\%) = \frac{实际满足供应品种数}{计划满足供应品种数} \times 100\%$$
$$= 3/6 \times 100\% = 50.0\%$$

2. 对材料供应的及时性分析

在检查考核材料收入总量计划的执行情况时，还会遇到收入总量的计划完成情况较好，但实际上施工现场却发生停工待料的现象。即收入总量充分，但供应时间不及时，也同样会影响施工生产的正常进行。

分析考核材料供应及时性，要把时间、数量、平均每天需用量和期初库存等资料联系起来考察。例如表 2-3 中 42.5（P.O）水泥完成情况为 110%，从总量上看满足了施工生产的需要，但从时间上看，供料很不及时，几乎大部分水泥的供应时间集中在月中、月末，影响了上半月施工生产的顺利进行。

某单位 8 月份 42.5（P.O）水泥供应及时性考核（kg）

表 2-3

进货批数	计划需用量		其库月存初量	计划收入		实际收入		完成计划（%）	对生产保证程度		延误	
	本月	平均每日用量		日期	数量	日期	数量		按日数计	按数量计	时间	数量
	39000	1500	3000						2	3000		
第一批				1	8000	5	4500		3	4500	4	3500
第二批				7	8000	14	10500		7	10500	7	
第三批				13	8000	19	12000		8	12000	6	
第四批				19	8000	27	15900		3	4500	8	
第五批				25	7000							
总计	39000						42900	110	23	34500		

注：在计算全月天数时，一般以当月的日历天数扣除星期日休假天数进行计算，8 月份日历天数为 31 天，设 8 月 2 日为星期天，则全月共占 10 个休假日。

3. 对供应材料的消耗情况进行分析

按照施工生产验收的工程量，考核材料供应量是否全部消耗，分析所供材料是否适用，用于指导下一步材料供应并处理好遗留问题。实际材料剩余量计算见式（2-7）：

$$实际材料剩余量 = 实际供应量 - 实际消耗量 \quad (2-7)$$

式中　实际供应量——材料供应部门按项目申请计划所确定的
　　　　　　　　　　数量而供应项目的数量；

　　　实际消耗量——根据班组领料、退料、剩料和验收完成
　　　　　　　　　　的工程量统计的材料数量。

2.2.4　限额领料

限额领料是指计划部门要求生产部门根据限额领料单进行限制数量的领料。一般限额领料单（表 2-4）上会印有理论领用限额、车间库存量和计划领用数量等栏。如果要领的料累计已超过计划领用数量，仓库就不能发料。若是生产任务超过原订计划或生产中质量异常等原因，需要在限额以外领料时，必须提出申请，说明原因，经过计划部门和相关领导批准才能超额发料。

限额领料单表式　　　　　　　　　　表 2-4

领料部门：　　　　　编号：
用途：　　　年　月　日　　　发料仓库：

材料类别	材料名称及规格	计量单位	计划投产量	单位耗用定额	领用限额	全月实际领用		
						数量	单价	金额（元）
原材料	甲材料	（kg）	10000	0.8	8000	8000	10	80000

领用日期	请领		实发			退回			限额结余
	数量	领料单位负责人签章	数量	发料人签章	领料人签章	数量	收料人签章	退料人签章	
3.1	1000	王艳	1000	唐义霞	王维				7000
3.5	2500	王艳	2500	唐义霞	王维				4500
3.10	2200	王艳	2200	唐义霞	王维				2300
3.20	2300	王艳	2300	唐义霞	王维				0
合计	8000		8000						

生产计划部门：　　　　　　　供应部门：　　　　　　　仓库：

制造业材料成本占总成本的比例较大，生产部门往往只管使用，不管成本，觉得反正材料都在公司，肉烂在锅里，按期

交货就行，管理粗放造成材料浪费严重。实行限额领料就是在事前和事中控制物料发放，使物料管理精细化、浪费最小化。限额领料的好处显而易见：减少车间在制物料；节省材料，减少浪费；避免物料堆放杂乱和批次混淆，同时节省了现场空间。

但管理总是要付出成本的，限额领料无疑会增加手续、降低效率，所以不是所有物料都适合限额领料。一般来讲，用料品种比较固定而又需要多次领用的物料，以及价值较高，能数得清楚的物料应采用限额领料。

1. 限额领料的形式

（1）按分项工程限额领料

按分项工程限额领料，指按工程进度限额。以班组为对象，限额领料。例如按砌墙、抹灰、支模、混凝土、油漆等工种，以班组为对象实行限额领料：这种形式便于管理，特别是对班组专用材料，见效快。但容易使各工种班组从自身利益出发，较少考虑工种之间的衔接和配合，易出现某分项工程节约较多，而其他分项工程节约较少甚至超耗的现象。

（2）按工程部位限额领料

按工程部位限额领料，指按基础、结构、装饰等施工阶段，以施工队为责任单位进行限额供料。其优点是以施工队为对象增强了整体观念，有利于工种的配合和工序衔接，有利于调动各方面积极性。但这种做法往往重视容易节约的结构部位，而对容易发生超耗的装饰部位难以实施限额或影响限额效果。同时由于以施工队为对象，增加了限额领料的品种、规格、施工队内部如何进行控制和衔接，要求有良好的管理措施和手段。

（3）按单位工程限额领料

按单位工程限额领料，指一个工程从开工到竣工的用料实行限额。它是工程部位限额领料的扩大，适用于工期不太长的工程。其优点是可以提高项目独立核算能力，有利于产品最终效果的实现。同时各项费用捆在一起，从整体利益出发，有利于工程统筹安排，对缩短工期有明显效果。这种做法在工程面大、工期长、变化多、技术较复杂的工程使用，容易放松现场管理，造成混乱，因此必须加强组织领导，提高施工队的管理水平。

2. 限额领料数量的确定

（1）限额数量的确定依据

1）正确的工程量是确定材料限额的基础。

2）定额的正确选用是计算材料限额的标准。

3）凡实行技术措施的项目，一律采用节约措施规定的单方用料量。

（2）实行限额领料应具备的技术条件

1）设计概算。

2）施工图预算。

3）施工组织设计。施工组织设计是组织施工的总则，协调人力、物力，妥善搭配，根据施工的组织设计划分流水段，搭接工序、操作工艺以及现场平面布置图和节约措施用于组织管理。

4）施工预算。施工预算是根据施工图计算的分项工程量及施工定额计算来反映为完成一个单位工程所需费用的经济文件。

5）队组任务书。队组任务书，也叫班组作业计划，它主要反映施工班组在计划期内所施工的工程项目、工程量及工程进度要求，是企业按照施工预算和施工作业计划，把生产任务具体落实到班组的一种形式。

6）技术节约措施。企业内部定额的材料消耗标准，是在一般的施工方法、技术条件下确定的，为了降低材料消耗，保证工程质量，必须采取技术节约措施，才能达到节约材料的目的。

7）混凝土及砂浆的试配资料。定额中混凝土及砂浆的消耗标准是在标准的材质下确定的，而实施采用的材质往往与标准距离较大，为保证工程质量，必须根据进场的实际材料进行试配和试验。因此，计算混凝土及砂浆的定额用料数量，要根据试配合格后的用料消耗标准计算。

8）有关的技术翻样资料。主要指门窗、五金、油漆、钢筋、铁件等。其中五金、油漆在施工定额中没有明确的式样、颜色和规格，这些问题需要和建设单位协商，根据图纸和当时的资料来确定。门窗也可根据图纸、资料，按有关的标准图集提出加工单。钢筋根据图纸和施工工艺的要求由技术部门提供加工单。所以，资料和技术翻样是确定限额领料的依据之一。

9）补充定额。材料消耗定额的制定过程中可能存在遗漏，也有随着新工艺、新材料、新的管理方法的采用，原制定的不适用，因此使用中需要进行适当的修订和补充。

（3）限额领料数量的计算

限额领料数量 = 计划实物工程量 × 材料消耗施工定额

$$- \text{技术组织措施节约额} \qquad (2-8)$$

3. 限额领料的程序

（1）限额领料单的签发

限额领料单的签发，由计划统计部门按施工预算的分部分项工程项目和工程量，负责编制班组作业计划，劳动定额员计算用工数量，材料定额员按照企业现行内部定额；扣除节约措施的节约量，计算限额用料数量，并注意用料要求及注意事项。

在签发过程中，要注意的问题是定额要选用准确，对于采取技术节约措施的项目应按实验室通知单上所列配合比单方用量加损耗签发。另外，装饰工程中如采用新型材料，定额中没有的项目一般采用的方法有：参照新材料的有关说明书，协同有关部门进行实际测定，套用相应项目的预算。

（2）限额领料单的下达

限额领料单一般一式五份，一份交计划员作存根；一份交材料保管员作发料凭证；一份交劳资部门；一份交材料定额员；一份交班组作为领料依据。限额领料单要注明质量等部门提出的要求，由工长向班组下达和交底，对于用量大的领料单应进行口头或书面交底。

所谓用量大的领料单，一般指分部位承包下达的领料单，如结构工程既有混凝土，又有砌砖及钢筋支模等，应根据月底工程进度，定出分层次分项目的材料用量，这样才便于控制用料及核算，起到限额用料的作用。

（3）限额领料单的使用

限额领料单的使用是保证限额领料实施和节约使用材料的重要步骤。班组材料员持限额领料单到指定仓库领料，材料保管员按领料单所限定的品种、规格、数量发料，并做好分次领用记录。在领发过程中，双方办理领发手续，填制领料单，注明用料的单位工程和班组，材料的品种、规格、数量及领用日期，双方签字认证。做到仓库有人管，领料有凭证，用料有记录。

（4）限额领料单的检查

在限额领料方法应用过程中，会有许多因素影响班组用料。材料管理人员要深入现场，调查研究，会同有关人员从多方面检查，对发现的问题帮助班组解决，使班组正确执行定额用料，落实节约措施，做到合理使用。检查的主要内容有：

1）检查项目

检查班组是否按照用料单上的项目进行施工，是否存在串料项目。在定额用料中，对班组经常进行检查和落实，检查主要从五个方面进行：

① 查设计变更的项目有无发生变化；

② 查用料单所包括的施工是否做，是否用，是否做齐；

③ 查项目包括的工作内容是否都做完了；

④ 查班组是否做限额领料单以外的施工项目；

⑤ 查班组是否有串料项目。

2）检查工程量

检查班组已验收的工程项目的工程量是否和用料单上所下达的工程量一致。只有严格按照规范要求做，才能保证实际工程量不超量。

3）检查操作

检查班组在施工中是否严格按照规定的技术操作规范施工。执行定额或技术节约措施，都必须按照定额及措施规定的方法要求去操作，否则就达不到预期效果，应重点检查主要项目和容易错用材料的项目。

4）查措施的执行

检查班组在施工项目完成后材料是否做到剩余材料及时清理，用料有无浪费现象。材料超耗的因素是操作时落地材料过多，为避免材料浪费可以采取以下措施：尽量减少材料落地，对落地材料要及时清理，有条件的要随用随清，材料不能随用的集中分拣后再利用。

材料员要协助促使班组用料，做到砂浆不过夜，灰槽不剩灰，半砖砌上墙，大堆材料清底使用，砂浆随用随清，运料车严密不漏，装车不要过高，运输道路保持平整，筛漏集中堆放，后台保持清洁，刷罐灰尽量利用，通过对活完脚下清的检查，达到现场废物利用和节约材料的目的。

（5）限额领料单的验收

班组完成任务后，应由工长组织有关人员进行验收，工程量由工长验收签字、统计，预算部门把关，审核工程量，工程质量由技术质量部门验收，并在任务书签署检查意见，用料情况由材料部门签署意见，验收合格后办理退料手续，见表 2-5。

限额领料验收记录参考表   表 2-5

项目	施工队"五定"	班组"五保"	验收意见
工期要求			
质量标准			
安全措施			
节约措施			
协作			

（6）限额领料单的结算

班组长将验收件合格的任务书送交定额员结算。在结算中应注意以下几个问题：

1）班组任务书如个别项目由某种原因由工长或计划员进行更改，原项目未做或完成一部分而又增加了新项目，这就需要重新签发用料单后与实耗对比。

2）由于上道工序造成下道工序用料超过常规，应按验收的工程量计算用量。

3）要求结算的任务书，材料耗用量与班组领料单实际耗用量及结算数字要对口。

材料定额员根据验收的工程量和质量部门签署的意见，计算班组实际应用量和实际耗用量结算盈亏，最后根据已结算的定额用料单分别登入班组用料台账，按月公布班组用料节超情况，并作为评比和奖励的依据，见表2-6。

分部分项工程材料承包结算表　　　表2-6

单位名称		工程名称		承包项目	
材料名称					
设计预算用量					
发包量					
实耗量					
实耗与设计预算比					
主管领导审批意见			材料部门审批意见		
（盖章）　　年　月　日			（盖章）　　年　月　日		

（7）限额领料单的分析

限额领料的分析主要目的是揭露矛盾、堵塞漏洞，总结交流节约经验，促使进一步降低材料消耗，降低工程成本，并为今后修订和补充定额，提供可靠资料。材料员根据班组任务结算的盈亏数量，进行节超分析，主要是根据定额的执行情况，搞清材料节约和浪费的原因。

4. 限额领料的核算

核算的目的是考核该工程的材料消耗，是否控制在施工定额以内，同时也为成本核算提供必要的数据及情况。

（1）根据预算部门提供的材料分析，作出主要材料分部位的两项对比。

（2）要建立班组用料台账，定期向有关部门提供评比奖励依据。

（3）建立单位工程耗料台账，按月登记各工程材料消耗用情况，竣工后汇总，并以单位工程报告形式做出结算，作为现场用料节约奖励、超耗罚款的依据。

2.2.5 材料运输

材料运输是指材料借助运力来实现从生产或储存地向消费地转移，从而满足各工地的需要，保证生产顺利进行的活动。材料运输在材料供应活动中是不可缺少的，它对于保证施工顺利进行，起着重要的作用。组织材料运输，必须贯彻"遵守规程、及时准确、安全运输、经济合理"的材料运输管理原则。

1. 材料运输管理的任务

材料运输管理的基本任务是：根据经济规律和合理运输材料的基本原则，运用计划、组织、指挥、监督和调节材料运输过程，争取以较短的里程、较低的费用、较短的时间、安全的措施，完成材料在空间的转移，保证工程需要。为实现这个任务，必须做到以下几点：

（1）贯彻及时、准确、安全、经济的原则组织运输。

（2）加强材料运输的计划管理，做好货源、流向、运输路线、现场道路、堆放场地等的调查和布置工作。

（3）建立和健全以岗位责任制为中心的运输管理制度，明确运输工作人员的职责范围，加强经济核算，不断提高材料运输管理水平。

2. 材料运输方式

（1）基本运输方式

1）铁路运输。铁路是国民经济的大动脉，其特点是：运输能力大、运输速度快;一般不受气候季节的影响,连续性强;管理高度集中,运行安全准确;比公路的运输费用低。

2)公路运输。公路运输即地区性运输。地区公路运输网与铁路、水路干线及其他运输方式相结合,构成全国性的运输体系。公路运输的特点是:运输面广,而且机动灵活、快速、装卸方便。

3)水路运输。水路运输是最经济的一种运输方式。其特点是:运载量大,运费低廉。沿江沿海的企业用水路运输材料是很有利的。

4)航空运输。航空运输具有运输速度最快的特点,但它的材料运输量很小,运费很高。它适宜紧急货物、抢救材料和贵重物品的运输。

5)管道运输。管道运输是一种新型的运输方式,有很大的优越性。其特点是:运送速度快、损耗小、费用低、效率高。适用于输送各种液体、气体、粉状、粒状的材料。目前主要运输液体和气体(表2-7)。

各种运输方式的特点比较　　　　　　　　表 2-7

运输方式	铁路运输	水路运输	公路运输	航空运输	管道运输
运量	大	大	小	很小	大
运行速度	快	较慢	较快	最快	快
运输费用	低	较低	较高	很高	低
气候影响	一般不受影响	受大风、台风大雾影响,并受水位、潮期限制	除大雾、大雪外一般不受影响	受一定影响	一般不受影响
适用条件	长途运输大宗材料	(1)大、中型船舶适宜长途运输;(2)小型船舶适宜短途运输	短途运输、市内运输	急用材料、救灾抢险、材料运输	气体、液体、粉末状、粒状材料

（2）其他运输形式

1）散装运输。散装运输指粉（粒）状货物或液体货物不易进行包装，直接用适当的运载工具进行运输的一种运输方式，如砂、石运输，罐车运输。

2）混装运输。混装运输亦称杂货运输。指同一运输工具同时装载各类包装货物（如桶装、袋装、箱装、捆装等）的一种运输方式。

3）集装箱运输。集装箱运输是指使用一种特殊容器，通过现代化的车或船进行物资运输的一种形式。集装箱或零散物资集成一组，采用机械化装卸作业，是一种新型、高效率的运输形式。集装箱运输的特点是安全、迅速、简便、节约、高效。

4）联合运输。联合运输简称联运，指凭一份运送凭证，由两种或两种以上运输方式或同一运输方式的几个运输企业，遵照统一规章和协议，实行多环节、多区段的接力式运输。联运是一种综合利用各种运输工具，多方协同劳动的综合性运输方式。

（3）普通运输和特殊运输

普通运输是指不需要特殊运输工具的运输，如砂、石、标准砖运输等。特殊运输是指用特殊结构的车船、特殊措施、特种材料的运输，如超限材料运输（即被运材料的重量、长度、宽度、高度等任何一项超过运输部门规定的运输）和危险品运输（指易燃、易爆、腐蚀、毒害、放射性等物品运输，如汽油、炸药、铀的运输）。

3. 材料运输的合理化

合理运输就是要材料运输中用最少的劳动消耗，花费最小的时间，走最短的里程完成材料运输，达到最大的经济效果。

（1）常见的材料不合理方式主要有以下三种：

1）对流运输

对流运输指同品种货物在同一条运输线路上，或者在两条平行的线路上，相向而行，如图 2-5 所示。

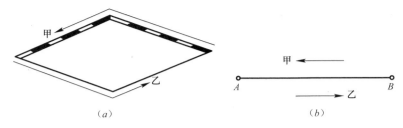

图 2-5　对流运输

（a）同一条运输路线上的对流运输；（b）两条平行运输线路上的对流运输

2）迂回运输

迂回运输指从发运地到目的地，不是走最短的路线，而是迂回绕道造成过远的运输里程。图 2-6 中，由 A 地到 B 地本可以走甲路线，但却从 A 地经 C 地、D 地再到 B 地，即走乙路线，则产生迂回运输。

3）重复运输

重复运输指同一批货物，由发运地运到后，不经过加工等作业又重复运往发运地点，如图 2-7 所示。

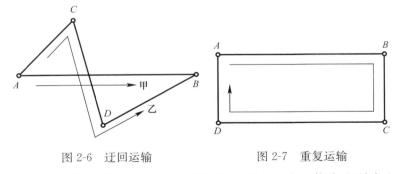

图 2-6　迂回运输　　　　图 2-7　重复运输

不合理的运输流向，会造成运输过程中人力、物力和财力上的浪费，组织材料合理运输，必须避免不合理的材料运输流向。

（2）实现经济合理运输的途径

货源地点、运输路线、运输方式、运输工具等都是影响运输效益的主要因素，要组织合理运输。合理组织运输的途径，主要有以下五个方面：

1）选择合理的运输路线

根据交通运输条件与合理流向的要求，选择里程最短的运输路线，最大限度地缩短运输的平均里程，消除各种不合理运输方式。组织建筑材料运输时，要采用分析、对比的方法，结合运输方式、运输工具和费用开支进行选择。

2）尽量采用直达运输

尽量采取直达运输，减少不必要的中转运输环节。直达运输就是把材料从交货地点直接运到用料地点，减少中转环节。

3）选择合理的运输方式

根据材料的特点、数量、性质、需用的缓急、里程的远近和运费的高低，选择合理的运输方式，以充分发挥其效用。

4）提高材料运输装载技术

材料运输装载技术是衡量企业运输管理水平的一个标志。在装货时，必须采取装卸加固的措施。做好用支柱、钢丝、钢丝绳、麻绳、罩网（网络）、苫布、挡木和三角木等扎紧加固和装卸防护工作，防止材料在运输中移动、倒塌、坠落等情况发生。装运怕湿材料，应将篷布覆盖严密、捆绑牢固、搭盖成屋脊形。堆放露天场地一定要下垫上苫。装卸材料要轻装轻卸，要掌握材料重心，码垛要牢固，桩脚要固定，便于清点。货位和货场必须清扫干净，防止材料被混杂。对经常装运的散装材料应与运输部门协商，确定材料的运输损耗率，超过损耗部分的材料，应由承运部门赔偿。

5）改进材料包装，提高运输效率

一方面要根据材料运输安全的要求，进行必要的包装和采取安全防护措施；另一方面对装卸运输工作要加强管理，以及加强对责任事故的处理。

2.3　材料的计划与采购

项目材料、设备的配置计划就是通过运用计划的手段，来组织、指导、监督、调节、控制物资于施工项目的采购、运输、供应等环节的一项重要管理措施。

2.3.1 材料计划管理分类

材料计划有多种分类形式。按材料计划用途分为材料需用计划、材料供应计划、材料订货计划、材料采购计划、材料加工计划、材料运输计划以及材料存储计划；按材料计划期限分为年（季）度计划、月度计划；按材料使用方式分为生产材料计划和基建材料计划；按供货渠道分为物资企业供料计划、建设单位供料计划、建筑企业自供料计划。

1. 按用途分类

（1）材料需用计划（简称用料计划）。材料需用计划反映建筑企业生产经营活动计划需用材料的数量等。包括需要材料的数量、品种、规格、时间等。材料需用计划是编制其他材料计划的基础。

（2）材料供应计划（简称供应计划）。材料供应计划，是指根据材料需用计划、库存资源和合理储备等条件，经综合平衡后制定的，指导材料申请、订货、采购等活动的计划。它是材料部门组织供应材料应达到的目标。

（3）材料订货计划（也称订货明细表）。材料订货计划，是为采购人员向市场采购材料而编制的计划。

（4）材料采购计划（简称采购计划）。材料采购计划，是指为保证年度施工生产任务的完成而编制的材料计划。

（5）材料加工计划。材料加工计划，是指为与加工单位签订加工合同而编制的计划。

（6）材料运输计划。材料运输计划，是指为组织材料运输工作而编制的计划。

（7）材料储备计划。材料储备计划，是指为保证施工生产正常进行所做的材料准备而编制的计划。

2. 按计划期分类

（1）年度材料计划。年度材料计划是年度综合计划的重要组成部分。年度材料计划，是指为保证年度施工生产任务的完成而编制的材料计划。

（2）季度材料计划。季度材料计划，是指为保证完成季度施工生产任务而编制的计划材料。它是年度材料计划在某季度的体现。

（3）月（旬）材料计划。月（旬）材料计划，是指为保证月（旬）施工生产任务而编制的材料计划。它是年（季）材料计划的具体实施计划，同时也是月（旬）施工作业计划的组成部分。

3. 按使用方向分类

（1）生产用材料计划。生产用材料计划，是指为完成生产任务而编制的材料计划。包括附属辅助生产用材料计划、经营维修用材料计划。

（2）基本建设用材料计划。基本建设用材料计划，是指为完成基本建设任务而编制的材料计划。包括对外承包工程用材料计划、企业自身基本建设用材料计划。

4. 按供货渠道分类

（1）物资企业供料计划。物资企业供料计划，是指由物资企业负责供应的材料，企业编制需用计划，直接向物资企业要求供应。

（2）建设单位供料计划。建设单位供料计划，是指按签订工程合同时的分工，凡属建筑单位供应的材料，由建筑企业根据施工进度编制需用计划，要求对方按需求供应。

（3）建筑企业自供料计划。建筑企业自供料计划，是指凡按工程合同分工属于建筑企业自己组织供应的材料，按要求分别编制相应的需用、供应、采购等计划。

5. 材料计划管理的任务

材料计划管理主要任务体现在以下几个方面：

（1）为实现企业经济目标做好物资准备。

（2）做好平衡协调工作。

（3）采取措施促进材料的合理使用。

（4）建立健全材料计划管理制度。

2.3.2　施工项目材料需用计划的编制

1. 材料需用计划的编制原则

（1）综合平衡的原则

综合平衡是计划管理工作的一个重要内容，包括产需平衡、供求平衡、各供应渠道间平衡、各施工单位间的平衡。坚持积极平衡，按计划做好控制协调工作，促使材料合理使用。

（2）实事求是的原则

深入调查研究，掌握正确数据，使材料计划可靠合理。

（3）留有余地的原则

编制材料计划不能只求保证供应，扩大储备，形成材料积压。材料计划不能留有缺口，避免供应脱节，影响生产。只有供需平衡，留有余地，才能确保供应。

（4）严肃性和灵活性统一的原则

材料计划对供、需两方面都有严格的约束作用，同时建筑施工受着多种主客观因素的制约，出现变化情况也是在所难免的，所以必须讲究严肃性和灵活性统一的原则。

2. 材料需用计划的编制准备工作

（1）弄清家底，核实库存。

（2）收集和整理分析有关材料消耗的原始统计资料，并调整各种消耗定额的执行情况，确定计划期内各种材料的消耗定额水平。有些新材料、新项目还要修改补充定额。

（3）了解市场信息资料。

（4）检查上期施工生产计划和材料计划的执行情况，分析研究计划期内有利因素和不利因素，总结经验教训，采取有效措施，改进材料供应与管理工作。

3. 材料需用计划的编制程序

（1）计算工程项目需用量。

1）工程材料需用量一般由基层施工用料单位提出，年度计划由企业材料部门提出。

2）周转材料需用量必须结合工程特点分析计算得出。

3）辅助材料及生产维修用料需用量，可用间接计算法计算。其计算公式见式（2-9）：

$$需用量 = \frac{上期实际消耗量}{上期实际完成工程量} \times 本期计划工程量 \times 增减系数$$

$$(2-9)$$

（2）确定供应量。

供应量计算见式（2-10）：

$$供应量 = 计划需用量 + 计划期末储备量 - 计划期初库存量$$

$$(2-10)$$

（3）按不同渠道分类申请。

（4）编制供应计划。

（5）编制订货、采购计划。

4. 材料需用计划的编制方法

工程需用计划的编制方法主要有预算法和概算法两种。

（1）预算法

预算法也称直接计算法，要求按施工图预算的编制程序分析工程材料需用量。即按施工图纸和定额规定计算工程量后，套用材料消耗定额分析各项工程材料需用量，汇总各分项工程材料需用量形成单位工程材料需用计划，最后按施工进度计划确定各计划期的需用量等。预算法的一般公式见式（2-11）：

$$材料计划需用量 = 计划建筑安装工程实物工程量 \times 某种材料消耗定额 \quad (2-11)$$

式中　计划建筑安装工程实物工程量——按预算方法计算的在计划期应完成的分部分项工程实物工程量；

某种材料消耗定额——应根据计划的用途，分别选用预算定额或施工定额。

材料需用计划编制程序如下：

1）熟悉图纸。

材料部门应与生产、技术部门积极配合，掌握施工工艺，了解施工技术组织方案，仔细阅读施工图纸。

2）计算工程量。

根据生产作业计划下达的工程量，结合图纸和施工方案，计算施工实物工程量。

3）查材料消耗定额，完成材料分析。

材料分析表的编制：根据计算出的工程量，套用材料消耗定额分析出各分部分项工程的材料用量及规格。

4）汇总材料需用量。

材料汇总表的编制：将材料分析表中的各种材料，按建设项目和单位工程汇总即为汇总表。

5）编制材料需用计划。

材料需用量计划表的编制：将材料汇总表中各项目材料，按进度计划的要求分摊到各使用期即为需用量计划表。

6）提出项目用料申请计划。

结合项目库存量、计划周期储备量，提出项目用料申请计划，报材料供应部门。

（2）概算法

概算法也称间接计算法。当工程任务已经落实，但在设计资料不全的情况下，为提前备料提供依据而采用的计划方法。

概算定额法：概算定额法是利用概算定额编制需用计划的方法。根据概算定额的类别不同，主要有以下几种：

1）用平方米定额计算。公式如式（2-12）：

$$某种材料需用量 = 建筑面积 \times 同类工程某种材料平方米消耗定额 \times 调整系数 \qquad (2\text{-}12)$$

此方法适用于已知工程结构类型和建筑面积的工程项目。

2）用万元定额计算。公式如式（2-13）：

$$某种材料需用量 = 工程项目计划总投资 \times 同类工程项目万元产值材料消耗定额 \times 调整系数$$

$$(2\text{-}13)$$

此方法适用于只知道计划投资总定额的项目。

2.3.3　材料计划组织实施的过程管理

材料计划的编制仅是材料计划工作的开始，材料计划的实施是材料计划工作的关键。

1. 组织材料计划的实施

材料计划工作是以材料需用计划为基础，确定供应量、采购量、运输量、储备资金量等，最后通过材料流转计划，把有关部门和环节联系成一个整体，实现材料计划目标。

2. 协调材料计划实施中出现的问题

材料计划实施中需要协调的问题也就是材料计划实施的重点检查对象。

（1）施工任务改变，材料计划也应作相应调整。

（2）设计变更，影响材料需用量和品种、规格、时间，应调整。

（3）供应商及运输情况变化，影响材料按时到货，应调整。

（4）施工进度提前或推迟，也应调整材料计划。

3. 建立计划分析和检查制度

为及时发现问题，保证全面完成计划，企业应按照分级管理职责，在检查反馈信息的基础上进行计划的检查分析，这就要求建立相应的制度。主要建立现场检查制度、定期检查制度、统计检查制度。

4. 计划的变更和修订

出现工程任务量变化、设计变更、工艺变动、其他原因，需要对材料计划进行调整和修订。材料计划变更及修订的主要方法有以下几种：

（1）全面调整或修订：当材料需用发生较大变化时，需全面调整计划。

（2）专项调整或修订：某项任务增减、施工进度改变，使材料需求发生局部变化，需作局部调整或修订。

（3）经常调整或修订：施工生产过程中，临时发生变化，需及时调整材料供应计划。

5. 考核材料计划的执行效果

考核材料计划执行效果需建立相应的指标体系，包括以下几项指标：

（1）采购量及到货率、供应量及配套率；

（2）自由运输设备的运输量；

（3）流动资金占用额及周转次数；

（4）材料成本降低率；

（5）主要材料的节约额和节约率。

2.3.4 材料采购管理

1. 材料采购的概念

建筑企业材料管理有采购、运输、储备和供应四大业务环节，采购是首要环节。材料采购就是通过各种渠道，把施工生产用材料购进来，保证施工生产的顺利进行。材料采购包括各类期货材料的加工、订货、采购等组织货源的业务工作。

2. 材料采购应遵循的原则

（1）遵纪守法的原则

材料采购工作，应执行国家的政策，遵守物资管理工作的法则、法令和制度，自觉维护国家物资管理秩序。

（2）以需订购的原则

材料采购目的，是满足施工生产需求。必须坚持按需订货的原则，避免供需脱节或库存积压的发生。应按需用计划编制供应计划，按供应计划编制加工订货、采购计划，按计划组织采购活动。

（3）择优选择的原则

材料采购的另一个目标，是加强材料成本核算，降低材料成本。在采购时应比质、比价、比供应条件，经综合分析、对比、评价后择优选择供货，实现降低材料采购成本目标。

（4）信守合同、恪守诺言的原则

材料采购工作，是企业经营活动的重要组成部分，体现了企业供应业务和外部环境的经济关系，显示了企业信誉水平。材料采购部门和业务人员做到信守合同、恪守诺言，提高企业的信誉。

3. 影响材料采购的因素

随着市场的变化、企业施工生产和管理方法的变化，使材料采购受到企业内外诸多因素影响，在组织材料采购时，应综合各方面的因素，力求企业利益。

（1）企业外部因素的影响

1）货源因素。企业所需材料的货源大致可分为生产厂家、物资流通公司、商业部门三类。各类货源的价格、品种、规格、保证能力不同，必然影响企业材料采购。

2）供货方信誉因素。供货方在时间、品种、质量、服务上能否保证企业需求，直接影响企业材料采购计划的完成。

3）市场供求因素。市场供求状态、政策、价格等市场行情变化会影响采购决策。

（2）企业内部因素的影响

1）施工生产因素。工程项目设计变更、施工进度计划调整会引起材料需求量变化，这要求调整材料采购计划。

2）仓储能力因素。仓储能力直接限制采购批量和供应间隔时间。

3）资金因素。采购批量依据材料需用量和经济定购批量确定，但采购资金的限制也将迫使企业调整采购批量。

除上述因素外，采购人员的素质、材料质量等对材料采购也有影响。

4. 材料采购方式

（1）合同订购

对于消耗量大，须提前订货的材料，一般先签订购销合同，确定供需关系，保证供应。

（2）自由选购

市场上随时都能购买到的材料，需方可在市场或生产厂家中自由选购。

（3）委托代购

企业采购力量不足，可以委托代理商代购所需材料，并支付一定的代购费。代理商可以代购、代销、代加工、代办运输和调剂物资。

（4）加工订购

加工订购是指企业所需材料市场无货源供应、规格特殊，需要委托外单位按要求加工而获得材料的一种订购方式。包括带料加工、成品改制、加工订货等方式。

（5）联营订货

对于消耗量特别大，需求稳定的材料，可以向生产厂及投资联营，包销部分产品，从而使企业拥有稳定的货源。

（6）租赁

对于工具、用具、周转材料等可与租赁公司签订租赁合同，支付一定资金后取得这些材料的使用权。

5. 材料采购的分工

材料采购管理制度是材料采购过程采购权的划分和相关工作的规定。采购权原则上应集中在企业决策层。在具体实施时，分别处理。

（1）集中采购管理制度

集中采购是由企业统一采购材料，通过企业内部材料市场分别向施工项目供应材料。它有利于对材料的指导、控制、统一决策、统筹采购资金，获得材料折扣优惠，降低材料采购成本，但因施工项目分散，难管理，不能发挥就地采购优势。

（2）分散采购制度

分散采购是由施工项目自行组织采购。它能发挥项目部的积极性，因地制宜，适应现场情况变化，但不能发挥集中采购的诸多优势。

（3）混合采购制度

混合采购是对通用材料、大宗材料由企业统一管理，特殊、零星材料分散采购。它汇集了集中采购和分散采购的优点，避其不足，是一种较为成熟的采购制度。

2.3.5 材料采购对象确定和材料加工订货

1. 材料采购对象确定

建筑工程原材料、构配件主要有钢材、水泥、砂、石、砖、商品混凝土和混凝土构件等，它直接决定着建筑结构的安全，因此，建筑工程材料的规格、品种、型号和质量等必须满足设计和有关规范、标准的要求。材料采购对象的确定来自于两个方面：

一是设计部门、技术部门提供的采购设备、材料或其他产品的技术文件；

二是工程管理部门提供的采购设备、材料或其他产品的需求计划。材料采购部门据此编制采购清单，并结合项目进度计划进行材料的采购。

2. 材料加工订货

材料加工订货是按照施工图纸要求将工程所需的制品、零件及配件委托加工制作，满足施工生产需求。建筑企业加工订货是有计划、有组织进行的。其内容有计划、设计、洽谈、签订合同、验收、调运和付款等工作。

（1）加工订货业务过程

加工订货业务过程，可分为以下五个阶段。

1）材料加工订货的准备。采购和加工订货业务，需要有一个较长时间的准备。无论是计划分配材料或市场采购材料，都必须按照材料采购计划，做好细致的调查研究工作，摸清需要采购和加工材料的品种、规格、型号、质量、数量、价格、供应时间和用途，以便落实货源。

2）材料加工订货业务的谈判。材料加工订货计划经有关单位平衡安排，市场采购和加工材料经部门领导批准后，即可开展业务谈判活动。业务谈判，就是材料采购人员与生产、物资和商业等部门进行具体的协商和洽谈。业务谈判，一般要经过多次反复协商，在双方取得一致意见时，业务谈判即告完成。

3）材料加工订货的成交。材料加工订货业务，经过与供应单位反复酝酿和协商，取得一致意见，达成采购、销售协议，称为成交。成交的形式有签订合同的订货形式、签发提货单的提货形式和现货现购等。

4）材料加工和订货业务的执行。交货和收货过程，就是加工和订货的执行阶段。供方应按规定日期交货，需方应按规定日期收（提）货。未按合同规定日期交货或提货，应做未履行合同处理。材料交货地点，一般在供应企业仓库、堆场或收料部门事先指定的地点。供需双方应按照成交确定的或合同规定的交货地点进行材料交接。如需方填错或临时变更到货地点，由此而多支付的费用，应由需方承担。由建筑企业派人对所加工和订货材料，进行数量、质量验收。如发现数量短缺，应迅速查明原因，向供方提出。材料质量分为外观质量和内在质量，分别按照材料质量标准和验收办法进行验收。发现不符合规定质量要求的，不予验收。如属供方代运或送货的，应妥为保管。在规定期限内向供方提出书面异议。材料数量和质量验收通过后，应填写材料验收单，报本单位有关部门，表示该批材料已经接收完毕，并验收入库。

5）材料加工和订货的经济结算。经济结算，是建筑企业对采购的材料用货币偿付给供货单位价款的清算。采购材料的价款称为货款，加工的费用称为加工费。除应付货款和加工费外，还有应付委托供货和加工单位代付的运输费、装卸费、保管费和其他杂费。

（2）各类型材料的加工订货组织

1）金属制品的加工订货。金属制品一般包括成型钢筋和铁件制品两大类。钢筋的加工应按提供的图纸和资料，进行加工成型。材料部门应及时提供所需钢筋，并加强钢筋的加工管理。铁件制品包括预埋铁件、楼梯栏杆、垃圾斗、落水管等。由于加工制品的品种规格较多，容易丢失、漏项，而且加工成型的制品零散多样，不宜保管，因此金属制品的加工必须按施工部位进度安排加工，并制定详细的加工计划，并逐项与施工图纸核对。

2）木制品（门窗）的加工订货。木制品中门窗占有一定比例，而门窗有钢筋、铝制、塑料和木质等多种。任何门窗都应首先按图纸详细计算各种规格型号的门窗数量，确定准确详细的加工订货数量，并按施工进度安排进场时间。对改型及异型门窗应附加工图，甚至要求加工样品，待认为完全符合加工意图后再进行批量加工订货。

3）混凝土制品的加工订货。按照施工图纸核实混凝土制品的品种数量后，按照施工进度分批加工，避免出现混凝土制品到达现场后出现码放、运输和使用困难。因此要求加工计划准确，加工时间确定，加工质量优良。

2.3.6 建筑工程物资采购信息管理和合同管理

1. 采购信息管理

采购信息是企业材料经营决策的依据，是采购业务咨询的基础资料，是进行货源开发，扩大货源的条件。

（1）采购信息管理的基本要求

1）应具有及时性，即速度要快，效率要高，失去时效也就失去使用价值；

2）应具有可靠性，有可靠的原始数据，切忌道听途说，以免造成决策失误；

3）具有一定的深度，反映或代表一定的倾向性，提供符合实际需要的建议。

（2）材料采购信息的种类

材料采购信息按照采购信息的内容分类，一般有以下七种：

1）资源信息；

2）供应信息；

3）价格信息；

4）运输信息；

5）市场信息；

6) 新技术和新产品信息；

7) 政策信息。

（3）信息的来源

在收集信息时，应力求广泛，其主要途径有以下七个方面：

1) 各种报刊杂志和专业性商业情报所记载的资料；

2) 有关学术、技术交流会提供的资料；

3) 各种供货会、展销台、交流会提供的资料；

4) 广告资料；

5) 政府有关部门发布的计划、通报及情况报告；

6) 采购人员提供的资料；

7) 材料部门调查取得的信息资料。

（4）信息的整理与使用

采购信息的整理常用的方法有：

1) 运用统计报表的形式进行整理，按照需要的内容，从有关资料、报告中取得有关数据，分类汇总后，得到想要的信息。例如，根据历年材料采购业务工作统计，可整理出企业历年采购金额及其增长率，各主要采购对象合同兑现率等。

2) 对某些较重要的、经常变化的信息建立台账，做好动态记录，以反映该信息的发展状况。如按各供应项目分别设立采购供应台账，随时可以查询采购供应完成程度。

3) 以调查报告的形式就某一类信息进行全面的调查、分析、预测，为企业经营决策提供依据。如针对是否扩大企业经营品种、是否改变材料采购供应方式等展开调查，根据调查结果整理出"是"或"否"的经营意向，并提出经营方式、方法的建议。

收集、整理信息是为了使用信息，为企业采购业务服务。信息经过整理后，应迅速反馈给有关部门，以便进行比较分析和综合研究，制定合理的采购策略和方案。

2. 采购合同管理

（1）采购合同的内容

1) 采购合同开头的主要内容：合同的名称；合同编号；采

供双方的企业名称，要求在合同中写明其名称和地址，如果是自然人就应写明其姓名和住所；签订地点；签订时间。

2）合同正文的主要内容：货物名称与规格；货物数量条款；货物质量条款；价格条款；运输方式；支付条款；交货地点；检验条款；保险；违约责任；仲裁；不可抗力。

3）合同结尾的主要内容：合同份数及生效日期；签订人的签名；采供双方的公司公章。

（2）采购合同的形式

1）口头合同形式：口头合同指双方当事人只是通过语言进行意思表示，而不是用文字等书面表达合同内容而订立合同的形式。

2）书面合同形式：《合同法》第十一条规定："书面形式是指合同、信件和数据电文（包括电报、电传、传真、电子数据交换和电子邮件）等可以有形地表现所载内容的形式。"

3）其他合同形式：指除了口头合同和书面合同以外的其他合同形式，主要包括默示形式和推定形式。

（3）采购合同的签订

采购合同签订的原则：平等原则；自愿原则；公平原则；诚实信用原则；遵守法律、行政法规的原则；尊重社会公德的原则。

经合同双方当事人依法就主要条款协商一致即告成立。签订合同人必须是具有法人资格的企事业单位的法定代表人或由法定代表人委托的代理人。签订合同的程序要经过要约和承诺两个步骤。

1）要约。合同一方（要约方）当事人向对方（受要约方）明确提出签订材料采购合同的主要条款，以供对方考虑，要约通常用书面或口头形式。

2）承诺。对方（受要约方）对他方（要约方）的要约表示接受，及承诺对合同内容完全同意，合同即可签订。

3）反要约。对方对他方的要约要增减或修改，则不能认为承诺，叫做反要约，经供需双方反复协商取得一致意见，达成协议，合同即告成立。

（4）采购合同履行

1）质量要求不明确的，按照国家标准、行业标准履行；没有国家标准、行业标准的，按照通常标准或者符合合同目的的特定标准履行。

2）价款或者报酬不明确的，按照订立合同时履行的市场价格履行；依法应当执行政府定价或者政府指导价的，按规定履行。

3）履行地点不明确的，在履行义务一方所在地履行。

4）履行期限不明确的，债务人可以随时履行，债权人也可以随时要求履行，但应当给对方必要的准备时间。

5）履行方式不明确的，按照有利于实现合同目的的方式履行。

6）履行费用的负担不明确的，由履行义务一方负担。

（5）采购合同标的物的权属转移

1）出卖人对标的物享有所有权。出卖人既是标的物的所有人，对标的物具有合法正当的处分权，可以出卖标的物。

2）出卖人对标的物享有处分权。所有权人允许对其所有标的物处分时，被允许的他人便享有标的物的处分权。

2.3.7 建设工程材料、设备采购的询价

询价采购是指对几个供货商（通常至少三家）的报价进行比较以确保价格具有竞争性的一种采购方式。

1. 询价采购特点

（1）邀请报价的数量至少为三个。

（2）只允许供应商提供一个报价。每一供应商或承包商只许提出一个报价，而且不许改变其报价。不得同某一供应商或承包商就其报价进行谈判。报价的提交形式，可以采用电传或传真形式。

（3）报价的评审应按照买方公共或私营部门的良好惯例进

行。采购合同一般授予符合采购实体需求的最低报价的供应商或承包商。

2. 询价采购适用条件

（1）采购现成的并非按采购实体的特定规格特别制造或提供的货物或服务。

（2）采购合同的估计价值低于采购条例规定的数额。

3. 询价过程中注意事项

（1）最大限度地公开询价信息

参照公开招标做法金额较大或技术复杂的询价项目，其采购信息应在省级、中央级媒体上发布，最起码应当在地级市的党报、采购网、电视台发布，扩大询价信息的知晓率，信息发布要保证时效性，让供应商有足够的响应时间，询价结果也应及时公布。通过公开信息从源头上减少"消息迟滞性"、"不速之客"现象的出现。

（2）更多地邀请符合条件的供应商参加询价

被询价对象确定要由询价小组集体确定。询价小组应根据采购需求，从符合相应资格条件的供应商名单中确定不少于三家的供应商，被询价对象的数量不能仅满足三家的要求，力求让更多的符合条件的供应商参加到询价活动中来，以增加询价竞争的激烈程度。推行网上询价、传真报价、电话询价等多种询价方式，让路途较远不便亲自来现场的供应商也能参加询价。

（3）不得定牌采购

指定品牌询价是询价采购中的最大弊病，并由此带来操控市场价格和货源等一系列连锁反应，在询价采购中定项目、定配置、定质量、定服务，而不定品牌，真正引入品牌竞争，将沉重打击串标行为，让"木偶型"、"不速之客"绝迹于询价采购活动，让采购人真正享受到采购带来的质优价廉的好东西。

（4）不单纯以价格取舍供应商

法律规定"采购人根据符合采购需求、质量和服务相等且报价最低的原则确定成交供应商"，这是询价采购成交供应商确定的基本原则，但是不少人片面地认为既然是询价，那么谁价格低谁"中标"，供应商在恶性的"价格战"中获利无几，忽视产品的质量和售后服务。过低的价格是以牺牲可靠的产品质量和良好的售后服务为条件的，无论是采购人还是供应商都应理性地对待价格问题。不可否认，价格是询价中的关键因素，但绝非唯一因素，在成交供应商确定上要综合评审比较价格、技术性指标和售后服务等，在此基础上依法确定。

2.3.8 施工项目材料、设备台账的编制

材料台账就是材料明细记录表。不属于会计核算中的账簿系统，不是会计核算时所记的账簿，它是企业为了加强材料管理和更加详细地了解材料的信息而设置的一种辅助账簿，没有固定的格式，没有固定的账页，企业可根据实际需要自行设计，尽量详细，以全面反映某方面的信息，不必按凭证号记账，但能反映出记账号更好。如在仓库管理中，详细记录了什么时间，什么仓库，进什么货，数量多少，出库多少，运往哪里等。

设备台账是掌握企业设备资产状况，反映企业各种类型设备的拥有量、设备分布及其变动情况的主要依据。它一般有两种编排形式：一种是设备分类编号台账，它是以《设备统一分类及编号目录》为依据，按类组代号分页，按资产编号顺序排列，便于新增设备的资产编号和分类分型号统计；另一种是按照车间、班组顺序使用单位的设备台账，这种形式便于生产维修计划管理及年终设备资产清点。以上两种设备台账汇总，构成企业设备总台账。

2.4 现场材料的使用管理

2.4.1 现场材料管理的阶段划分

1. 现场材料管理的原则

现场材料应全面规划，计划进场，严格验收，合理存放，妥善保管，控制领发，监督使用，准确核算。

2. 现场材料管理的概念

材料消耗过程的管理是现场材料管理的中心环节。施工现场是建筑企业从事施工生产活动时，形成建筑产品的场所。施工现场材料管理指在现场施工过程中，根据工程科学的管理办法，从材料投入到产品形成保证生产需要和材料合理使用，最大限度地降低材料消耗。

3. 现场材料管理的阶段划分

(1) 施工前的准备工作

1) 了解工程概况，调查现场环境。

应在工程开工前，掌握以下情况：工程承包合同的有关规定，工程概况、工地地址及周围交通运输条件，施工设计方案、施工方法及进度情况，主要材料、机具和主要构件的需用量，资源和供应渠道，临时设施及用料情况，有关节约代用材料资源情况。

2) 计算材料用量，编制材料计划。

根据施工进度计划、资源供应条件，编制各类材料计划，并按计划要求落实货源。

3) 参与制定现场施工平面布置规划。

现场的施工平面布置规划，以施工技术部门为主组织编制，但由于材料堆场，仓库设置，道路布置是现场平面布置的重要内容，材料管理人员必须主动参加，从加强现场材料管理的要求出发，参与讨论研究，确定一个合理方案，并注意以下问题：

① 材料堆场要以使用地点为中心，离使用地点越近越好，避免发生二次搬运，场地要平整，设排水沟，不积水，构件堆放场地要夯实。

② 材料堆场及仓库道路的选择不能影响施工用地，以避免料场、仓库中途搬家。材料堆场的容量，既能够存放供应间隔期内的最大需用量，又能方便施工。

③ 在现场淋制石灰的灰池，要避开施工道路和材料堆场，最好设在现场边缘。

④ 现场临时仓库还要符合防火、防雨、防潮和保管的要求。雨期施工要有排水措施。

⑤ 现场运输道路要坚实，循环畅通、有转回余地。

（2）施工阶段的现场材料管理工作

1）建立健全现场管理的责任制，划区分片、包干负责，定期组织检查和考核。

2）材料和构件，严格按照施工平面图堆放整齐，经常保持堆料场地清洁整齐。

3）掌握施工进度，及时掌握用料信息，正确组织材料进场，保证施工需要。

4）加强现场平面布置的管理，根据不同的施工阶段、堆料位置，减少二次搬运、方便施工。

5）执行材料、构件的验收、发放、退料和回收制度。按月组织材料盘点，抓好业务核算。材料消耗的变化，合理调整建立健全原始记录和各种材料统计台账。

6）执行限额领料制度，监督和控制使用材料，加强检查，定期考核，努力降低材料的消耗。

（3）工程收尾阶段的现场材料管理

工程竣工收尾和施工现场转移的管理是指工程已完成总量的 70% 以后，即进入收尾阶段，必须做好施工转移的准备工作。搞好工程收尾，有利于施工量迅速向新的工程转移。应该注意以下几个问题：

1）当一个工程的主要分项工程（指结构、装修）接近收尾时，一般是材料已使用了 70% 以上，要检查现场存料，估计未完工程用料，在平衡的基础上，调整原用料计划，控制进料，以防产生剩料积压，为工程完、场地清创造条件。

2）对不再使用的临时设施可以提前拆除，并充分考虑旧料的重复利用，节约建设费用。对施工现场的建筑垃圾，如筛漏、碎砖等，要及时轧细过筛使用，确实不能利用的废料，要随时进行处理。做好材料收发存的总结算工作，办清材料核销手续，进行材料决算和材料预算的对比。考核单位工程材料消耗的节约和浪费，并分析其原因，找出经验和教训，以改进材料供应与管理工作。

3）对于设计变更造成的多余材料，以及不再使用的周转材料要随时组织退库，以利于竣工拔点，及时转移。

4）编写施工项目材料工作报告。对施工项目的材料供应与管理工作进行全面分析与总结。

4. 现场材料的验收和保管

（1）现场材料进场验收要求

1）根据现场平面布置图，认真做好材料的堆放和临时仓库的搭设，要求做到有利于材料的进出和存放，方便施工，避免和减少二次搬运。

2）在材料进场时，根据进料计划、送料凭证、质量保证书或材质证明（包括厂名、品种、出厂日期、出厂编号、试验数据等）和产品合格证，进行数量验收和质量确认，做好验收记录，办理验收手续。材料的质量验收工作，要按质量验收规范和计量检测规定进行，严格执行验品种、验型号、验质量、验数量、验证件制度；新材料未经试验鉴定，不得用于工程中；现场配制的材料应经试配，使用前应签证和批准。

3）材料的计量设备必须经具有资格的机构定期检验，确保计量所需的精确度，不合格的检验设备不允许使用。

4）对不符合计划要求或质量不合格的材料，应更换、退货或降级使用，严禁使用不合格的材料。

（2）现场材料储存保管要求

1）材料须验收后入库，按型号、品种分区堆放，并编号、标识、建立台账。

2）材料仓库或现场堆放的材料必须要有防火、防雨、防潮、防盗、防风、防变质、防损坏等措施；易燃易爆、有毒等危险品材料应专门存放，设专人负责保管，并有严格的安全措施。如有保质期要求的材料应做好标识、定期检查，防止过期。

3）现场材料要按平面布置图定位放置，有保管措施，符合堆放保管制度。对材料要做到日清、月结、定期盘点、账物相符。

（3）材料验收的工作

现场材料验收是材料进入施工现场的重要关口，现场材料验收工作发生在施工全过程。验收准备包括场地和设施、苫垫物品、计量器具、有关资料的准备。

1）场地和设施的准备：

料具进场前，根据用料计划、施工平面图、《物资保管规程》及现场场容管理要求，进行存料场地及设施准备。场地应平整、夯实，并按需要建棚、建库。

2）苫垫物品的准备：

对场地进行露天存放，需要苫盖的材料在进场前要按照《物质保管规程》的要求，准备好充足适用的苫垫物品，确保验收后的料具做到妥善保管，避免损坏变质。

3）计量器具的准备：

根据不同材料计量特点，在材料进场前配齐所需的计量器具，确保验收顺利进行。

4）有关资料的准备。

（4）质量验收

由于受客观条件所限，主要通过目测对料具外观的检查和材质性能证件进行检验。材料外观检验，应检验材料的规格、型号、尺寸、颜色、方正及完整，做好检验记录。凡专用、特殊及加工制品的外观检验，应根据加工合同、图纸及翻样资料，会同有关部门进行质量验收并做好记录。

（5）核对凭证

确认应收材料，凡无进料凭证和经确认不属于应收的材料不办理验收，并及时通知有关部门处理。进料凭证一般包括运输单、出库单、调拨单或发票。

（6）数量验收

现场材料数量验收一般采取点数、称重、检尺的方法，对分批进场的材料要做好分次验收记录，对超过磅差的应通知有关部门处理。

（7）验收手续

经核对质量、数量无误后，可以办理验收手续。验收手续根据不同情况采取不同形式。一般由收料人依据来料凭证和实收数量填写收料单；有些材料由收料人依据供方提供的调拨单直接填写实际验收数量并签字；由于结算期延长或部分结算凭证不全不能及时办理验收，影响使用时，可办理暂估验收，依据实际验收数量填写暂估验收单，待正式办理验收后再填写暂估数量。

（8）验收问题的处理

进场材料若发生品种、规格、质量不符时应及时通知有关部门及时退料，若发生数量不符时应与有关部门协商办理索赔和退料。

5. 主要材料的验收保管方法

（1）水泥

1）水泥的外观验收

在国家标准中明确规定，水泥袋上应清楚标明产品名称、代号、净含量、强度等级、生产许可证编号、生产者名称和地址、出厂编号、执行标准号及包装年、月、日等。外包装上印制体的颜色也作了具体规定，如硅酸盐水泥和普通水泥的印刷采用红色，矿渣水泥采用绿色，火山灰和粉煤灰水泥采用黑色。

2）水泥质量验收

大厂水泥以出厂质量保证书为凭，进场时要查验单据上水泥品种、强度等级与水泥袋上印的标志是否一致，不一致的应分开码放。检查水泥出厂日期是否超过规定时间；有两个单位同时到货时，应详细验收，分别码放。小厂水泥，受生产条件的限制，性能不稳定，即使有质量合格证明，也需要经试验安定性合格后方可使用；水泥的质量验收是抽取实物试样。所有项目均符合标准规定的水泥为合格品，若有某些技术性质与国家标准不相符合，则为不合格品或废品。具体规定如下：

① 不合格品。凡细度、终凝时间、不溶物、烧失量以及混合材料掺量中的任何一项不符合标准规定者，或强度低于该品种水泥强度等级规定者，均为不合格品。另外，水泥包装标志中水泥品种、强度等级、生产厂名称和地址、出厂编号不全者均为不合格品。

② 废品。凡氧化镁、三氧化硫含量、初凝时间、体积安定性中任何一项不符合标准规定者，或强度低于该品种水泥最低强度等级规定者，均为废品。

通用水泥按标准《通用水泥质量等级》JC/T 452—2009 的规定划分为优等品、一等品和合格品三个质量等级。

3）水泥数量验收

袋装水泥在车上或卸入仓库后点袋计数，同时对水泥要实行抽检，以防每袋重量不足。袋破的要灌袋计数并过秤，防止重量不足而影响混凝土和砂浆强度而造成质量事故。罐车运送的散装水泥，可按出厂秤码单计量净重，但要注意卸车时要卸净，对怀疑重量不足的车辆，可采取单独存放，进行检查。国家标准规定：袋装水泥每袋净含量 50kg，且不得少于标志质量的 98%。随机取 20 袋总净重量不得少于 1000kg。

4）水泥的合理码放

水泥码放应做到防水、防雨、防潮。仓库地坪要高出室外地面 20～30cm，四周墙地面要有防潮措施，码垛时一般码放 10 袋，最高不得超过 15 袋。不同品种、强度等级和日期要分开码放，并挂牌标明。如遇特殊情况，水泥须在露天临时存放时，必须有足够的遮垫措施。

5）水泥的保管

水泥储存时间不能太长，出厂后超过 3 个月，要抽样检查，经化验后按重新确定的强度等级使用，如有硬化的水泥，须经处理后降级使用。水泥应避免与石灰、石膏以及其他易于飞扬的粒状材料同存，以防混杂，影响质量。包装如有损坏，应及时更换以免散失。水泥库房要经常保持清洁，落地灰及时清理收集、灌装，并应另行收存使用。根据使用情况安排好进料和发料的连接，严格遵守先进先发的原则，防止发生长时间不动的死角。应注意以下问题：

① 不同生产厂家、不同品种、不同强度等级和不同出厂日期的水泥应分别堆放，不得混存混放，更不能混合使用。

② 水泥的吸湿性大，临时存放的水泥要做好上盖下垫，必要时盖上塑料薄膜或防雨布，下垫高离地面或墙面至少 200mm以上。

③ 存放袋装水泥，堆垛不宜太高，一般以 10 袋为宜，太高会使底层水泥过重而造成袋包装破裂，使水泥受潮结块。如果储存期较短或场地太狭窄，堆垛可以适当加高，但最多不宜超过 15 袋。

④ 水泥储存时要合理安排库内出入信道和堆垛位置，以使水泥能够实行先进先出的发放原则。避免部分水泥因长期积压在不易运出的角落里，造成受潮而变质。

⑤ 水泥储存期不宜过长，以免受潮变质或引起强度降低，储存期按出厂日期起算。水泥超过储存期必须重新检验，根据检验的结果决定是否继续使用或降低强度等级使用。水泥在储存过程中易吸收空气中的水分而受潮，水泥受潮以后，多出现结块现象，而且烧失量增加，强度降低。

（2）木材

1）木材质量验收

木材的质量验收包括材种验收和等级的验收。木材的品种很多，首先要辨认材料品种及规格是否符合。对照木材质量标准，查验其腐朽、弯曲、钝棱、活死节、裂纹以及斜纹等缺陷是否与标准规定的等级相符。

2）木材数量验收

木材的数量以材积表示，要按规定方法进行检尺，按材积表查定材积。

3）木材的保管

木材应按材种及规格等不同号码，要便于抽取和保持通风，板、方材的垛顶都要遮盖，以防日晒雨淋，经过烘干处理的木材，木材存料场地要高，通风要好，清除腐木、杂草和污物。

（3）钢材

1）建筑钢材的分类

建筑钢材按化学成分可分为碳素结构钢和合金钢。碳素结构钢按其含碳量又分为低碳钢、中碳钢和高碳钢。建筑工程中使用最多的是低碳钢（即含碳量小于0.25%的钢）。合金钢按合金元素的总量分为低合金钢、中合金钢、高合金钢。建筑工程中使用最多的是低合金高强度结构钢（即合金元素总量小于5%）。

① 碳素结构钢

碳素结构钢的化学成分主要是铁，其次是碳，其含碳量为0.02%~2.06%。

A. 牌号。碳素结构钢按屈服强度划分为五个牌号，即Q195、Q215、Q235、Q255、Q275，各牌号钢按照硫、磷含量由多到少分为A、B、C、D四个质量等级，碳素结构钢的牌号是按顺序由代表屈服点的字母Q、屈服点数值MPa、质量等级符号（A、B、C、D）、脱氧程度符号（F、b、Z、ZT）四部分组成。其中脱氧符号"F"表示沸腾钢、"b"表示半镇静钢、"Z"表示镇静钢、"ZT"表示特殊镇静钢。当为镇静钢或特殊镇静钢时，"Z"与"ZT"允许省略。例如：Q235-A.F，表示屈服点为235MPa的A级沸腾结构钢。

B. 力学性能。常用碳素结构钢要求具有良好的力学性能和优良的焊接性能，随着钢材牌号的增大，钢材的强度提高，伸长率降低。

② 低合金高强度结构钢

低合金高强度结构钢具有强度高、塑性好、低温冲击韧性好、耐锈蚀等特点。

A. 牌号。低合金高强度结构钢的牌号由代表钢材屈服强度字母 Q、屈服点数值 MPa、质量等级符号（A、B、C、D、E）三个部分按顺序组成，例如：Q295A 表示屈服强度不小于295MPa 的质量等级为 A 级的低合金高强度结构钢。用低合金高强度结构钢代替碳素结构钢 Q235 可节约钢材 15％～25％，并减轻了结构的自重。

B. 力学性能。常用低合金高强度结构钢要求具有良好的力学性能。

③ 钢筋

我国的钢筋用量非常大，虽然国家已采取了很多管理措施，但钢筋的制劣、售劣、用劣的行为并未得到根本性的解决。钢筋是由轧钢厂将炼钢厂生产的钢锭经专用设备和工艺制成的条状材料。在钢筋混凝土和预应力混凝土中，钢筋属于隐蔽材料，其品质优劣对工程质量影响很大。钢筋抗拉能力强，在混凝土中加入钢筋，使钢筋和混凝土粘结成一整体，形成钢筋混凝土构件，就能弥补混凝土的不足。

A. 钢筋牌号。钢筋的牌号不仅表明钢筋的品种，而且还可以大致判断其质量，按钢筋牌号分类，钢筋主要分为：HPB300（HPB 为热轧、光面、钢筋三个词的英文第一个字母，后面的数值表示钢筋屈服强度的最小值）、HRB335（HRB 为热轧、带肋、钢筋三个词的英文第一个字母，后面的数值表示钢筋屈服强度的最小值）、HRB400、HRB500、CRB550（CRB 为冷轧、带肋、钢筋三个词的英文第一个字母，后面的数值表示钢筋抗拉强度的最小值等）。

B. 工程中常用的钢筋。工程中常用的钢筋品种有钢筋混凝土热轧钢筋（光圈、带肋）、低碳钢热轧圆盘条、冷轧带肋钢筋、余热处理钢筋等。建筑工程所用的钢筋必须与设计相符，并能满足产品标准要求。

④ 型钢

常用的型钢有圆钢、方钢、扁钢、工字钢、槽钢、角钢等。

型钢由于截面形式合理，材料在截面上的分布对受力有利，且构件连接方便。所以，型钢是钢结构中采用的主要钢材。常用型钢品种及相关质量要求：

A. 热轧扁钢。热轧扁钢是截面为矩形并稍带钝边的长条钢材，主要由碳素结构钢或低合金高强度结构钢制成。其规格以厚度×宽度的毫米数表示。在建筑工程中多用于一般结构构件，如连接板、栅栏、楼梯扶手等。扁钢的截面为矩形，其厚度为 $3\sim60$mm，宽度为 $10\sim150$mm。

B. 热轧工字钢。也称钢梁，主要由碳素结构钢轧制而成。其规格以腰高（h）×腿宽（b）×腰厚（d）的毫米数表示，如"工 $160\times88\times6$"，即表示腰高为 160mm，腿宽为 88mm，腰厚为 6mm 的工字钢。工字钢的规格也可用型号表示，型号表示腰高的厘米数，如 I16。

C. 热轧槽钢。截面为凹槽形的长条钢材，主要由碳素结构钢轧制而成。其规格表示方法同工字钢。如"$120\times52\times5$"，表示腰高为 120mm，腿宽为 53mm，腰厚为 5mm 的槽钢，或称 12 号槽钢。槽钢主要用于建筑钢结构，30 号以上可用于桥梁结构做受力杆件，也可以做工业厂房的梁、柱等构件。槽钢常与工字钢配合使用。

D. 热轧等边角钢。是两边互相垂直成角形的长条钢，主要由碳素结构钢轧制而成。其规格以边宽×边宽×边厚的毫米数表示。如"L $30\times30\times3$"，即表示边宽为 30mm，边厚为 3mm 的等边角钢。也可用型号表示，型号是边宽的厘米数，如 3 号。型号不表示同一型号中不同边厚的尺寸，因而须将角钢的边宽、边厚尺寸填写齐全，避免单独用型号表示。热轧等边角钢的规格为 $2\sim20$ 号。可按结构的不同需要组成各种不同的受力构件，也可做构件之间的连接件，广泛用于各种建筑结构。

2）建筑钢材验收的基本要求

建筑钢材从钢厂到施工现场经过了许多环节，建筑钢材的检验验收是质量管理中必不可少的环节。建筑钢材必须按批进行验收，并达到其基本要求。

① 订货和发货资料应与实物一致

检查发货码单和质量证明书内容是否与建筑钢材标牌、标志上内容相符。对于钢筋混凝土用热轧带肋钢筋、冷轧带肋钢筋和预应力混凝土用钢丝、钢棒、钢绞线必须检查其是否有《全国工业产品生产许可证》，该证由国家质量监督检验检疫总局颁发，证书上印有国徽，有效期不超过 5 年。对符合生产许可证申报条件的企业，由各省市的工业产品生产许可证办公室先发放《行政许可受理决定书》。并自受理企业申请之日起 60 日内，作出是否准予许可的决定。

② 检查包装

除型钢外，都必须成捆交货，每捆必须用钢带、盘条或钢丝均匀捆扎结实，端面要求平齐，不得有异类钢材混装现象。每一捆扎件上一般都拴有两个标牌，上面注明生产企业名称或厂标、牌号、规格、炉罐号、生产日期、带肋钢筋生产许可证标志和编号等内容。直径不大于 10mm 的钢筋，可不轧制标志，可采用挂牌方法。

施工单位应加强施工现场热轧带肋钢筋生产许可证、产品质量证明书、产品表面标志和产品标牌一致性检查。对热轧带肋钢筋复检时，必须截取带有产品表面标志的试件送检，并在委托检验单上如实填写生产企业名称、产品表面标志等内容，检验机构应对产品表面标志及送检单位出示的生产许可证复印件和质量证明书进行复核，不合格热轧带肋钢筋加倍复检所抽检的产品，其表面标志必须与企业先前送检的产品一致。

③ 对建筑钢材质量证明书内容进行审核

质量证明书必须字迹清楚，证明书中应注明供方名称或厂标、需方名称、发货日期、合同号、标准号及水平等级、牌号、炉罐（批）号、交货状态、加工用途、重量、支数或件数、品种名称、规格尺寸（型号）和级别，标准中所规定的各项试验结果（包括参考性指标）、技术监督部门印记等。质量证明书应加盖生产单位公章或质检部门检验专用章。若建筑钢材是通过中间供应商购买的，则质量证明书复印件上应注明购买时间、供应数量、买受人名称、质量证明书原件存放单位，在建筑钢材质量证明书复印件上必须加盖中间供应商的红色印章，并有送交人的签名。

3）钢材质量验收

建筑钢材的实物质量主要是看所检的钢材是否满足规范及相关标准要求，现场所检测的建筑钢材尺寸偏差是否符合产品标准规定，外观缺陷是否在标准规定的范围内，对于建筑钢材的锈蚀现象各方也应引起足够的重视。钢材质量验收分外观质量验收和内在化学成分验收。在外观质量验收中，由现场材料验收人员通过眼看、手摸，或使用简单工具，如钢刷、木棍等，检查钢材表面是否有缺陷，其具体鉴别方法参见《建筑材料》。钢材的化学成分、力学性能均应经有关部门复检，与国家标准对照后，判定其是否合格。

① 钢筋混凝土用热轧带肋钢筋

热轧带肋钢筋的力学和冷弯性能检验应按批进行。每批由同一牌号、同一炉罐号、同一规格的钢筋组成，每批重量不超过 60t。力学性能检验的项目有拉伸试验和冷弯试验两项，需要时还应进行反复弯曲试验。

A. 拉伸试验。每批任取两根切取两件试样进行拉伸试验。拉伸试验包括屈服点、抗拉强度和伸长率。

B. 冷弯试验。每批任取两根切取两件试样进行 180°冷弯试验。冷弯试验时，受弯部位外表面不得产生裂纹。

C. 反复弯曲。每批任取一件试样进行反复弯曲试验。

D. 取样规格。拉伸试样应切取 500～600mm；弯曲试样应切取 200～250mm。

根据规定按批检查热轧带肋钢筋的外观质量。钢筋表面不得有裂纹、结疤和折叠。钢筋表面允许有凸块，但不得超过横肋的高度，钢筋表面上其他缺陷的深度和高度不得大于所在部位尺寸的允许偏差。

② 钢筋混凝土用热轧光圆钢筋

热轧光圆钢筋的力学和冷弯性能检验应按批进行。每批由同一牌号、同一炉罐号、同一规格的钢筋组成，每批重量不超过 60t。力学性能检验的项目有拉伸试验和冷弯试验两项。

A. 冷弯试验。每批任取两根切取两件试样进行 180°冷弯试验。冷弯试验时，受弯部位外表面不得产生裂纹。若有一项不合格，则从同一批中再任取两倍数量的试样进行该不合格项目的复检。若仍有一项不合格，则该批钢筋为不合格。

B. 拉伸试验。每批任取两根切取两件试样进行拉伸试验。拉伸试验包括屈服点、抗拉强度和伸长率。

根据规定按批检查热轧光圆钢筋的外观质量。钢筋表面不得有裂纹、结疤和折叠。钢筋表面允许有凸块，其他缺陷的深度和高度不得大于所在部位尺寸的允许偏差。规定应按批检查热轧光圆钢筋的尺寸偏差。热轧光圆钢筋的允许尺寸偏差不大于 0.4mm，不圆度不大于 0.4mm，热轧光圆钢筋的弯曲度每米不大于 4mm，总弯曲度不大于热轧光圆钢筋总长度的 0.4%，测量精确到 0.1mm。

③ 低碳钢热轧圆盘条

低碳钢热轧圆盘条的力学和冷弯性能检验应按批进行。每批由同一牌号、同一炉罐号、同一规格的盘条组成，每批重量不超过 60t。力学性能检验的项目有拉伸试验和冷弯试验两项。

A. 拉伸试验。每批任取一件试样进行拉伸试验。拉伸试验包括屈服点、抗拉强度和伸长率。

B. 冷弯试验。每批在不同盘上取两件试样进行 180°冷弯试验。冷弯试验时，受弯部位外表面不得产生裂纹。

低碳钢热轧圆盘条若有一项不合格，则从同一批中再任取两倍数量的试样进行该不合格项目的复检。若仍有一项不合格，则该批低碳钢热轧圆盘条为不合格。根据规定按批检查低碳钢热轧圆盘条的外观质量。盘条表面应光滑，不得有裂纹、耳子、结疤和折叠。盘条不得有夹杂和其他有害缺陷。根据规定应逐盘检查低碳钢热轧圆盘条的尺寸偏差。低碳钢热轧圆盘条的直径允许偏差不大于 0.45mm，不圆度（同一截面上最大直径和最小直径之差）不大于 0.45mm。测量精确到 0.01mm。

④ 冷轧带肋钢筋

冷轧带肋钢筋的力学和冷弯性能检验应按批进行。每批由同一牌号、同一规格和同一级别的冷轧带肋钢筋组成，每批重量不超过 50t。力学性能检验的项目有拉伸试验和冷弯试验。

A. 拉伸试验。每批任意切取长度为 500mm 的试样进行拉伸试验。拉伸试验包括屈服点、抗拉强度和伸长率。

B. 冷弯试验。每批任取两根切取两件试样进行 180°冷弯试验。冷弯试验时，受弯部位外表面不得产生裂纹。

冷轧带肋钢筋若有一项不合格，则从同一批中再任取双倍数量的试样进行该不合格项目的复检。若仍有一项不合格，则该批冷轧带肋钢筋为不合格。根据规定按批检查冷轧带肋钢筋外观质量。冷轧带肋钢筋表面不得有裂纹、结疤、折叠油污及影响使用的缺陷，钢筋表面可有浮锈，但不得有锈皮及肉眼可见的麻坑等腐蚀现象。根据规定应按批检查冷轧带肋钢筋的尺寸偏差。冷轧带肋钢筋尺寸、重量的允许偏差应符合标准规定。

⑤ 余热处理钢筋

余热处理钢筋的力学和冷弯性能检验应按批进行。每批由同一牌号、同一炉罐号、同一规格的余热处理钢筋组成，每批重量不超过 60t。力学性能检验的项目有拉伸试验和冷弯试验两项。

A. 拉伸试验。每批任取两根切取两件试样进行拉伸试验。拉伸试验包括屈服点、抗拉强度和伸长率。

B. 冷弯试验。每批任取两根切取两件试样进行 90°冷弯试验，冷弯试验时，受弯部位外表面不得产生裂纹。

若有一项不合格，则从同一批中再任取双倍数量的试样进行该不合格项目的复检。若仍有一项不合格，则该批余热处理钢筋为不合格。根据规定应按批检查余热处理钢筋的尺寸偏差。

余热处理钢筋的内径尺寸及其允许偏差应符合规定。精确至0.1mm。

⑥ 常用型钢

型钢的规格尺寸及允许偏差应符合产品标准的要求。检查每一品种、同一规格的型钢抽查 5 处。若设计单位有要求，用于建设工程的型钢产品也应进行力学性能和冷弯性能的检验。

数量检验方法：用钢尺或游标卡尺测量。

4）钢材数量验收（检磅计重）

现场钢材数量验收，可通过称重、点件、检尺换算等几种方式验收。验收中应注意的是，称重验收可能产生误差，其误差在国家标准允许范围内，即签认送货单数量；若量差超过国家允许范围，则应找有关部门解决。检尺换算所得重量与称重所得重量会产生误差，特别是国产钢材其误差量可能较大。因此，供需双方应统一验收方法，当现场数量检测确实有困难时，可到供料单位检磅发料，保证进场材料数量准确。

5）钢材的保管

施工现场堆放的建筑钢材应注明合格、在检、待检等产品质量状态，注明钢材生产企业名称、品种、规格、进场日期及数量等内容，由专人负责建筑钢材的收货与发料。

建筑钢材由于质量大，长度长，运输前必须了解建筑钢材的长度和单捆重量，以便于安排车辆和吊车。建筑钢材应按不同品种、规格分别堆放。钢材中优质钢材、小规格钢材，如镀锌板、薄壁电线管等，最好入库入棚保管（特别是有精度要求的冷拉、冷拔等钢材）。若条件不允许，只能露天存放时，料场应选择在地势较高而又平坦的地面，经平整、夯实、预设排水沟、安排好垛底后方可使用。

（4）砂、石料

1）资料验收

生产单位应保证出厂产品符合质量要求，产品应有质量保证书，其内容包括生产厂名及产地、质量保证书的编号、签发日期、签发人员、技术指标的检验结果。如为海砂，还应注明氯盐含量。

2）质量验收

砂、石应按批进行质量检验，其检验批按以下规定确定：

① 对集中生产的，以 400m³ 或 600t 为一批；对分散生产的，以 200m³ 或 300t 为一批；不足者以一批计。

② 对产地、质量比较稳定的，进料量又大时，以 1000t 检验一次。

③ 检验项目

A. 砂。每验收批至少应进行颗粒级配、含泥量、泥块含量检验。砂颗粒坚硬洁净。黏土、泥灰、粉末等不超过 3％～5％。对重要工程或特别工程应根据工程要求以及其他怀疑时，可增加检测项目。

B. 石。每验收批至少应进行颗粒级配、含泥量、泥块含量、针片状颗粒含量检验。对重要工程或特别工程应根据工程要求，可增加检测项目。石颗粒级配应理想，粒形以近似方块为好，针片状颗粒不得超过 25％，大于 C30 混凝土中，不得超过 15％。注意鉴别有无风化石、石灰石混入。含泥量一般混凝土不得超过 2％，大于 C30 的混凝土不超过 1％。

④ 不合格品的处理

建筑用卵石、碎石的检验结果不符合《建设用卵石、碎石》GB/T 14685—2011 规定指标，砂的检验结果不符合《建设用砂》GB/T 14684—2011 规定指标时，可根据混凝土的质量要求，结合具体情况，提出相应的措施，经试验证明能确保工程质量时，方可使用该石或砂拌制混凝土。

3）砂、石料的数量验收

砂、石的数量验收按运输工具不同、条件不同而采取不同方法。

① 量方验收。进料后把材料做成梯形堆放在平整的地上，即做方。凡是有计数凭证的以发货凭证的数量为准，但要进行

抽查。可以在车上检验，也可在现场检验。无论哪种抽查，都应考虑运输过程的下沉率。

② 过磅计量。发料单位经过地磅，每车随附秤码单送到现场时，应收下每车的秤码单、记录车号，在最后一车送到后，核对收到车数的秤码单和送货凭证是否相符。

③ 其他。水运码头无地磅，堆放又无场地时可在车上抽查。可以在运输车上快速将砂在车上拉平，量其装载高度，按照车型固定的长宽度计算体积，然后换算成重量。

4）砂、石料的合理堆放

一般应集中堆放在混凝土搅拌机和砂浆机旁，不宜过远堆放，要成方成堆，避免成片。平时要经常清理，并督促班组清底使用。

（5）砖

首先应检查进场调拨单或采账单，查看数量、规格与实物是否一致。

1）砖的质量验收

一般以抗压、抗折、抗冻等数据，以质保书为凭。现场主要从以下两方面做外观验收：

① 砖的颜色，未烧透或烧过火的砖，即色淡和色黑的红砖不能使用。

② 外形规格，按砖的等级要求验收。

2）砖的数量验收

① 定量码垛点数：在指定的地点码垛（200块为一垛）点数，便于发放。按托板计数：用托板装运的砖，按不同砖每托板规定的装砖数，集中整齐码放，清点数量为每托板数量乘托板数。

② 车上点数：一般适用于车上码放整齐，现场亟待使用，需要边卸边用的情况。

③ 砖的合理保管：按施工平面图，码放至垂直运输设备附近便于起吊。不同品种规格的砖，应分开码放。基础墙、底层

墙的砖可沿墙周围码放。同时使用中要注意清底，用一垛清一垛，断砖要充分利用。

（6）成品、半成品的验收和保管

包括混凝土构件、门窗、铁件以及成型钢筋等。除门窗用于装修外，其他都用于承重结构系统。在混合结构项目中，这些成品、半成品占材料费的30％左右，是建筑工程的重要材料。

1）混凝土构件

混凝土构件一般是预制，运到现场安装混凝土构件笨重、量大、规格多、型号多，验收时一定要对照加工计划，分层分配套码放，码放在吊车的起重臂回转半径范围内。要认真核对品种、规格、型号，检验外观质量；及时登记台账，掌握配套情况。

2）铁件

包括金属结构、预埋铁件－楼梯栏杆、垃圾斗、水落管等。铁件进场要按加工图纸验收，复杂的应会同技术部门验收，铁件一般在露天存放，精密的要放入库内或棚内，露天存放的大铁件要用垫木垫起，小件可搭设平台，要分品种、规格、型号码放整齐，并挂牌标明。铁件要按加工计划逐项核对验收，按单位工程登记台账。

3）门窗

门窗是在工厂加工，运到现场安装。有钢质、木质、塑料质和铝合金质。门窗验收要详细核对加工计划，认真检查规格、型号。门窗进场后要分品种、规格码放整齐。木门、窗扇及存放时间长的钢门、钢窗要存入库内或棚内用垫木垫起。门窗验收码放后，要挂牌标明规格、型号、数量，按单位工程建立门窗及附件台账，防止错领错用。

4）成型钢筋

由工厂加工成型后运到现场绑扎的钢筋。会同生产班组按照加工计划验收规格、数量，一并交班组管理使用。钢筋的存放场地要平整，没有积水，分规格码放整齐，要用垫木垫起，防止水浸锈蚀。

（7）装饰材料

装饰材料价值高，易损、易坏、易丢失。对壁纸、瓷砖、锦砖、油漆、五金、灯具等应入库由专人保管。

1）建筑装饰材料的分类

现代建筑装饰材料发展迅速，品种繁多，要按照材料类别才能弄清各种装饰材料的基本性能和共同特点，因此，建筑装饰材料的分类具有十分重要的意义。

① 按使用部位分类：便于材料管理人员和工程技术人员选用建筑装饰材料，建筑装饰材料手册均按此方法分类。第一，外墙装饰材料如天然石材、人造石材、建筑陶瓷等；第二，内墙装饰材料如天然石材、人造大理石、建筑陶瓷等；第三，地面装饰材料如地毯类、塑料地板等；第四，顶棚装饰材料如石膏板、壁纸装饰顶棚、贴塑矿棉装饰板等。

② 按建筑装饰材料的燃烧性能分类：第一，A 级具有不燃性，如花岗石等；第二，B1 级具有难燃性，如装饰防火板等；第三，B2 级具有可燃性，如胶合板等；第四，B3 级具有易燃性，如酒精等。

③ 按建筑装饰材料的用途分类：第一，骨架材料，如铝合金龙骨等；第二，饰面材料，如大理石、玻璃等；第三，胶粘剂，如塑料地板胶粘剂等。

④ 按建筑装饰材料性状分类：第一，抹灰材料，如水磨石等；第二，块材，如瓷砖等；第三，板材，如宝丽板、胶合板等；第四，油漆涂料，如 803 内墙涂料、氯化橡胶涂料等。

2）质量要求

① 天然花岗石：天然花岗石按形状分为普型板材（N）、异型板材（S）。普型板材是指正方形或长方形的板材；异型板材是指其他形状的板材。按表面加工程度分为细面板（RB）、镜面板（PL）和粗面板（RU）。按质量分为优等品（A）、一等品（B）、合格品（C）。天然花岗石板材的命名顺序为：荒料产地名

称、花纹色调特征名称、花岗石（G）。天然花岗石板材的标记顺序为：命名、分类、规格尺寸、等级、标准号。

② 天然大理石：天然大理石按形状分为普型板材（N）、异型板材（S）；按质量分为优等品（A）、一等品（B）、合格品（C）。大理石板材的命名顺序为：荒料产地名称、花纹色调特征名称、大理石（M）。天然大理石标记顺序为：命名、分类、规格尺寸、等级、标准号。

③ 人造石材：人造石材按生产所用原材料分为水泥型、树脂型、复合型、烧结型；按基体树脂分为 MMA 类（聚甲基丙烯酸甲酯为基体）、UPR（不饱和聚酯树脂为基体）。

3）石材验收

石材进场时必须检查验收才能使用，石材进场时必须检查出厂合格证和出厂检验报告。天然石材出厂试验报告中应包括尺寸偏差、平面度公差、角度公差、镜向光泽度、外观质量。人造石材出厂检验报告中应包括尺寸偏差、外观质量、巴氏硬度、落球冲击、香烟燃烧。同一批板材的色调应基本调和，花纹应基本一致；镜面板材的镜向光泽度应不低于 80 光泽单位，或按供需双方协商确定。

4）建筑装饰石材的质量验收和储运

① 天然石材

优质的石材表面，不含太多的杂色，布色均匀，没有忽浓忽淡的情况，而次质的石材经加工后会有很多无法弥补的缺陷，因此，石材表面的花纹色调是评价石材质量优劣的重要指标。如果加工技术和工艺不过关，加工后的成品就会出现翘曲、凹陷、色斑、污点、缺棱掉角、裂纹、色线、坑窝等现象，优质的天然石材，应该是板材切割边整齐无缺角、面光洁、亮度高，用手摸没有粗糙感。

天然石材应根据不同的部位使用不同的石材，在室内装修中，电视机台面、窗台台面、室内地面等适合使用大理石。而门槛、厨柜台面、室外地面、外墙适合使用花岗石。按不同使用部位确定放射性 A、B、C 类，应查看检验报告，并且应该注意检验报告的日期，由于同一品种的石材因矿点、矿层、产地的不同其放射性都存在很大的差异，所以在选择和使用石材时，不能只看一份检验报告，应分批或分阶段多次检测。

② 人造石材

人造石材选择时应注意以下方面：

A. 把一块人造石材使劲往水泥地上摔，劣质的人造石材将会摔成粉碎性的很多小块；优质的人造石材最多摔成两三块，若用力不够还能从地上弹起。

B. 优质产品容易打磨，加工开料时，劣质产品发出刺鼻的味道。

C. 看表面。优质产品打磨抛光后表面晶莹光亮，色泽纯正，用手抚摸有天然石材的质感，无毛细孔；劣质产品表面发暗，光洁度差，颜色不纯，用手抚摸有毛细孔（对着光线 45°斜视，像针眼一样的气孔）。

D. 优质产品具有较强的硬度和机械强度，用最尖锐的硬质塑料划其表面不会留下划伤，劣质产品质地较软，较容易划伤，而且容易变形。

E. 取一块细长的人造石材小条，放在火上烧，劣质人造石材很容易燃烧，且燃烧得很旺；优质人造石材除非加上助燃的物质才能燃烧，而且能自动熄灭。

石材进入现场后应进行复检，天然石材同一品种、类别、等级的板材为一批；人造石材同一配方、同一规格和同一工艺参数的产品每 200 块为一批，不足 200 块以一批计。天然石材在运输过程中应防碰撞、滚摔，板材应在室内存放，室外储存时，应加遮盖。按板材品种、规格、等级或装修部位分别码放，码放高度不超过 1.6m。散置板材立堆垛，并光面相对，顺序倾斜放置，倾斜度不大于 150°，底层与每层间须用弹性材料支垫。

人造石材应储存于阴凉、通风干燥的库房内，距热源不小于 1m，储存期超过 6 个月时，应重新检测后方可交付使用。

（8）现场包装物

现场材料的包装容器，一般都有利用价值，如纸袋、麻袋等。现场必须建立回收制度，保证包装品的成套、完整，提高回收率和完好率。对开拆包装的方法要有明确规章制度，如铁桶不开大口，盖子不离箱、线封的袋子要拆线，粘口的袋子要用刀割等。要健全领用和回收的原始记录，对回收率、完好率进行考核，对用量大、易损坏的包装物可实行包装物的回收奖励制度，例如水泥纸袋等。

2.4.2 现场材料的发放和回收

1. 现场材料的发放

现场材料发放的依据是下达给施工班组、专业施工队的班组作业计划（任务书），根据任务书上签发的工程项目和工程量计算出材料用量，并且办理材料的领发手续。

（1）工程用料的发放：包括大堆材料、主要材料及成品、半成品材料，凡属于工程用料的必须以限额领料单作为发料依据。但在实际生产过程中，因各种原因变化，造成工程量增加或减少，使用的材料也发生变更，造成限额领料单不能及时下达。此时应由工长填制、项目经理审批工程暂借用料单，并在3日内补齐限额领料单，交到材料部门作为正式发料凭证，否则停止发料。

（2）工程暂设用料：包括大堆材料及主要材料，凡属于施工组织设计以内的，按工程用料一律以限额领料单作为发料依据。施工设计以外的临时零星用料，凭工长填制、项目经理审批工程暂借用料申请单，办理领发手续。

（3）对于调出项目以外其他部门或施工项目的材料，凭施工项目材料主管人签发或上级主管部门签发，项目材料主管人员批准调拨单发料。

（4）对于行政及公共事务用料，包装大堆材料、主要材料及剩余材料，根据批准的用料计划到材料部门领料，并且办理材料调拨手续。

2. 材料发放程序

（1）将施工预算或定额员签发的限额领料单下达到班组。工长在对班组交代生产任务的同时，也要做好用料的交底。

（2）班组凭限额领料单领用材料，仓库依此发放材料。发料时应以限额领料单为依据，限量发放，可直接记载在限额领料单上，也可开领料小票，双方签字认证。

（3）当领用数量达到或超过限额数量时，应立即向主管工长和材料部门主管人员说明情况，分析原因，采取措施。若限额领料单不能及时下达，应由工长填制并由项目经理审批工程暂借用料单，办理因超耗及其他原因造成多用材料的领发手续。

（4）班组料具干事持限额领料单向材料员领料。材料员经核定工程量、材料品种、规格、数量等无误后，交给领料员和仓库保管员。

3. 材料发放方法

在现场材料管理中，各种材料的发放程序基本相同，但发放方法因品种、规格不同而有所不同。

（1）大堆材料：主要有砖、瓦、灰、砂、石等材料，一般是露天存放。按照材料管理要求，大堆材料的进出场及现场发放都要进行计量检测。

这样做既保证施工工程的质量，也保证材料进出场及发放数量的准确性。发放大堆材料除按限额领料单中确定的数量发放外，还应做到在指定的料场清底使用。对混凝土、砂浆所使用的砂、石，按配合比进行计量控制发放。也可以按混凝土、砂浆不同强度等级的配合比，分盘计算发料的实际数量，因此要做好分盘记录和办理领发料手续。

（2）主要材料：包括水泥、钢材、木材三大材料。主要材料一般是在库房发放或是在指定的露天料场和大棚内保管存放，有专职人员办理领发手续。主要材料的发放要凭限额领料单（任务书）领发料，还要根据有关的技术资料和使用方案进行发放。

（3）成品及半成品：主要包括混凝土构件、钢木门窗等材料。一般是在指定的场地和大棚内存放，有专职人员管理和发放。发放时凭限额领料单及工程进度，办理领发手续。

4. 应注意的问题

对现场材料管理的薄弱环节，须做好以下几方面工作：

（1）提高材料人员的业务素质和管理水平，对工程概况、施工进度计划、材料性能及工艺要求有了解，便于配合施工生产。

（2）根据施工生产需要，按照国家计量法规定，配备足够的计量器具，严格执行材料进场及发放的计量检测制度。

（3）在材料发放过程中，认真执行定额用料制度，核实工程量、材料的品种、规格及定额用量，以免影响施工生产。

（4）严格执行材料管理制度，大堆材料清底使用，水泥早进早发，装饰材料按计划配套发放，以免造成浪费。

（5）对价值较高及易损坏、易丢失的材料，发放时领发双方须当面点清，签字认证，并做好发放记录。并且要实行承包责任制，防止丢失损坏，以免重复领发。

5. 材料的回收

（1）材料使用依据。现场耗用材料的依据是根据施工班组、专业施工队所持的限额领料单（任务书）到材料部门领料时所办理的不同领料手续。

常见的有两种：一是领料单（小票）；二是材料调拨单。

（2）材料使用程序。根据材料的分类以及材料的使用去向，采取不同的耗料程序。

工程耗用材料，包括大堆材料、主要材料及成品、半成品等。其耗料程序是根据领料凭证（任务书）所发出的材料经核算后，对照领料单进行核实，按实际工程进度计算材料的实际耗料数量。由于设计变更、工序搭接造成材料超耗的，也要如实计入耗料台账，便于工程结算。

（3）材料耗用的计算方法。根据现场耗用的过程，为了使工程收到较好的经济效益，使材料得到充分利用，保证施工生产，因此，根据材料不同的种类、型号分别采取耗料方法。

1）成品及半成品：一般采用按工程进度、部位进行耗料，也可按配料单或加工单进行计算，求得与当月进度相适应的数量，作为当月的耗料数量。

2）大堆材料：耗料一般采取两种方法：一是实行定额耗料，按实际完成工作量计算出材料用量，并结合盘点，计算出月度耗料数量；二是根据混凝土、砂浆配合比和水泥耗用量，计算其他材料用量，并按项目逐日计入材料发放记录，到月底累计结算，作为月度耗料数量。

3）主要材料：一般是库发材料，根据工程进度计算实际耗料数量。

（4）材料耗用中应注意的问题。现场耗料是保证施工生产、降低材料消耗的重要环节，切实做好现场耗料工作，是搞好项目承包的根本保证。为此应做好以下工作：

1）加强材料管理制度，建立健全各种台账，严格执行限额领料和料具管理规定，按照耗料对象分别计入成本。对于分不清的，可根据实际总用量，按定额和工程进度适当分解。

2）保管原始凭证，不任意涂改耗料凭证，以保证耗料数据和材料成本的真实可靠；相应的考核制度，对材料耗用要逐项登记，避免乱摊、乱耗，保证耗料的准确性。使用过程中加强管理，认真进行材料核算，按规定办理发料手续，为推广项目承包打好基础。

2.4.3 现场材料节约的途径

建筑企业的成本降低额，大部分来自材料采购成本的节约和降低材料消耗，特别是现场材料消耗量的降低。

1. 加强施工管理，采取技术措施节约材料

（1）木材的节约措施。以钢代木，改进支撑办法，优材不劣用，长料不短用，以旧料代新料，综合利用。

（2）节约水泥的措施。优化混凝土配合比（选择合理的水泥强度等级，在级配相同的情况下，选用粒径最大的可用石料，

掌握好合理的砂率，控制水灰比）；合理掺用添加剂，充分利用水泥活性及其富余系数，添加粉煤灰。

（3）钢材的节约措施。集中下料、合理加工，控制好钢筋搭接长度，利用短料旧料，避免以大代小，以优代劣。

2. 加强材料管理，降低材料消耗，提高企业管理水平

（1）加强基础条件管理，是降低材料消耗的基本条件。

（2）合理供料，一次到位，减少二次搬运和堆放损失。

（3）加速料具周转，节约材料资金。

（4）回收利用，修旧利废。

（5）定期进行经济活动分析，揭露浪费，填塞漏洞。

（6）开展文明施工，确保现场材料不凌乱。

3. 实行材料节约奖励制度，提高节约材料的积极性

实行材料节约奖励制度，可按节约额的比例奖励操作人员，也可在节约奖励标准中规定超耗惩罚标准，控制材料超耗。实行材料节约奖必须具备合理的材料消耗定额、严格的材料收发制度、完善的材料消耗考核制度、工程质量稳定，制定材料节约奖励办法。

2.4.4 周转材料租赁管理

1. 周转材料的概念

周转材料是指在施工生产中可以反复使用，而又基本保持其原有形态，有助于产品形成，但不构成产品实体的各种特殊材料。周转材料是一种工具性质的特殊材料。因其在预算取费和财务核算及采购等管理上列入"材料"项目，故称为周转材料。

周转材料及工具与一般建筑材料相比较，其价值转移方式不同。建筑材料的价值一次性全部转移到建筑产品价格中，并从销售收入中得到补偿。周转材料及工具依据在使用中的磨损程度，逐步转移到产品价格中，从销售收入中逐步得到补偿；周转材料及工具由于单位价值较低，且使用周期短，将其视做特殊材料归为材料部门管理，而不列作固定资产管理。

2.周转材料的分类

施工生产中常用的周转材料包括定型组合钢模板、滑升模板、胶合板、木模板、竹木脚手架、钢管脚手架、安全网、挡土板等。

按周转材料的自然属性分为：

（1）竹制品：如竹脚手架、竹跳板等。

（2）胶合板：如竹胶合板、木制胶合板等。

（3）钢制品：如钢模板、钢管脚手架等。

（4）木制品：如木跳板、木制混凝土模板等。

3.周转材料管理的内容

（1）周转材料的改制管理：是指对损坏或不再用的周转材料，按照新的要求改变其外形。

（2）周转材料的维修管理：是指对损坏的周转材料进行修复，使其恢复或部分恢复原有功能的管理。

（3）周转材料的使用管理：是指为了保证施工生产顺利进行或有助于建筑产品的形成而对周转材料进行拼装、支搭、运用以及拆除的作业过程的管理。

（4）周转材料的养护管理：是指例行养护，包括除去灰垢、涂刷防锈剂或隔离剂，以保证周转材料处于随时可投入使用状态的管理。

（5）周转材料的核算：即对周转材料的使用状况进行反映和监督。核算包括会计核算、统计核算和业务核算三种核算方式。会计核算主要反映周转材料投入和使用的经济效益及其摊销状况，是资金（货币）的核算。统计核算主要反映数量规模、使用状况和使用趋势，是数量的核算。业务核算是材料部门等根据实际需要和业务特点而进行的核算，它既有资金的核算，也有数量的核算。

4.周转材料的管理方法

周转材料管理方法有租赁法、费用承包法、实物量承包法等。

5. 周转材料租赁管理方法

（1）租赁的概念

租赁是指在一定期限内，产权的拥有方向使用方提供材料的使用权，但不改变所有权，双方各自承担一定的义务，履行契约的一种经济关系。实行租赁制度必须将周转材料的产权集中于企业进行统一管理，这是实行租赁制度的前提条件。

（2）周转材料的租赁管理的内容

1）应根据周转材料的市场价格变化及摊销额度要求测算租金标准，并使之与工程周转材料费用收入相适应。管理费和保养费均按周转材料原值的一定比例计取，一般不超过原值的2%。

2）签订租赁合同，在合同中应明确以下内容：

① 明确租赁的品种、规格、数量，并附有租用品明细表以便查核。

② 明确租用的起止日期、租用费用以及租金结算方式。

③ 违约责任的追究和处理。

④ 明确双方的权利和义务。

⑤ 规定使用要求、质量验收标准和赔偿办法。

3）应考核租赁效果：

考核指标有以下几项：①周转次数（主要考核组合钢模板），②出租率，③损耗率。

（3）周转材料租赁核算的内容

1）周转材料的验收和赔偿：租赁部门应对退库周转材料进行数量外观质量验收。如有丢失损坏应由租用单位按照租赁合同规定赔偿。赔偿标准一般可参照以下原则掌握：对丢失或严重损坏（指不可修复）按原值的50%赔偿；一般性损坏（指可修复的）按原值的30%赔偿；轻微损坏（指无须使用机械修复的）按原值的10%赔偿。租用单位退租前必须清除混凝土灰垢，为验收创造条件。

2）周转材料的租用：项目确定使用周转材料后，应根据使用方案制定需要计划由人员与租赁部门签订租赁合同，并做好周转材料进入施工现场的各项准备工作，如存放及安装场地等。租赁部门必须按合同保证配套供应并登记。

3）周转材料的租金结算：租金的结算期限一般自提运的次日起至退租之日止，租金按日历天数考核，逐日计取，按月结算。租用单位实际支付的租赁费用包括租金和赔偿费两项。

（4）降低周转材料租赁费的途径

1）合理确定出租方。

2）正确确定租赁、归还的时间和数量。

3）加快施工进度。

4）做好现场管理工作。

2.4.5　周转材料费用承包和实物量承包

1. 周转材料的费用承包

周转材料的费用承包是适应项目法施工的一种管理形式，或者说是项目法施工对周转材料管理的要求。是指以单位工程为基础，按照预定的期限和一定的方法测定一个适当的费用额度交由承包者使用，实行节奖超罚的管理。

（1）周转材料承包费用的确定

1）周转材料的承包费用的收入：承包费用的收入即承包者所接受的承包额。承包额有扣额法和加额法两种确定方法。扣额法，是指按照单位工程周转材料的预（概）算费用收入，扣除规定的成本降低额后剩余的费用；加额法，是指根据施工方案所确定的使用数量，结合额定周转次数和计划工期等因素所限定的实际使用费用，加上一定的系数额作为承包者的最终费用收入。所谓系数额是指一定历史时期的平均耗费系数与施工方案所确定的费用收入的乘积。

2）周转材料的承包费用的支出：承包费用的支出是在承包期限内所支付的周转材料使用费（租金）、赔偿费、运输费、二次搬运费以及支出的其他费用之和。

（2）周转材料费用承包管理办法的内容

1）周转材料的承包协议的签订：承包协议是对承、发包双方的责、权、利进行约束的内部法律文件。一般包括工程概况、应完成的工程量、需用周转材料的品种、规格、数量及承包费用、承包期限、双方的责任与权利，不可预见问题的处理以及奖罚等内容。

2）周转材料的费用承包的准备：根据承包方案和工程进度认真编制周转材料的费用计划，注意计划的配套性（品种、规格、数量及时间的配套）要留有余地、不留缺口。根据配套数量同企业租赁部门签订租赁合同，积极组织材料进场并做好进场前的各项准备工作，包括选择、平整存放和拼装场地、开通道路等，对现场狭窄的地方应做好分批进场的时间安排，或事先另选存放场地。

3）周转材料的承包额的分析：首先要分解承包额。承包额确定之后，应进行大概地分解。以施工用量为基础将其还原为各个品种的承包费用。实际工作中，常常是不同品种的周转材料分别进行承包，或只承包某一品种的费用。这就需要对承包效果进行预测，并根据预测结果提出有针对性的管理措施。

（3）周转材料的费用承包效果的考核

周转材料的承包期满后，要对承包效果进行严肃认真的考核、结算和奖罚。提高承包经济效果的基本途径有两条：

1）在使用数量既定的条件下提高周转次数。

2）在使用期限既定的条件下，减少占用量。同时应减少丢失和损坏数量，积极实行和推广组合钢模的整体转移，以减少停滞、加速周转。

2. 周转材料的实物量承包

周转材料实物量承包的主体是施工班组，也称班组定包。它是指项目班子或施工队根据使用方案定额数量对班组配备周转材料，规定损耗率，由班组承包使用，实行节奖超罚的办法。

周转材料实物量承包是费用承包的深入和继续，是保证费用承包目标值的实现和避免费用承包出现断层的管理措施。

（1）定包数量的确定

以组合钢模为例，说明定包数量的确定方法。

1）模板用量的确定：根据费用承包协议规定的混凝土工程量编制模板配模网，据此确定模板计划用量，加上一定的损耗量即为交由班组使用的承包数量。

2）零配件用量的确定：零配件定包数量根据模板定包数量来确定。每万平方米模板零配件的用量分别为：U 形卡：140000件；插销：300000 件；内拉杆：12000 件；外拉杆：24000 件；三型扣件：36000 件；勾头螺栓：12000 件。

（2）定包效果的考核和核算

定包效果的考核主要是损耗率的考核。即用定额损耗量与实际损耗量相比，如有盈余为节约，反之为亏损。如实现节约则全额奖给定包班组，如出现亏损则由班组赔偿全部亏损金额。

3. 周转材料租赁、费用承包和实物量承包三者之间的关系

周转材料的租赁、费用承包和实物量承包是三个不同层次的管理，是有机联系的统一整体。实行租赁办法是企业对工区或施工队所进行的费用控制和管理；实行费用承包是工区或施工队对单位工程或承包栋号所进行的费用控制和管理；实行实物量承包是单位工程或承包栋号对使用班组所进行的数量控制和管理，这样便形成了综合的管理体系。因此，降低企业周转材料费用消耗应该同时搞好三个层次的管理。

作为管理初步，可于三者之间任择其一。但如果实行费用承包则必须同时实行实物量承包，否则费用承包易出现断层，出现"以包代管"的状况。

2.4.6　小型机具管理

1. 木模板的管理

木模板用于混凝土构件的成型，它可以拼成各种形状的模子，使浇灌的混凝土成为各种需要的形状。木模板是建筑企业常用的周转材料。

（1）制作和发放。木模板一般采用统一配料、制作、发放的管理方法。现场需用木模板，事先提出计划需用量，由木工车间统一配料制作，发放给使用单位。

（2）保管。木模板可以多次使用，使用中保管维护由使用单位负责。包括安装、拆卸、整理等工作。实行节约有奖、超耗受罚的经济责任制。木模板的管理实行"四统一"、"四包"管理法。"四统一"的集中管理法即统一管理、统一配料、统一制作、统一回收，无条件统一制作的也可"三统一"。"四包"即班组包制作、包安装、包拆除、包回收。

（3）核算。木模板在使用过程中都会产生一定量的损耗，要按损耗程度计价核算。

1）五五摊销法：即新木料制作的模板，第一次投入使用摊销原值的50％，余下的50％价值直到报废时再行摊销。

2）定额摊销法：按完成的混凝土实物工程量和定额摊销计价。用这种核算方法，一定要分清发放和回收的木模板的新旧成色，按新旧成色计价。

3）租赁法：按木模板的材质、规格、成色等，分别制定租赁标准，使用单位租用期间按标准核算租赁费，作为计价依据。

另外，还有原值摊销法、余额摊销法等。

2. 脚手架管理

脚手架是建筑施工中不可缺少的重要的周转材料，脚手架的种类很多，主要有木脚手架、竹脚手架、钢管脚手架等。其中木脚手架和竹脚手架限于资源问题，以及绑扎工艺落后，现已较少使用，大量使用的是各种钢制脚手架。

钢制脚手架的磨损小，使用期长，多数企业都采取租赁的管理方式（具体方法和钢模板类似），集中管理和发放，提高利用率。

钢制脚手架使用中的保管工作十分重要，是保证其正常使用的先决条件。为防止生锈，钢管要定期刷漆，各种配件要经常清洗上油，延长使用寿命。每使用一次，要清点维修，弯曲的钢管要矫正。拆卸时不允许高空抛摔，各种配件拆卸后要定量装箱，防止丢失。

3. 组合钢模的管理

组合钢模是按模数制作原理设计、制作的钢制模板。主要优点有：重量轻，便于搬运，使用灵活，配备标准，便于拼装成各种模型，通用性强。组合钢模主要由钢模板和配套件组成。其中钢模板视其使用部位分为平面模板、转角模板、梁腿模板、搭接模板等。

组合钢模板使用时期长，磨损小，管理和使用中通常采用租赁的方法。租赁一般要进行以下工作：确定管理部门，一般集中在分公司一级；核定租赁标准，按日（旬、月）确定各种规格模板及配件的租赁费；确定使用中的责任，如使用者负责清理、整修、涂油、装箱等；奖惩办法的制定。租用模板应办理相应的手续，通常签订租用合同。

2.5 材料核算管理

材料核算是用货币或实物数量，按照价值规律的要求，对建筑企业材料工作中的申请、采购、供应、储备、消耗等项业务活动进行记录、计算、控制、监督、分析和考核的活动。材料核算是企业经济核算的重要组成部分。

2.5.1 材料核算的主要业务

材料采购的核算，是以材料采购预算成本为基础，与实际采购成本相比较，核算其成本降低额或超耗程度。

1. 材料采购实际成本

材料采购实际成本是材料在采购和保管过程中所发生的各项费用的总和。它是由材料原价、供销部门手续费、包装费、运杂费、采购保管费五方面因素构成的。任何一方面，都会直接影响到材料实际成本的高低，进而影响工程成本的高低。因此，在材料采购及保管过程中，力求节约，降低材料采购成本是材料采购核算的重要环节。

材料实际价格计价，是指对每一材料的收发、结存数量都按其在采购（或委托加工、自制）过程中所发生的实际成本计算单价。通常按实际成本计算价格，采用先进先出法或加权平均法等。

先进先出法，是指同一种材料每批进货的实际成本如各不相同时，按各批不同的数量及价格分别记入账册。在发生领用时，以先购入的材料数量及价格先计价核算工程成本，按先后程序依次类推。

加权平均法，是指同一种材料在发生不同实际成本时，按加权平均法求得平均单价，当下一批进货时，又以余额（数量及价格）与新购入的数量、价格做新的加权平均计算，得出的平均价格。

2. 材料预算（计划）价格

材料预算价格是由地区建设主管部门颁布的，以历史水平为基础，并考虑当前和今后的变动因素，预先编制的价格。材料预算价格由下列五项费用组成：材料原价、供销部门手续费、包装费、采购及保管费、运杂费。

3. 材料采购成本的考核

材料采购成本可以从实物量和价值量两方面进行考核。通常有以下两项考核指标：

（1）材料采购成本降低（超耗）率。通过此项指标，考核成本降低或超耗的水平和程度。

（2）材料采购成本降低（超耗）额。材料采购预算成本为按预算价格事先计算的计划成本支出；材料采购实际成本是按实际价格事后计算的实际成本支出。

2.5.2 材料核算的内容和方法

1. 材料供应的核算

材料供应计划是组织材料供应的依据。

材料供应量是根据工程量乘以材料消耗定额，并考虑库存、合理储备、综合利用等因素，经平衡后确定的。一般情况下，从以下两个方面进行考核：

（1）检查材料收入量是否充足。这是考核各种材料在某一时期内的收入总量是否完成了计划，检查从收入数量上是否满足了施工生产的需要。

（2）检查材料供应的及时性。在分析考核材料供应及时性问题时，需要把时间、数量、平均每天需用量和期初库存等资料联系起来考察。

2. 材料储备的核算

为了防止材料的积压或不足，保证生产的需要，加速资金周转，企业必须经常检查材料储备定额的执行情况，分析是否超储或不足。

材料储备，通常是企业材料储备管理水平的标志。反映物资储备周转的指标可分为两类。

（1）储备实物量的核算。实物量储备的核算是对实物周转速度的核算。核算材料对生产的保证天数及在规定期限内的周转次数和周转 1 次所需天数。

（2）储备价值量的核算。价值形态的检查考核，是把实物数量乘以材料单价，用货币作为综合单位进行综合计算，其好处是能将不同质、不同价格的各类材料进行最大限度地综合。它的计算方法除上述的有关周转速度方面（周转次数、周转天数）均为适用外，还可以从百元产值占用材料储备资金情况及节约使用材料资金方面进行计算考核。

3. 材料消耗量核算

现场材料使用过程的管理，主要是按单位工程定额供料和班组耗用材料的限额领料管理。前者是按概算定额对在建工程实行定额供应材料；后者是在分部分项工程中以施工定额对施工队伍限额领料。施工队伍实行限额领料，是材料管理工作的落脚点，是经济核算、考核企业经营成果的依据。

实行限额领料的好处很多，它有利于加强企业经营管理，提高企业管理水平；有利于合理地、有计划地使用材料；有利于调动企业广大职工的社会主义积极性，是增产节约的重要手段。

检查材料的消耗情况，主要是用材料的实际消耗量与定额消耗量进行对比，反映材料节约或浪费情况。由于材料的使用情况不同，因而考核材料的节约或浪费的方法也不相同，现就几种情况分别叙述如下：

（1）核算某项工程某种材料的定额与实际消耗情况。

（2）核算多项工程某种材料消耗情况。其节约或超支的计算式：材料节约或超支额＝$\sum$［材料价格×（材料实际消耗量－材料定额消耗量）］，但某种材料的计划耗用量，即定额要求完成一定数量建筑安装工程所需消耗的材料数量。

（3）核算一项工程使用多种材料的消耗情况。建筑材料有时由于使用价值不同，计量单位各异，不能直接相加进行考核。因此，需要利用材料价格作为同度量因素，用消耗量乘材料价格，然后加总对比。

（4）检查多项分项工程使用多种材料的消耗情况。经考核检查，适用以单位工程为单位的材料消耗情况，既可了解分部分项工程以及各单位材料的定额执行情况，又可综合分析全部工程项目耗用材料的效益情况。

4. 周转材料的核算

由于周转材料可多次反复使用于施工过程，因此其价值的转移方式也不同于材料一次转移，而是分多次转移，通常称为摊销。周转材料的核算是以价值量核算为主要内容，核算其周转材料的费用收入与支出的差异和摊销。

（1）费用支出

周转材料的费用支出是根据施工工程的实际投入量计算的。在对周转材料实行租赁的企业，费用支出表现为实际支付的租赁费用。在不实行租赁制度的企业，费用支出表现为按照上级规定的摊销率所提取的摊销额。计算摊销额的基数为全部拥有量。

（2）费用收入

周转材料的费用收入是以施工图为基础，以概（预）算定额为标准随工程款结算而取得的资金收入。

在概算定额中，周转材料的取费标准是根据不同材质综合编制的，在施工生产中无论实际使用何种材质，取费标准均不予调整（主要指模板）。

（3）费用摊销

1）一次摊销法：是指一经使用，其价值即全部转入工程成本的摊销方法。它适用于与主件配套使用并独立计价的零配件等。

2）五五摊销法：是指投入使用时，先将其价值的一半摊入工程成本，待报废后再将另一半价值摊入工程成本的摊销方法。它适用于价值偏高，不宜一次摊销的周转材料。

3）期限摊销法：是指根据使用期限和单价来确定摊销额度的摊销方法。它适用于价值较高、使用期限较长的周转材料的摊销方法。

5．工具的核算

（1）费用收入与支出

在施工生产中，工具费的收入是按照框架结构、排架结构、升板结构、全装配结构等不同结构类型以及领使馆、旅游宾馆和大型公共建筑等，分不同檐高（20m以上和20m以下），以每平方米建筑面积计取。一般情况下，生产工具费用约占工程直接费的 2%。

工具费的支出包括购置费、租赁费、摊销费、维修费以及个人工具的补贴费等项目。

（2）工具的账务处理

与施工企业的工具财务管理和实物管理相对应，工具账分为由财务部门建立的财务账和由料具部门建立的业务账。

1）财务账

① 总账：以货币作为计量单位反映工具资金来源和资金占用的总体情况。资金来源是购置、加工制作、向租赁单位租用的工具价值总额。资金占用是企业在库和在用的全部工具价值余额。

② 明细分类账：是在总账之下，按工具类别所设置账户，用于反映工具的摊销和余额状况。

③ 二级明细分类账：是针对二级账户的核算内容和实际需要，按工具品种而分别设置的账户。

在实际工作中，上述三种账户要平行登记，做到各类费用的对口衔接。

2）业务账

① 总数量账：用以反映企业或单位的工具数量总规模，可以在一本本账簿中分门别类地登记，也可以按工具的类别分设几个账簿进行登记。

② 新品账，亦称在库账：用于反映已经投入使用的工具的数量，是总数量账的隶属账。

③ 旧品账，亦称在用账：用于反映已经投入使用的工具的数量，是总数量账的隶属账。当因施工需要使用新品时，按实际领用数量冲减新品账，同时记入旧品账，某种工具在总数量账上的数额，应等于该种工具在新品账和旧品账的数额之和。当旧品完全损耗，按实际消耗冲减旧品账。

④ 在用分户账：用于反映在用工具的动态和分布情况，是旧品账的隶属账。某种工具在旧品账上的数量，应等于各在用分户账上的数量之和。

（3）工具费用的摊销

1）五五摊销法。与周转材料核算的五五摊销方法相同，在工具投入使用后，先将其价值的一半分摊计入工程成本，在其报废时，再将另一半价值摊入工程成本，通过工程款收入分两次得到补偿。五五摊销法适用于价值较低的中小型低值易耗工具。

2）一次摊销法。一次摊销法，是指工具一经使用其价值即全部转入工程成本，并通过工程款收入得到一次性补偿的核算方法。它适用于消耗性工具。

3）期限摊销法。期限摊销法，是指按工具使用年限和单价确定每次摊销额度，分多期进行摊销。在每个核算期内，工具的价值只是部分计入工程成本并得到部分补偿。此法适用于固定资产性质的工具及单位价值较高的易耗性工具。

2.6 材料的仓储管理

仓储管理也叫仓库管理（Warehouse Management，WM），指的是对仓储货物的收发、结存等活动的有效控制，其目的是为企业保证仓储货物的完好无损，确保生产经营活动的正常进行，并在此基础上对各类货物的活动状况进行分类记录，以明确的图表方式表达仓储货物在数量、品质方面的状况，以及目前所在的地理位置、部门、订单归属和仓储分散程度等情况的综合管理形式。

2.6.1 材料储备定额和储备量管理

材料储备定额，是指当需用比较均衡时，即需用有经常性、连续性的特点，且各周期（如各月份）需用量大体相同时，可以规定一个时期（如一年）的合理库存量标准，这个标准通常称为材料储备定额。当需用不均衡时，如有的月份需用量很大，有的月份需用量很小，则在一个时期（如一年）里要有不同的储存量标准才是合理的。

材料储备量，是指在一定条件下，为保证企业生产和经营活动正常进行所规定的合理储存物资的数量标准。物资需用特征不同，其合理库存量也呈现不同的状况。

1. 材料储备定额管理

（1）材料储备定额的分类

按作用分主要有：经常储备定额、保险储备定额、季节储备定额。

经常储备定额（周转储备定额），指在正常条件下，为保证施工生产需要而建立的储备定额。保险储备定额，指因意外情况造成误期或消耗加快，为保证施工生产需要而建立的储备定额。季节储备定额，指由季度影响而造成供货中断，为保证施工生产需要而建立的储备定额。

按计量单位分主要有：相对储备定额、绝对储备定额。

相对储备定额，以储备天数为计量单位的储备定额，用储备的材料相对可以使用多少天来表示储备的数量标准。绝对储备定额，以材料的实物量或价格为计量单位的储备定额，表示储备材料的绝对实物量或价值量。

按综合程度分主要有：品种储备定额、类别储备定额、综合储备定额。

品种储备定额，是指按材料品种核定的储备定额，如钢材、水泥、木材储备定额等，主要用于品种不多但量大的材料的储备。类别储备定额，是指按材料目录的类别核定的储备定额，如油漆、五金配合、化工材料储备定额等，主要用于品种多的材料储备。综合储备定额，是指以各类材料综合价值核定的储备定额，主要用于核定储备资金。

按期限分主要有：季度储备定额、年度储备定额。

季度储备定额，是指以季度为适用期限的储备定额，用于耗用呈阶段性、周期性变化的材料。年度储备定额，是指以年度为适用期限的储备定额，用于消耗稳定、均衡的材料。

（2）经常储备定额的制定

经常储备定额，是在正常情况下，为保证两次进货间隔期内材料需用而确定的材料储备数量标准。经常储备数量随着进料、生产、使用而呈周期性变化。

经常储备条例上，每批材料进货时，储备量最高，随着材料的消耗，储备量承受时间逐步减少，到下次进货前夕，储备量降到零。然后再补充，即进货—消耗—进货，如此循环。经常储备定额，就是指每次进货后的储备量。

经常储备中，每次进货后的储备量叫最高储备量，每次进货前夕的储备量叫最低储备量，两者的算术平均值叫平均储备量，两次进货的时间间隔叫供应间隔期。

经常储备定额的制定方法有供应间隔期法、经济批量法。

1）供应间隔期法。供应间隔期法，是指用平均供应间隔期和平均日耗量计算材料储备定额的方法。

2) 经济批量法。经济批量法是通过经济订购批量确定经常储备定额的方法。

用供应间隔期制定经常储备定额，只考虑了满足消耗的需要，而未考虑储备量的变化对材料成本的影响，经济批量法就是从经济的角度去选择最佳的经济储备定额。材料购入价、运费不变时，材料成本受仓储费和订购费的影响。

材料仓储费，是指仓库及设施的折旧、维修费、材料保管费、维修费、装卸堆码费、库存损耗、库存材料占用资金的利息支出等。仓储费用随着储备量的增加而增加，即与订购批量的大小成正比。材料订购费，是指采购材料的差旅费、检验费等。材料订购费随订购次数的增加而增加，在总用量不变的条件下，与订购的批量成反比。

经济批量，是仓储费和订购费之和最低的订购批量。

（3）保险储备定额的制定

保险储备定额又称最低储备定额，保险储备的数量标

准就是保险储备定额。保险储备定额加经常储备定额又称最高储备定额。

保险储备定额一般确定为一个常量，无周期性变化，正常情况下不动用，只有发生意外使经常储备不能满足需要时才动用。

1) 按平均误期天数确定。是从企业外部影响因素考虑的，平均误期天数一般根据过去进货统计资料求得。

2) 按临时需要比例确定。是从企业内部影响因素考虑的，通过对内部供料记录的分析，求得各供应期平均临时需要量的比例，以此核算保险储备天数。

3) 按临时订购所需天数确定。临时订购所需天数相当于前述的"备运时间"，以此天数为依据来确定保险储备天数，可以保证企业供应的连续性。此种方法也称供应时间法，是指按照中断供应后，再取得材料所需时间作为准备期计算保险储备定

额的方法。

临时订货所需时间包括办理临时订货手续、发运、运输、验收入库等所需的时间。

除了按保险储备天数来确定保险储备定额外，还可通过概率方法，根据一定的保证供应率要求来确定保险储备量。如安全系数法，是以预测需要量（销售量）和安全系数为基础来确定合理库存量。一个安全系数是指增加一个预测误差的物资数量。根据要求的保证供应率，核算需要几个安全系数，就相应增加几个预测误差的备料量。增加的这部分备料量就是保险储备量，也称安全存量。

（4）季节储备定额的制定

有的材料因受季节影响而不能保证连续供应。如砂石，在洪水季节无法生产，不能保证连续供应。为满足供应中断时期施工生产的需要，必须建立相应的储备。季节储备定额是为防止季节性生产中断而建立的材料储备的数量标准。

季度储备一般在供应中断之前逐步积累，供应中断前夕达到最高值，供应中断后逐步消耗，直到供应恢复。

2. 储备量管理

材料储备定额，是在均衡消耗、供应运输等批量、等间隔条件下，实际上是一种理想状态下的材料储备。建筑企业的生产，实际上做不到均衡消耗、等间隔、等批量供应。因此，储备量管理应根据变化因素，调整材料储备。

（1）实际库存变化情况

1）在材料消耗速度不均衡情况下，当材料消耗速度增大时，在材料进货点未到来时，经常储备已经耗尽，当进货日到来时已动用了保险储备，如果仍然按照原进货批量进货，将出现储备不足。

当材料消耗速度减小时，在材料进货点到来时，经常储备尚有库存，如果仍然按照原进货批量，库存量将超过最高储备定额，造成超储损失。

2）到货日期提前或拖后情况下，到货拖期，使按原进货点确定的经常储备耗尽，并动用了保险储备，如果此时仍然按照原进货批量进货，则会造成储备不足。

提前到货，使原经常储备尚未耗完，如果按照原进货批量再进货，会造成超储损失。

（2）储备量控制方法

当出现上述情况时，应采取一定的措施予以控制，使储备量达到合理状态。

1）定量库存控制法

确定一个库存量水平为订购点，当库存量下降到订购点时，立即提出订购，每次订购的数量均为订购点到最高储备之间的数量。

一般情况下，订购点的库存水平应高于保险储备定额。因为从派人认购之日起，到材料入库之日止的这段时间内，包括采购人员在途天数、订购谈判天数、供货单位备料天数、办理运输手续天数、运输天数、验收天数等，材料仍在继续消耗，这段时间叫备运期。订购点必须设在保险储备定额和备运期间材料消耗量的基础上，才能保证材料的连续供应。

这种方法使订购点和订购批量可以相对稳定，但订购周期却随情况而变化。如消耗速度增大时，订购周期变短，消耗速度减小时，订购周期变长。

2）定期库存控制法

定期库存控制法，是采用固定时间检查库存量，并以此库存为订购点，结合下周材料需用量，确定订购批量。

这种方法是订购周期相对稳定，但每一次的订购点却不一样，因此订购批量也不同。当材料消耗速度增大时，订购点低，订购批量大；材料消耗速度减小时，订购点高，订购批量减小。

除上述两种控制方法外，企业也可根据材料储备中的最高储备定额和最低储备定额作为控制材料储备量的上限和下限；也可用储备资金定额作为衡量材料储备量的标准。

2.6.2　材料入库

1.入库申请

首先由申请人填写入库申请单,入库申请单主要有以下几项:申请入库单位、入库时间、入库货位号、产品的品种、质量、数量(件数、重量)、金额、检验员鉴字、申请人鉴字、成品库库房主管签字等。

申请人持填写好的入库申请单,由检验员检验后鉴字,并由库房人员核实入库数量登记,库房主管签字。入库申请单一式四份,第一联为存根,第二联为成品库留存,第三联为财务核算,第四联为申请人留存。入库时要严把质量关,做好各项记录,以备查用。

2.材料验收与入库

材料经采购员采购到场后,应进行材料的验收。

(1)材料保管员兼作材料验收员,材料验收时应以《供货商送货单》或材料发票或发票清单所列的名称、数量对照合同、协议、规定、技术要求、质量证明、产品技术资料、质量标准、样品等验收入库,如验收数量超过申请数量,应退回多余数量,也可向领导报告批准后可以将多余数量入库。

(2)材料的验收入库应当在材料进场时当场进行,并开具《入库单》,在材料的入库单上应详细地填写入库材料的名称、数量、规格、型号、品牌、入库时间、经手人,供应商联交于采购人员,由材料员同材料发票一起填制材料报销、挂账凭证。

(3)办理入库手续必须做到有据可查,严格按合同规定的价格(大宗材料、高档材料、特殊材料、小五金材料由公司材料采购经办人员签字认可)和实际收货数量办理。

(4)所有材料入库,必须严格验收,在保证其质量合格的基础上实测数量,根据不同材料对象的特性,采取点数、丈量、过磅、量方等方法进行验收,禁止估约。

(5)对大宗材料、高档材料、特殊材料等要及时索要有效的"三证"(产品合格证、质量保证书、出厂检验报告等相关资料),产品质量检验报告必须加盖供货商单位红章。如质量保证书为复印件须标明原件存放地点,并加盖单位红章。

(6)因材料数量较大或因包装关系,一时无法验收的材料,可以先将包装的个数、重量或数量、包装情形、产品外观等做预备验收,待认真清理或对照技术指标后再进行正式验收。

(7)材料入库后,公司材料或相关管理部门认为有必要时,可对入库材料进行抽查。

(8)对大宗材料、高档材料、特殊材料等的进场验收必须由含保管员在内的两人以上人员共同参与点验,并在送货单或相关票据上签字。没有项目领导同意委托,严禁代验收材料。

3. 办理入库手续

到货材料经检查、验收合格后,按实收数及时办理入库手续,填写入库验收单。办理入库手续是采购工作和仓库保管工作的界限,入库验收单是报销及记账的凭证。

2.6.3 材料保管与保养

根据工程平面总布置图的规划,确立现场材料的储存位置和堆放面积。各种材料要避免混放和掺进杂物。材料进场前,材料员要安排清理现场并做好准备工作。仓库储存材料在统一规划、画线定位的基础上,必须做到:合理堆码,物资堆码要合理、牢固、定量、整齐、节约和方便,达到横看成行,竖看成线,左右对齐,方方定量,过目成数,整齐美观的要求。

对材料仓库必须及时检查。有无渗漏,特别是易受潮产品,更要及时检查,掌握保质期时间,易燃易爆仓库,必须严禁烟火,确保安全。对易燃易爆及危险品的存放必须在安全距离单独设立仓库。

做到日清、月结、季盘点、年终清仓。材料盘点要求达到"三清"即质量清、数量清、账卡清;"三有"即盈亏有原因、事故损失有报告、调整账卡有根据;"保证三对口"即账、卡、物对口。

1. 材料堆放和仓储的安全要求

各种易燃性材料应设材料场，对各种易燃性材料（如汽油、酒精、电石、氧气、酸液、松香水、各种油漆等）应设专用并有保管经验和了解该物品性质的人员负责管理，对有危险性或相互抵触的物品分别存放。堆放场所禁止烟火和住宿。

各种堆料场应保持的距离参考如下：

（1）正在施工的建筑物与办公室及工人宿舍的最小间距不小于 20m。

（2）正在施工的建筑物与非易燃性材料场地储存库场地的最小间距不小于 15m。

（3）正在施工的建筑物与易燃材料储存场地的最小间距不小于 25m。

（4）正在施工的建筑物与锅炉、厨房、用火作业区的最小间距不小于 25m。

（5）正在施工的建筑物与木材成品、半成品模板场的最小间距不小于 20m。

（6）正在施工的建筑物与草帘、芦席、刨花废料堆的最小间距不小于 30m。

（7）工地办公室及工地宿舍与非易燃性材料场地的最小间距不小于 6m。

（8）工地办公室及工地宿舍与易燃材料储存场地的最小间距不小于 20m。

（9）工地办公室及工地宿舍与锅炉、厨房、用火作业区的最小间距不小于 15m。

（10）工地办公室及工地宿舍与木材成品、半成品模板场的最小间距不小于 15m。

（11）工地办公室及工地宿舍与草帘、芦帘、刨花废料堆的最小间距不小于 30m。

（12）非易燃性材料场地与非易燃性材料场地的最小间距不小于 6m。

（13）非易燃性材料场地与易燃性材料储存场地的最小间距不小于 15m。

（14）非易燃性材料场地与锅炉、厨房、用火作业区的最小间距不小于 15m。

（15）非易燃性材料场地与木材成品、半成品模板场的最小间距不小于 10m。

（16）非易燃性材料场地与易燃性材料场地的最小间距不小于 20m。

（17）易燃性材料场地与锅炉、厨房、用火作业区的最小间距不小于 25m。

（18）易燃性材料场地与木材成品、半成品模板场的最小间距不小于 20m。

（19）易燃性材料场地与草帘、芦帘、刨花废料堆的最小间距不小于 30m。

（20）锅炉、厨房、用火作业区与木材成品、半成品模板场的最小间距不小于 25m。

（21）锅炉、厨房、用火作业区与草帘、芦帘、刨花废料堆的最小间距不小于 30m。

（22）木材成品、半成品模板场与草帘、芦帘、刨花废料堆的最小间距不小于 30m。

2. 主要材料的验收保管（举例）

（1）水泥

1）验收

车到现场时，材料人员须及时到现场进行验收。

核对凭证。以出厂质量保证书为凭（如无，不验收），验收单据上的水泥品种、强度等级与水泥袋上印的标志是否一致，不一致的应分开码放，待进一步查清；检查水泥出厂日期是否超出规定时间，超过的要另行处理；遇到有两个单位同时到货的应详细验收，分别码放，防止品种不同而混杂使用。上车清点一遍，并与随车码单核对无误后，允许卸车。旁站监督卸车入库，码垛整齐（每垛 10 袋）后，再逐袋计数并过磅。对每车包装水泥进行重量抽磅（每袋重 $50 \pm 1 kg$），破袋的要灌袋计数并过磅。随车进行"待检"标识，并通知试验员取样送检。

2）保管

水泥一般应入库保管。仓库地坪要高出室外地面 $20 \sim 30 cm$，四周墙面要有防潮措施，并离墙至少 10cm 堆放，码垛时一般码垛 10 包，最高不得超过 12 包。不同品种、强度等级和日期要分开码放，并挂牌标识。

特殊情况，水泥需在露天临时存放时，必须有足够的遮盖、垫高措施，做到防水防潮。

水泥的储存时间不能太长，出场后超过三个月未用的水泥，要及时抽样送检，经化验后重新确定强度等级使用。

水泥应避免与石灰、石膏以及其他易于飞扬的粒状材料同存，以防混杂影响质量。包装如有损坏，应及时更换以避免散失。袋装水泥仓库应按出厂日期先后按次序堆放整齐顺直，放置在钢、木平台上，台底必须通风防潮，使用时应按时间先后顺序自上而下逐层取用。水泥库房要经常保持清洁，落地灰及时清理、收集、灌装，并应另行收存使用。根据使用情况安排好进料和发料衔接，每批之间应留出通道，严格遵守先进先发原则，防止发生长时间不动的死角。

（2）砂、石料

1）验收

车到现场时，材料人员须及时到现场进行验收。

检验随车码单，核对车牌号，并上车对质量进行初验，一般先目测。

砂：颗粒坚硬洁净，一般要求中粗砂，细砂除特殊需用外，一般不用。黏土、泥灰、粉末等不超过 $3\% \sim 5\%$。

石：颗粒级配应理想，粒形以近似立方块的为好。针片状颗粒不得超过 25%，在大于 C30 混凝土中，不得超过 15%。

目测外观质量后，两位验收人员须将车内砂石铲平整，用备好的钢筋计量尺，在车厢内至少三点不同的部位，进行垂直检尺，并按车厢内径进行长、宽检尺，且要进行复检，计算体积，在卸车后，应检查车厢内是否方正，有无凹凸部位。随即进行标识，并通知试验员取样送检。

2）保管

按现场平面布置图，一般应集中堆放在搅拌机和砂浆机旁的料场，应尽可能使料场地面硬化，并砌筑至少50cm高度的围墙。避免与其他垃圾、杂物混杂，防止脏物污水。堆放砂、石、泥土、煤渣等颗粒材料，禁止紧贴建筑物的墙壁。堆放要成堆，避免成片，以防人踏、车辗造成损失。平时须经常清理归堆，分规格堆放，并督促班组清底使用。

（3）砖

1）验收

车到现场时，材料人员须及时到场验收。

验收质保书、合格证等是否符合要求，并将车厢打开做外观验收，检查砖的外形、颜色及声音。砖的外形要方正，尺寸正确、棱角整齐，不得有弯曲和杂质造成凹凸，颜色要纯正，不得有锈色、焦黑色的过火砖，或淡黄色、敲之哑的欠火砖。

将车上码放整齐的砖清点一遍，并与随车码单核对无误后，旁站监督卸车、定量码垛，再清点一遍。随车进行标识，并通知试验员取样送检。

2）保管

按现场平面布置图，一般应码放于垂直运输设备附近便于起吊。基础墙、低层墙的砖可沿墙周围码放。不同品种规格的砖应分开码放整齐。堆垛按体积大小，定量成垛。垛与垛之间留出间隔，便于收发、盘点数量。堆放地基面应坚实平整、易排水，避免倒塌。使用中注意清底，用一垛清一垛，断砖要充分利用。

（4）钢材

1）验收

车到现场，材料人员须及时到场进行验收，必要时项目部应提前通知采购人员监督验收。检验随车码单、质检报告。

质量外观验收：由验收人员，通过眼看、手摸或使用简单工具，如钢刷等，检查钢材表面是否有缺陷，其具体鉴别方法参见国家相关规定。

数量验收：线材验收须由验收人员分别对同一批钢材进行点件（根）检尺理论换算计量。用游标卡尺量出直径、厚度、长度，必须符合国家规定或合同要求，超出规范一律拒收；验收人员清点数与随车码单须吻合。

所送材料必须符合合同指定的品牌，质保书必须与炉牌号一致，方可验收。随车进行"待检"标识，并通知试验员取样送检。

2）保管

堆放场地应坚实平整、干燥、不积水、清除污物。

分清品种、规格、材质，不混淆、标识清楚（分规格堆放）。

钢材中优质钢材、小规格钢材，如镀锌钢板、镀锌管、薄壁电线管，入库棚保管，若条件不允许，只能露天存放时，应做好苫垫，简易围护，遮盖。钢筋或钢制品堆放应在有遮盖的场所，钢筋不得伸进道路之内。

（5）木材

1）杉条、木料、木制品应分别码垛平整，垛间应保持 2m 间距。杉垛两侧应有木桩固定。木料垛每高 40cm 应垫横木一层，堆码高度不应超过 1.5m。

2）堆放白灰场地不得靠近木电杆及易燃品，也不得用木质易燃品作周围挡板。

3. 材料保养

材料受自然界各种因素的影响，其物理性能和化学性能会有不同程度的变化，有一些变化将影响材料的质量。例如钢材生锈、水泥受潮、木材腐烂等。材料保养的任务，就是要采取各种措施，控制仓库的湿度、温度、金属防锈、防虫害，保证在库材料不变质或少变质，满足使用要求。

材料保养，就是采取一定的措施或手段，改善所保管材料的性能或使受到损坏的材料恢复其原有性能。

（1）妥善保养材料的措施

引起材质变化的主要因素有材料本身的物理化学性能；材料储存的自然环境，如湿度、温度、虫害、灰尘、空气及日光等；储存期过长；防止材质变化，应针对材料的不同特性和要求，采取相应的措施。

1）安排适应所储存材料性能要求的场所。

2）材料堆放注意防风、防潮。

3）对湿度、温度要求高的材料，仓库要有相应的设备及措施。

4）做好仓库清洁卫生工作，清除虫害等。

5）建立定期检查维护制度，随时掌握材料质量变化情况，及时采取措施，防止材料变质。

（2）材料保养的主要方法

1）除锈

主要是金属材料及金属制品因各种原因产生锈蚀时应采取这种保养方法。可用油洗、研磨、刮除等方法除掉锈渍，恢复其原有性能。

2）涂油、密封

部分工具、用具、零件、仪表、设备等需定期进行涂油养护，避免由于油脂干燥脱落造成其性能受到影响。部分仪表、工具经过涂油后还需进行密封，隔绝外部空气进入，减少油脂挥发。

3）干燥

部分受潮材料应做干燥养护，可采用日晒、烘干、翻晾，使吸入的水分挥发。通常在库房内旋转干燥剂，如滑石粉、氯化钙等吸收潮气，降低环境湿度。但应注意有些材料不宜日晒，或烘干，如磨具（砂纸、砂轮等）日晒后会降低强度，影响性能。

4）降温

怕高温的材料，在夏季应做降温养护，可采用房顶喷水、室内旋转冰块、夜间通风等，改善保管环境温度。

5）防虫和鼠害

有些材料易受虫、鼠的侵害，可通过喷洒、投放药物减少损害。如夏季棉、麻、丝制品及皮制品应旋转樟脑丸以防止咬食受损，一年四季都应投放防鼠工本费。

4. 仓库保管工作交接

仓库保管人员发生变动，要办理交接手续。

2.6.4　材料库存控制与分析

库存控制（inventory control）又称库存管理。库存控制主要是与库存物料的计划与控制有关的业务，目的是支持生产运作。

同仓库管理的区别：仓库管理主要针对仓库或库房的布置，物料运输和搬运以及存储自动化等的管理；库存管理的对象是库存项目，即企业中的所有物料，包括原材料、零部件、在制品、半成品及产品，以及辅助物料。库存管理的主要功能是在供、需之间建立缓冲区，达到缓和用户需求与企业生产能力之间、最终装配需求与零配件之间、零件加工工序之间、生产厂家需求与原材料供应商之间的矛盾。

1. 库存控制的作用

（1）在保证企业生产、经营需求的前提下，使库存量经常保持在合理的水平上。

（2）掌握库存量动态，适时、适量提出订货，避免超储或缺货。

（3）减少库存空间占用，降低库存总费用；控制库存资金占用，加速资金周转。

2. 库存控制方法

库存管理的方法主要有 ABC 分类法、定量订货法、定期订货法等。

（1）ABC 分类法

ABC 分类法又叫 ABC 分析法，就是以某类库存物资品种数占物资品种数的百分数和该类物资金额占库存物资总金额的百分数大小为标准，将库存物资分为 A、B、C 三类，进行分级管理。

ABC 分类法的基本原理：ABC 分类法从材料的品种和价值两个方面分析材料的重点程度，划分控制重点，把全部材料按一定标准分为 ABC 三类，实施分类管理。

A 类：重点管理对象，严格控制库存量，尽量以经济批量进货，随时检查库存状况。A 类材料控制得好，对降低资金占用起重要作用。

B 类：一般管理对象，按定额控制库存量，以定量订购的批量或定期订购的批量进货，定期检查库存情况。

C 类：非重点管理对象，对库存量不严格控制，可以定量订购的批量进货，如有必要库存数允许适当高于定额。

建筑企业施工生产所需材料的种类很多，但耗用量并不均衡，消耗量最多的往往只是少数品种的材料。这部分材料的品种少，但消耗量大，资金占用多，因此必须作为重点控制。

（2）定量订货法

定量订货法是指当库存量下降到预定的最低库存数量（订货点）时，按规定数量（一般以经济批量 EOQ 为标准）进行订货补充的一种库存管理方式。

（3）定期订货法

定期订货法是按预先确定的订货时间间隔进行订货补充库存的一种管理方法。定期订货法的原理：预先确定一个订货周期和最高库存量，周期性地检查库存，根据最高库存量、实际库存、在途订货量和待出库商品数量，计算出每次订货量，发出订货指令，组织订货。

2.6.5 易燃、易爆、易损及有毒有害材料的储存要求

（1）仓库保管员必须做到"三懂三会"即：懂本岗位火灾危险性，懂预防火灾的措施，懂扑灭火灾的方法；会报警，会

使用消防器材，会扑救初期火灾。

（2）库房应通风良好，不准住人，并设置消防器材和"严禁烟火"的明显标志，库房与其他建筑物应保持一定的安全距离。

（3）氧气瓶在运输、存储和使用过程中，应防止剧烈振动、撞击和在地面流动。氧气瓶严禁在阳光下暴晒和沾染油脂，距火源的距离不得小于 10m。

（4）乙炔瓶在使用、运输和储存的同时，环境温度一般不得超过 40℃，乙炔瓶使用和储存时必须直立，不得横放，以防止丙酮流出，引起燃烧或爆炸。

（5）建筑用各种外加剂、有害物品，如亚硝酸钠等，必须设专库存放标识，防止亚硝酸钠误食中毒。

（6）易燃、易爆、有毒有害物品的库房要摆放整齐，对各类不同物品进行标识，分类堆放整齐，牢固安全，并做好通风、防潮、防火、防爆等工作。按禁令严格发放手续，防止意外事故的发生。

（7）木材、沥青、油毡、塑料制品等易燃材料选择堆放地点时，应尽可能远离危险品、仓库及有明火（锅炉、烟囱、厨房等）的地方，并有严禁烟火的标志和消防设备。

（8）对易燃、易爆及有毒有害物品，应设专库存放，专人管理。不得与其他材料一起储存，挥发性油料、汽油、稀释剂等物品应放密闭容器内，妥善保管并设置明显标志。

（9）库存照明灯泡不得大于 60W，灯头高出货架 50cm 以上距离。

（10）库存内外设置防火标志，仓库院内要留存不得小于 3.5m 宽的消防通道，并记录储存物品性质，设置相应消防器材。

（11）受阳光照射容易燃烧、爆炸的化学品及有毒物品不得存放在露天库。

（12）可燃有毒物品的库房，不得动用明火，必须要采取可靠的安全措施，经有关领导同意开具动火证，并在专人监护下方能动火。

2.6.6 仓库盘点的内容与方法

材料盘点，就是清查库存材料的数量、质量。通过盘点，可以掌握实际库存情况，如是否积压和短货以及材料的质量现状。

1. 盘点的内容

（1）材料的数量

根据账、卡、物逐项查对，核实库存数，做到数量清楚、质量清楚、账表清楚。

（2）材料质量

检查是否变质、报废。

（3）材料堆放

检查材料堆放是否合理，上盖、下垫是否符合要求。四号定位、五五摆放是否达到要求。

（4）其他

如计量工具、安全、保卫、消防等。

2. 盘点方法

（1）定期盘点法

定期盘点法指月末、季末、年末对仓库材料进行全面盘点的方法。定期盘点应结合仓库检查工作进行，查清库存材料的数量、质量和问题，并提出处理意见。

（2）永续盘点法

永续盘点法指每日对有变动的材料及时盘点的方法。即当日复查一次，做到账、卡、物相符。

（3）实地盘点法

实地盘点法指盘点人员逐一对库存材料进行清点、过磅计重等，查明库存材料的实有数量的方法。

对盘点中发现的问题，如材料损失、失盗、盘亏、盘盈、变质、报废等，凡发生数量盈亏者，编制盘点盈亏报告；凡发生质量降低、损坏的，要编制报损报废报告，按规定及时报上级主管部门处理。根据盘点报告批复意见调整账务并做好善后处理。

通过盘点应达到"三清"，即数量清、质量清、账表清；"三有"即盈亏有分析、事故差错有报告、调整账表有依据；"三对"即账、卡、实物对口。

3．盘点流程

（1）盘点前的准备工作

在盘点前一天将借料全部追回，未追回的要求其补相关单据；因时间关系未追回也未补单据的，借料数量作为库存盘点，并在盘点表上注明，借料单作为依据；盘点前需要将所有能入库归位的物料全部归位入库登账，不能归位入库或未登账的进行特殊标示注明不参加本次盘点；将仓库所有物料进行整理整顿标示，所有物料外箱上都要求有相应物料 SKU、储位标示。盘点前仓库账务需要全部处理完毕；仓库盘点前需要组织相关人员会议，以便落实盘点各项事宜，包括盘点人员及分工安排、异常事项如何处理、时间安排，以及盘点作业流程培训、上次盘点错误经验、盘点中需要的注意事项等。

（2）盘点时注意事项

生产部组织仓库人员对原材料库存进行盘点，以盘点表记录盘点结果。盘点采用实盘实点方式，禁止目测数量、估计数量；盘点时注意物料的摆放，盘点后需要对物料进行整理，保持原来的或合理的摆放顺序；所负责区域内物料需要全部盘点完毕并按要求做相应记录；盘点过程中注意保管好"盘点表"，避免遗失，造成严重后果；生产部、财务部、行政部组成复盘小组，对盘点结果和原存账目进行核对；出现差异，仓库自查原因。仓库员将盘点数据输入电脑，将《盘点单》打印提供给财务部，并打印一式两份，由仓库员、财务主管签字，各持一份。参加盘点工作的人员必须认真负责，货品磅码、单位必须规范统一；名称、货号、规格必须明确；数量一定是实物数量，真实准确；绝对不允许重盘和漏盘。由于人为过失造成盘点数据不真实，责任人要负过失责任。对于盘点结果发现属于实物责任人不按货品要求收发及保管财物造成的损失，实物责任人要承担经济赔偿责任。

（3）盘点后的总结汇报

在仓库盘点完成后，财务人员在仓库"盘点表"的相应位置签名，并将"盘点差异表"上报总经理审核；生产部门根据盘点期间的各种情况进行总结，尤其对盘点差异原因进行总结，写成"盘点总结及报告"；发送总经理审核，抄送财务部；盘点总结报告需要对以下项目进行说明：本次盘点结果、初盘情况、复盘情况、盘点差异原因分析、以后的工作改善措施等。

4. 盘点中问题的处理

（1）盘点中发现数量出现盈亏，且其盈亏量在国家和企业规定的范围之内时，可以在盘点报告中反映，不必编制盈亏报告，经业务主管审批后据此调整账务；当盈亏量超过规定范围，除在盘点报告中反映外，还应填"盘点盈亏报告单"，经领导审批后再行处理。

（2）当库存材料发生损坏、变质等问题时，填"材料报损报废单"，并通过有关部门鉴定变质及损坏损失金额，经领导审批后，根据批示意见处理。

（3）当库房已被判明被盗，其丢失及损坏材料数量及相应金额，应专项报告，报告保卫部门认真查明，经批示后才能处理。

（4）当出现品种规格混串和单价错误，可查实后，经业务主管审批后进行调整。

（5）库存材料在一年以上没有动态，应列为积压材料，应编制积压材料清册，报请处理。

（6）代保管材料和外单位寄存材料，应与自有材料分开，分别建账，单独管理。

2.6.7 材料出库

材料出库，是仓库管理的最后一个环节，也是材料库存与材料使用的界限。

1. 材料发放的要求

材料出库应遵循"先进先出，及时、准确、节约面向生产，为生产服务，保证生产进行"的原则。

及时，指及时审核发料单据中的各项内容是否符合要求，及时核对库存材料能否满足需求；及时备料、安排送料、发放；及时下账改卡，及时复查发料后的库存量与下账改卡后的结存数是否相符；剩余材料（包括边角废料、包装物）及时回收利用。

准确，指按发料单的品种、规格、质量、数量进行备料、复查、点交；准确计量，以免发生差错；准确地下账、改卡，确保账卡物相符；准确掌握送料时间，防止与施工活动争场地，避免材料二次转运，还应防止材料供应不及时而使施工中断，造成停工待料。

节约，指有保存期限要求的材料，应在期限内发放；对回收利用的材料，在保证质量的前提下，先发旧的，后发新的；能用次料不发好料，能用小料不发大料，凡规定交旧换新的，要坚持交旧发新。

2. 材料出库程序

（1）发放准备：材料出库前，应做好计量工具、装卸倒运设备、人力以及随货发出的有关证件准备，根据用料计划或限额领料单，做好发料准备工作，提高材料出库效率。

（2）核对凭证：材料出库凭证是发放材料的依据，材料出库必须依据材料拨料单、限额领料单、内部转库单发料，要认真审核材料发放地点、单位、品种、规格、数量，并核对签发人的签章及单据有效印章，无误后方可发放。非正式出库凭证一律不得发放。若发证不实，不能发料。

（3）备料：凭证经审核无误后，按出库凭证所列材料的品种、规格、数量准备材料。

（4）复核：为防止发生发放差错，备料后必须复查。首先复查准备材料与出库凭证所列项目是否一致，检查所发材料和凭证所列材料是否吻合，然后复查发放后的材料实存数与账务结存数是否相符，确认无误后再下账、改卡。

（5）点交：无论是内部领料还是外部提料，发放人与领取人当面点交清楚；如果一次领（提）不完的材料，应做出明显标记，并得到领（提）料人的确认，防止差错，分清责任。

（6）清理：材料发放出库后，应及时清理拆散的垛、捆、箱、盒，部分材料应恢复原包装要求，整理垛位，登卡记账。

2.6.8 仓储内业资料管理

材料储备是材料供应中的一个重要环节。材料储备中各种资料、凭证、档案是材料供应核算和企业生产正常运转的重要内容。应加强储备中的内业资料管理，使其统一化、规范化、流转畅通。

1. 材料储备流转凭证的管理

材料入库、出库、内部调拨、暂借、预支、周转使用等各种凭证，必须分类管理，并按月、季、年装订成册，视有关部门规定，保留1～10年。各种报表，如库存报表，资金占用报表，应按月编制，并应制成年度动态图表，随时掌握和监督储备变化情况。年度或季度的盘点报告应集中管理，并应进行考察、核对，对其处理意见应有结果，避免差错延续。年度或季度应对储存期超过规定期限的材料登记造册，提供给有关部门及时处理。旧品、回收品、待修理品的账目报表，应单独核算，严格管理。

2. 定期进行业务考核，提高储备管理水平

为了检验仓库的经营成果，挖掘潜力，调动一切积极因素，充分利用仓库设备，提高工作效率和劳动生产率，降低材料损耗，加速周转，必须对储备业务情况进行考核，有助于发现工作中的问题，及时采取措施解决问题。同时可以用同一指标与其他企业同类业务进行比较，从中可学到更多、更好的管理方法。一般储备业务考核指标主要有：

（1）材料储备吞吐量

材料吞吐量亦称材料周转量，是计划期内进库、出库材料数量的总和。

（2）材料周转次数

材料周转次数，是计划期内仓库材料的出库量（金额）与

同期内材料的平均库存量（金额）之比。

（3）仓库利用率

仓库利用率，指仓库面积利用程度。

（4）劳动生产率

劳动生产率，是反映仓库人员的工作效率的指标，主要有每人平均周转价值和每人平均保管价值。

（5）盘点盈亏率

盘点盈亏率指标，反映仓库在保证快进、快出、多储备、保管好的前提下，在一定限度内发生的经营性亏损。

（6）货损、货差率

货损、货差率指标，反映仓库在材料收、发、存过程中出现的损失和差错的比率。

3. 材料技术档案管理

材料技术档案，包括进出库材料的数量、质量、来源、库存动态、使用方向的记录资料，包括必须随实物向使用单位提供的质量、性能证明资料和使用说明书。

材料技术档案资料是工程质量检查和验收的重要依据之一，因此搞好材料技术档案管理，能促进材料管理的科学化。

存档资料应包括：材料出厂时的各种凭证、技术资料、材料入库验收记录、技术检验证件和出库凭证。

材料技术档案应一物一档。同批次、同规格、同生产厂出品者可归一档，并由专人管理。档案应统一编号并注明，以便查阅，试验资料及试验总结材料应长期保存，为今后提供参考。各种技术档案按规定妥善保管，不得丢失和任意销毁。

第 3 章　建筑工程胶凝材料

3.1　水泥

水泥是一种粉末材料，是重要的建筑材料之一。水泥加水拌合后，经过一系列物理化学反应由最初具有可塑性的浆体，变为坚硬的石状体。水泥可以与砂、石等建筑材料拌合，并粘成整体，具有较高强度。在建筑工程中使用广泛，水泥是一种最基本的建筑材料，几乎任何建筑工程的建设都离不开水泥。水泥与水拌合后既能在空气中又能在水中硬化，并保持强度增长的持续，水泥属于水硬性胶凝材料。

水泥是建筑工程中最为重要的建筑材料之一，水泥的问世对工程建设起了巨大的推动作用，引起了工程设计、施工技术、新材料开发等领域的巨大变革。不仅大量用于工业与民用工程中，而且广泛用于交通、水利、海港、矿山等工程，几乎任何种类、规模的工程都离不开水泥。

水泥品种繁多，按其用途及性能可分为通用硅酸盐水泥、专用水泥和特性水泥三类。通用硅酸盐水泥按混合材料的品种和掺量分为硅酸盐水泥、普通硅酸盐水泥、矿渣硅酸盐水泥、火山灰质硅酸盐水泥、粉煤灰硅酸盐水泥和复合硅酸盐水泥这六类；专用水泥是指专门用途的水泥，如 75℃ 油井水泥、砌筑水泥、道路水泥等。特性水泥是指性能指标较特殊的水泥，如快硬硅酸盐水泥、低热矿渣硅酸盐水泥、抗硫酸盐水泥、膨胀硫铝酸盐水泥等。

我国生产的水泥品种很多，但是一般是以硅酸盐为主要组成成分的硅酸盐类水泥。水泥的主要性质、凝结硬化的特点均体现出硅酸盐水泥的特点。

1. 定义

通用硅酸盐水泥（Common Portland Cement）是指以硅酸盐水泥熟料和适量的石膏及规定的混合材料制成的水硬性胶凝材料。

2. 分类

通用硅酸盐水泥品种较多，主要包括硅酸盐水泥、普通硅酸盐水泥、矿渣硅酸盐水泥、火山灰质硅酸盐水泥、粉煤灰硅酸盐水泥、复合硅酸盐水泥等。

3. 组成材料

通用硅酸盐水泥一般是由三部分组成，即熟料、石膏和混合材料。

（1）硅酸盐水泥熟料

硅酸盐水泥熟料由主要含氧化钙、二氧化硅、三氧化二铝、三氧化二铁的原料，按适当比例磨成细粉烧至部分熔融所得以硅酸钙为主要矿物成分的水硬性胶凝物质，其中硅酸三钙和硅酸二钙的总含量在70%以上，铝酸三钙和铁铝酸四钙的含量在25%左右。除了主要熟料矿物外，硅酸盐水泥熟料中还含有少量的游离氧化钙、游离氧化镁和碱等，它们的总含量一般不超过水泥质量的10%。

（2）石膏

用于水泥调凝剂的可以是二水石膏或无水石膏（硬石膏）或两者混合石膏。

天然石膏。指符合规定的G类或M类二级（含）以上的石膏或混合石膏。M类：称为混合石膏产品；G类：称为石膏产品。二级表示无水硫酸钙与二水硫酸钙的质量百分含量之和不小于70%。

工业副产石膏。指以硫酸钙为主要成分的工业副产物。采用前应经过试验证明对水泥性能无害。

（3）混合材料

在生产水泥时掺入的天然或人工的矿物质材料称为混合材

料，其中有天然岩矿和工业废渣。在水泥熟料中掺加一定数量的混合材料，目的是为了改善水泥的某些性能、调节水泥的强度等级、节约水泥熟料、提高水泥产量、降低水泥成本、利用工业废渣等。

除硅酸盐水泥（P·I）外，其他的通用硅酸盐水泥都掺入一定量的混合材料。混合材料按其性能不同，可分为活性混合材料和非活性混合材料两大类，其中以活性混合材料用量最大。近年来也采用兼具有活性和非活性的窑灰。

1）活性混合材料

所谓活性混合材料是指这类材料磨成粉末后，与石灰、石膏或硅酸盐水泥加水拌合后能发生水化反应，在常温下能生成具有水硬性的胶凝物质。符合标准要求的粒化高炉矿渣、粒化高炉矿渣粉、粉煤灰、火山灰质材料都属于活性混合材料。活性混合材料本身并不具有或具有极低的胶凝性，但常温下能与石膏或硅酸盐水泥一起，加水拌合发生水化反应，生成水硬性的水化产物，因而这种山灰活性的矿物掺合料能改善混凝土性能和节约水泥。活性矿物掺合料可分为天然、人工和工业废料三大类。

常用的活性混合材料有粒化高炉矿渣、粒化高炉矿渣粉、火山灰质混合材料以及粉煤灰。

2）非活性混合材料

凡不具有活性或活性很低的人工或天然的矿物质材料，磨成细粉后与石灰、石膏或硅酸盐水泥加水拌合后，不能或很少生成水硬性的胶凝物质的材料，称为非活性混合材料。掺加非活性混合材料的目的主要是：起填充作用、增加水泥产量、降低水泥强度等级、降低水泥成本和水化热、调节水泥的某些性质等。

常用的非活性混合材料有：活性指标分别低于标准要求的粒化高炉矿渣、粒化高炉矿渣粉、粉煤灰、火山灰质混合材料；石灰石和砂岩，其中石灰石中的三氧化二铝含量应不大于

2.5%。

3）窑灰

窑灰是用回转窑生产硅酸盐水泥熟料时，随气流从窑尾排出的灰尘，经收尘设备收集所得的干燥粉末，称为窑灰，应符合《掺入水泥中的回转窑窑灰》（JC/T 742—2009）的规定。窑灰的性能介于活性混合材料与非活性混合材料之间，主要组成物质是碳酸钙、脱水黏土、玻璃态物质、氧化钙，另外还有少量的熟料矿物、碱金属硫酸盐和石膏等。

由于窑灰经过高温煅烧，其组成与水泥熟料几乎相同，可以作为水泥的混合材料。但窑水泥窑灰未经过充分高温煅烧，其组成接近生料，不能用做水泥的混合材料。

4）助磨剂

水泥粉磨时允许加入助磨剂，其加入量应不超过水泥质量的 0.5%。

混合材料在水泥中的作用：

① 活性混合材料掺入水泥中的主要作用是：改善水泥的某些性能、扩大水泥品种、调节水泥强度等级、降低水化热、降低生产成本、增加水泥产量。

② 非活性混合材料掺入水泥中的主要作用是：调节水泥强度等级、降低水化热、降低生产成本、增加水泥产量。

4. 通用硅酸盐水泥的水化、凝结硬化与性能

水泥与水发生的反应称为水泥的水化。通用硅酸盐水泥的水化过程及水化产物相当杂，各种熟料矿物水化以及与混合材料的水化互有影响。

（1）硅酸盐水泥的水化

在硅酸盐水泥的水化过程中，就目前的认识，铝酸三钙立即发生水化反应，而后是硅酸三钙和铁铝酸四钙也很快水化，硅酸二钙水化最慢，生成了水化产物，并放出热量。水泥熟料单矿物水化反应式如下：

硅酸盐水泥加水拌合后，常温下其熟料成分的水化反应如下：

1）硅酸三钙（简写为 C_3S）的水化反应：

$$2(3CaO \cdot SiO_2) + 6H_2O \rightarrow 3CaO \cdot 2SiO_2 \cdot 3H_2O + 3Ca(OH)_2$$

C_3S 的水化产物为水化硅酸钙（$3CaO \cdot 2SiO_2 \cdot 3H_2O$）和氢氧化钙（$Ca(OH)_2$），$C_3S$ 的水化反应速度较快。

2）硅酸二钙（简写为 C_2S）的水化反应：

$$2(2CaO \cdot SiO_2) + 4H_2O \rightarrow 3CaO \cdot 2SiO_2 \cdot 3H_2O + Ca(OH)_2$$

C_2S 的水化产物与 C_3S 相同，但是水化反应速度很慢。

3）铝酸三钙（简写为 C_3A）的水化反应：

$$3CaO \cdot Al_2O_3 + 6H_2O \rightarrow 3CaO \cdot Al_2O_3 \cdot 6H_2O$$

C_3A 水泥反应迅速，放热快，其水化产物受液相 CaO 浓度和温度影响较大，最终转化为水化铝酸钙，简写为 C_3AH_6，又称水石榴石。

为了调节 C_3A 水化反应速度，粉磨水泥时需加入适量的石膏（$CaSO_4 \cdot 2H_2O$），在加入石膏的条件下，反应如下：

$$3CaO \cdot Al_2O_3 \cdot 6H_2O + 3(CaSO_4 \cdot 2H_2O) + 19H_2O \rightarrow$$
$$3CaO \cdot Al_2O_3 \cdot 3CaSO_4 \cdot 31H_2O$$

水化产物为三硫型水化硫铝酸钙，简称钙矾石，简写为 AFt 表示。若石膏掺量少，在完全水化前反应完，则 AFt 与 C_3A 作用生成单硫型水化硫铝酸钙（$3CaO \cdot Al_2O_3 \cdot CaSO_4 \cdot 12H_2O$），简写为 AFm 表示。

4）铁铝酸四钙（简写为 C4AF）的水化反应：

$$4CaO \cdot Al_2O_3 \cdot Fe_2O_3 + 7H_2O \rightarrow$$
$$3CaO \cdot Al_2O_3 \cdot 6H_2O + CaO \cdot Fe_2O_2 \cdot H_2O$$

C_2AF 的水化速度比 C_3A 慢，水化热也较低。其主要水化产物为水化铝酸钙（C_3AH_6）和水化铁铝酸钙。

水泥熟料矿物中，硅酸三钙和硅酸二钙水化产物为水化硅酸钙和氢氧化钙，水化硅酸钙不溶于水，以胶粒析出，逐渐凝聚成凝胶体（C-S-H 凝胶），氢氧化钙在溶液中很快达到饱和，以晶体析出；铝酸三钙和铁铝酸四钙水化后生成水化铝酸三钙和水化铁酸钙，水化铝酸三钙以晶体析出，水化铁酸钙以胶粒析出，而后凝聚成凝胶。

由于在硅酸盐水泥熟料中掺入了适量石膏，石膏与水化铝酸三钙反应生成了高硫型的水化硫铝酸钙（$3CaO \cdot Al_2O_3 \cdot 3CaSO_4 \cdot 31H_2O$），以针状晶体析出，也称为钙矾石。当石膏耗尽后，部分高硫型的水化硫铝酸钙晶体转化为低硫型的水化硫铝酸钙晶体（$3CaO \cdot Al_2O_3 \cdot CaSO_4 \cdot 12H_2O$）。水泥中掺入适量石膏，与 C_3A 起反应，调节凝结时间，如不掺入石膏或石膏掺量不足时，水泥会发生瞬凝现象。

水泥中各熟料矿物的含量，决定着水泥某一方面的性能，当改变各熟料矿物的含量时，水泥性质即发生相应的变化。例如，提高熟料中 C_3S 的含量，可以制得强度较高的水泥；减少 C_3A 和 C_3S 的含量，而提高 C_2S 的含量，可以制得水化热低的水泥。

综上所述，硅酸盐水泥与水作用后，生成的主要水化产物有：水化硅酸钙、水化铁酸钙凝胶体，氢氧化钙、水化铝酸钙和水化硫铝酸钙晶体。在完全水化的水泥石中，水化硅酸钙凝胶约占 70%，氢氧化钙晶体约占 20%，高硫型水化硫铝酸钙和低硫型水化硫铝酸钙约占 7%。

（2）硅酸盐水泥的凝结硬化

水泥用适量的水调合后，最初形成具有可塑性的浆体，并发生水化反应，随着时间的延长，水泥浆逐渐变稠失去塑性，但尚不具有强度的过程，称为水泥的"凝结"。随后，水化作用不断加深并加速进行，达到水泥浆完全失去可塑性，并具有一定的强度，此过程称为水泥的"硬化"。水泥的凝结硬化是人为划分的，实际上是一个连续的复杂的物理化学变化过程。

水泥浆体由可塑态，逐渐失去塑性，进而硬化产生强度，这样一个物理化学变化过程，从物态变化可以分为 4 个阶段（即初始反应期、潜伏期、凝结期和硬化期）来描述。

水泥加水拌合，未水化的水泥颗粒分散在水中，成为水泥浆体。水泥颗粒的水化从其表面开始，水和水泥一接触，水泥颗粒表面的水泥熟料先溶解于水，然后立即与水开始反应，或水泥熟料在固态直接与水反应，形成相应的水化物，水化物溶解于水。由于各种水化物的溶解度很小，水化物的生成速度大于水化物向溶液中扩散的速度，一般在几分钟内，水泥颗粒周围的溶液成为水化物的过饱和溶液，先后析出水化硅酸钙凝胶、水化硫铝酸钙、氢氧化钙和水化铝酸钙晶体等水化产物，包在水泥颗粒的表面。在水化初期，水化物不多，包有水化物膜层的水泥颗粒之间还是分离的，因此水泥浆具有可塑性。

水泥颗粒不断被水化，随着水化时间的延长，新生水化物增多，使包在水泥颗粒表面的水化物膜层逐渐增厚，颗粒间的空隙逐渐缩小，而包有凝胶体的水泥颗粒则逐渐接近，以至相互接触，在接触点借助于范德华力，凝结成多孔的空间网络，形成凝聚结构，如图 3-1 (c) 所示。凝聚结构的形成，使水泥浆开始失去可塑性，也就是水泥达到初凝，但此时还不具有强度。

随着以上过程的不断进行，固态的水化物不断增多，颗粒间的接触点数目不断增加，结晶体和凝胶体互相贯穿形成的凝聚—结晶网状结构不断加强。而固相颗粒之间的空隙（毛细孔）不断减小，结构逐渐紧密，使水泥浆体完全失去可塑性，达到能担负一定荷载的强度，此时称为水泥的终凝，由此开始进入硬化阶段，如图 3-1 (d) 所示。

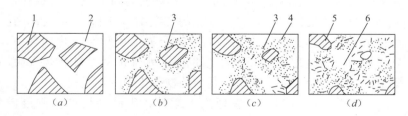

图 3-1　水泥凝结硬化过程示意图

(a) 分散在水中未水化的水泥颗粒；(b) 在水泥颗粒表面形成水化产物膜层；

(c) 膜层增厚并互相连接；(d) 水化产物进一步增多，填充毛细孔隙

1—水泥颗粒；2—水；3—凝胶；4—晶体；5—未水化的水泥颗粒内核；6—毛细孔

水泥的水化与凝结硬化是从水泥颗粒表面开始进行的，逐渐深入到水泥的内核。初始的水化速度较快，水化产物增长较快，水泥石的强度提高也快。由于水化产物增多，堆积在水泥颗粒周围，水分渗入到水泥颗粒内部的速度和数量大大减小，水化速度也随之大为降低，多数水泥颗粒内核很难完全水化。因此，硬化的水泥石中是由水化产物（凝胶体和晶体）、未水化的水泥颗粒内核、水（自由水和吸附水）和孔隙（毛细孔和凝胶孔）组成的非均质体。

（3）影响水泥凝结硬化的因素

水泥的凝结硬化过程，也就是水泥强度发展的过程。为了正确使用水泥，并能在生产中采取有效措施，调节水泥的性能，必须了解水泥水化硬化的影响因素。影响水泥凝结硬化的因素，除矿物成分、细度、用水量外，还有养护时间、环境的温湿度以及石膏掺量等。

（4）硅酸盐水泥的特性与应用

硅酸盐水泥的特性与其应用是相适应的，硅酸盐水泥具有以下特性：

1）凝结硬化快，强度高。由于硅酸盐水泥熟料中硅酸三钙和铝酸三钙含量高，所以硅酸盐水泥凝结硬化快，早期和后期强度高，主要用于重要结构的高强混凝土、预应力混凝土和有早强要求的混凝土工程。

2）抗冻性好。由于硅酸盐水泥凝结硬化快，早期强度高，因此，适用于寒冷地区和严寒地区遭受反复冻融的混凝土工程。

3）耐磨性好。由于硅酸盐水泥强度高，密实度好，因此，耐磨性好，可应用于路面和机场跑道等混凝土工程中。

4）抗碳化性能好。由于硅酸盐水泥凝结硬化后，水化产物中氢氧化钙浓度高，水泥石的碱度高，再加上硅酸盐水泥混凝土的密实度高，开始碳化生成的碳酸钙填充混凝土表面的孔隙，使混凝土表面更密实，有效地阻止了进一步碳化。

5）耐腐蚀性差。由于硅酸盐水泥熟料中硅酸三钙和铝酸三钙含量高，其水化产物中易腐蚀的氢氧化钙和水化铝酸三钙含量高，因此耐腐蚀性差，不宜长期使用在含有侵蚀性介质（如软水、酸和盐）的环境中。

6）水化热高。由于硅酸盐水泥熟料中硅酸三钙和铝酸三钙含量高，水化热高且释放集中，不宜用于大体积混凝土工程中。

7）耐热性差。硅酸盐水泥混凝土在温度不高时（100～250℃），尚存的游离水使水泥水化继续进行，混凝土的密实度进一步增加，强度有所提高。当温度高于250℃时，水泥中的水化产物氢氧化钙分解为氧化钙，如再遇到潮湿的环境，氧化钙熟化体积膨胀，使混凝土遭到破坏。当水泥受热约300℃时，体积收缩，强度开始下降。温度达700～1000℃时，强度降低很多，甚至完全破坏。因此，硅酸盐水泥不宜应用于有耐热性要求的混凝土工程中。

5. 硅酸盐水泥的技术指标和技术标准

国家标准《通用硅酸盐水泥》（GB 175—2007）中规定，硅酸盐水泥的技术指标有如下内容：

（1）三氧化硫含量、氧化镁含量、烧失量、碱含量和不溶物、氯离子等化学指标

1）三氧化硫含量

水泥中三氧化硫含量不得超过3.5％。三氧化硫含量超过标准后，会在水泥硬化后仍继续反应，水化产物体积膨胀，也可以引起水泥石结构产生裂缝。三氧化硫也影响水泥的安定性。

2）氧化镁含量

水泥中氧化镁（MgO）含量不得超过5％，如果水泥压蒸试验合格，则水泥中氧化镁的含量（质量分数）允许放宽至6.0％。水泥中存在的游离氧化镁水化反应速度慢，水化产物为氢氧化镁，水化反应时氢氧化镁体积膨胀，可以引起水泥石结构产生裂缝。氧化镁主要影响水泥的安定性。

3）烧失量

烧失量是指水泥在一定灼烧温度和时间内，灼烧失去的量占

原质量的百分比。Ⅰ型硅酸水泥烧失量不得大于3.0%；Ⅱ型硅酸盐水泥的烧失量不得大于3.5%，普通硅酸盐水泥的烧失量不得大于5.0%。产生烧失量超标的原因一般是水泥煅烧不合格或受潮。

4）不溶物

水泥的不溶物含量，Ⅰ型硅酸盐水泥含量不得超过0.75%；Ⅱ型硅酸盐水泥不得超过1.50%。不溶物主要是在水泥煅烧过程中存留的残渣，主要影响水泥粘结。

5）氯离子

钢筋混凝土中的钢筋如处于碱性环境中，在其表面会形成一层灰色的钝化膜，保护其中钢筋不被锈蚀，氯离子很容易引起钢筋锈蚀。对于氯离子引起钢筋锈蚀的机理，一种观点认为，氯离子比其他离子（例如硫酸根离子）更容易通过膜的缺陷或孔隙穿透氧化膜；另一种意见认为氯离子能分散氧化膜使之更宜穿透，引起锈蚀。当氯离子达到临界浓度后，在足够的氧气和水分条件下引起腐蚀的发生，氯离子的临界浓度与钢筋周围混凝土的碱度有关，碱度愈高，氯离子临界浓度值愈大，通常用氯离子和氢氧离子的浓度比值来表示氯离子临界浓度，当混凝土含有 Cl^-/OH^- 大于0.6时，钝化膜变为可渗透的和不稳定的，即pH值仍然大于11.5，钢筋处于碱性环境中，钝化膜也被破坏了。

混凝土中的氯离子，除在混凝土硬化后经其孔隙由外界渗入外，一般是混凝土组成材料（泥、砂、石、外加剂）所含有的。引发钢筋腐蚀的氯离子含量相当低，规范规定水泥组分离子含量（质量分数）的上限为0.06。

（2）水泥的其他技术指标

1）碱含量

水泥中碱含量按 $Na_2O+0.658K_2O$ 计算值表示。若使用活性骨料，用户要求提供低碱水泥时，水泥中的碱含量应不大于0.60%或由买卖双方协商确定。水泥中碱含量过高时，与骨料的活性物质产生碱—骨料反应，水化产物体积膨胀造成水泥石结构破坏。

2）标准稠度用水量

在测定水泥凝结时间和安定性时，为保证测试结果具有可比性，须将水泥净浆调制为标准稠度的水泥净浆。水泥标准稠度用水量，是指水泥净浆达到标准稠度时所需的加水量。采用标准法维卡仪测定，以试杆沉入水泥净浆并距底板 $6\pm1mm$，此时的加水量即为标准稠度用水量。它用水与水泥质量之比的百分数表示。

3）凝结时间

硅酸盐水泥初凝不小于 45min，终凝不大于 390min。凝结时间是指水泥从加水开始，到水泥浆失去流动性，直到失去可塑性所用的时间，分为初凝和终凝。初凝时间为水泥从加水拌合到水泥浆开始可塑所经历的时间，终凝是水泥浆完全失去可塑性所需的时间。水泥凝结时间对施工有重大影响，水泥的初凝时间过短，会影响水泥应用时搅拌运输、浇筑、抹灰等工作操作时间，同理，水泥终凝时间过长，在完成以上工序后不能正常硬化，则会影响施工进度。

4）安定性

安定性是指水泥体积安定性，是指在水泥水化反应后水泥石体积变化的稳定性。若水泥硬化后体积变化不稳定、均匀，即所谓的安定性不良，会导致混凝土产生膨胀破坏，造成严重的工程质量事故。在水泥中，熟料煅烧不完全而存在游离 CaO 与 MgO，由于是高温生成，因此水化活性小，在水泥硬化后水化，产生体积膨胀；生产水泥时加入过多的石膏，在水泥硬化后还会继续与固态的水化铝酸钙反应生成水化硫铝酸钙，产生体积膨胀。这三种物质造成的膨胀均会导致水泥安定性不良，即使得硬化水泥石产生弯曲、裂缝甚至粉碎性破坏。沸煮能加速游离 CaO 的水化，国家标准规定通用水泥用沸煮法检验安定性；游离 MgO 的水化比游离 CaO 更缓慢，沸煮法已不能检验，可采用水泥经压蒸法检验。

5）水化热

水泥在凝结硬化过程中因水化反应所放出的热量，称为水泥的水化热，通常以 kJ/kg 表示。大部分水化热是伴随着强度的增长在水化初期放出的。水泥的水化热大小和释放速率主要与水泥熟料的矿物组成、混合材料的品种与数量、水泥的细度及养护条件等有关，另外，加入外加剂可改变水泥的放热速度。

6）强度

水泥强度是衡量水泥力学性质的主要指标。我国采用水泥胶砂评定水泥的强度，水泥的强度除与水泥本身性质有关外，还与水灰比、试件制作方法、养护条件和养护时间等有关。水泥强度的测定按国家标准《水泥胶砂强度试验方法（ISO 法）》（GB/T 17671—1999）的规定进行测定，水泥强度等级按规定龄期的抗压强度和抗折强度来划分。但火山灰质硅酸盐水泥、粉煤灰硅酸盐水泥、复合硅酸盐水泥和掺火山灰质混合材料的普通硅酸盐水泥在进行胶砂强度检验时，其用水量按 0.50 水灰比和胶砂流动度不小于 180mm 来确定。当流动度小于 180mm 时，须以 0.01 的整倍数递增的方法将水灰比调整至胶砂流动度不小于 180mm。

7）细度

细度是指水泥颗粒粗细的程度。细度主要影响水泥需水量、凝结时间、强度和安定性等指标。颗粒愈细，比表面积大，水化反应愈充分，水泥石强度愈高，同时，反应产物体积收缩也愈大。由于水泥颗粒愈细，则水泥熟料磨制时，经济成本较高。所以合理控制水泥细度，使其具有良好性能又能保证经济性。水泥细度的测定按《水泥比表面积测定方法　勃氏法》（GB/T 8074—2008）进行试验，采用透气式比表面仪测定，硅酸盐水泥和普通硅酸盐水泥以比表面积表示，不小于 $300m^2/kg$。矿渣硅酸盐水泥、火山灰质硅酸盐水泥、粉煤灰硅酸盐水泥和复合硅酸盐水泥以筛余量表示，$80\mu m$ 方孔筛筛余不大于 10% 或 $45\mu m$ 方孔筛筛余不大于 30%。

6. 通用硅酸盐水泥的检验规则、包装、标志、运输、贮存

（1）编号及取样

水泥出厂前按同品种、同强度等级编号和取样。袋装水泥

和散装水泥应分别进行编号和取样。每一编号为一取样单位。水泥出厂编号按年生产能力规定为：

200 万 t 以上，不超过 4000t 为一编号；

120 万～200 万 t，不超过 2400t 为一编号；

60 万～120 万 t，不超过 1000t 为一编号；

30 万～60 万 t，不超过 600t 为一编号；

10 万～30 万 t，不超过 400t 为一编号；

10 万 t 以下，不超过 200t 为一编号。

取样方法按《水泥取样方法》（GB/T 12573—2008）进行。可连续取，亦可从 20 个以上不同部位取等量样品，总量至少 12kg。当散装水泥运输工具的容量超过该厂规定出厂编号吨数时，允许该编号的数量超过取样规定吨数。

（2）检验报告

检验报告内容应包括出厂检验项目、细度、混合材料品种和掺加量、石膏和助磨剂的品种及掺加量、属旋窑或立窑生产及合同约定的其他技术要求。当用户需要时，生产者应在水泥发出之日起 7d 内寄发除 28d 强度以外的各项检验结果，32d 内补报 28d 强度的检验结果。

（3）交货与验收

1）交货时水泥的质量验收可抽取实物试样以其检验结果为依据，也可以生产者同编号水泥的检验报告为依据。采取何种方法验收由买卖双方商定，并在合同或协议中注明。卖方有告知买方验收方法的责任。当无书面合同或协议，或未在合同、协议中注明验收方法的，卖方应在发货票上注明"以本厂同编号水泥的检验报告为验收依据"字样。

2）以抽取实物试样的检验结果为验收依据时，买卖双方应在发货前或交货地共同取样和签封。取样方法按《水泥取样方法》（GB/T 12573—2008）进行，取样数量为 20kg，缩分为二等份。一份由卖方保存 40d，一份由买方按本标准规定的项目和方法进行检验。

在 40d 以内，买方检验认为产品质量不符合本标准要求，而卖方又有异议时，则双方应将卖方保存的另一份试样送省级或省级以上国家认可的水泥质量监督检验机构进行仲裁检验。水泥安定性仲裁检验时，应在取样之日起 10d 以内完成。

3）以生产者同编号水泥的检验报告为验收依据时，在发货前或交货时买方在同编号水泥中取样，双方共同签封后由卖方保存 90d，或认可卖方自行取样、签封并保存 90d 的同编号水泥的封存样。

在 90d 内，买方对水泥质量有疑问时，则买卖双方应将共同认可的试样送省级或省级以上国家认可的水泥质量监督检验机构进行仲裁检验。

（4）包装、标志、运输与贮存

1）包装

水泥可以散装或袋装，袋装水泥每袋净含量为 50kg，且应不少于标志质量的 99%；取 20 袋总质量（含包装袋）应不少于 1000kg。其他包装形式由供需双方协商确定，但有关袋装质量要求，应符合上述规定。水泥包装袋应符合《水泥包装袋》（GB 9774—2010）的规定。

2）标志

水泥包装袋上应清楚标明：执行标准、水泥品种、代号、强度等级、生产者名称、生产许可证标志（QS）及编号、出厂编号、包装日期、净含量。包装袋两侧应根据水泥的品种采用不同的颜色印刷水泥名称和强度等级，硅酸盐水泥和普通硅酸盐水泥采用红色，矿渣硅酸盐水泥采用绿色；火山灰质硅酸盐水泥、粉煤灰硅酸盐水泥和复合硅酸盐水泥采用黑色或蓝色。

散装水泥发运时应提交与袋装标志相同内容的卡片。

3）运输与贮存

水泥在运输与贮存时不得受潮和混入杂物，不同品种和强度等级的水泥在贮运中避免混杂。

3.2 石灰

石灰是使用最早的气硬性胶凝材料之一。由于生产石灰的原料广泛，工艺简单，成本低廉，所以至今仍被广泛应用于建筑工程中。

3.2.1 石灰的原料和制备

生产石灰的主要原料是以碳酸钙（$CaCO_3$）为主要成分的天然岩石——石灰岩。除天然原料外，还可以利用化学工业副产品，如：用碳化钙（CaC_2）制取乙炔时所产生的电石渣，其主要成分是氢氧化钙，即消石灰（或称熟石灰）；或者用氨碱法制碱所得的残渣，其主要成分为碳酸钙。

将石灰岩进行煅烧，即可得到以氧化钙（CaO）为主要成分的生石灰，其分解反应如下：

$$CaCO_2 \xrightarrow{900℃} CaO + CO_2 \uparrow$$

生石灰呈白色或灰色块状。由于石灰岩中含有一些碳酸镁（$MgCO_3$），因而生石灰中还含有次要成分氧化镁（MgO）。根据 MgO 含量的多少，生石灰被分为钙质石灰（MgO 含量≤5％）和镁质石灰（MgO 含量>5％），通常生石灰的质量好坏与其氧化钙（或氧化镁）的含量有很大关系。

另外，生石灰的质量还与煅烧条件（煅烧温度和煅烧时间）有直接关系，碳酸钙适宜的煅烧温度为 900℃，实际生产中，为加速分解过程，煅烧温度常提高到 1000～1100℃。煅烧过程对石灰质量的主要影响是：煅烧温度过低或煅烧时间不足，将使生石灰中残留有未分解的石灰岩核心，这部分石灰称为欠火石灰。欠火石灰降低了生石灰的有效成分含量，使质量等级降低。若煅烧温度过高或煅烧时间过久，将产生过火石灰。过火石灰的特征是质地密实，且表面常为黏土杂质融化形成的玻璃质薄膜所包覆，故熟化很慢。使用这种生石灰时，要注意正确的熟化方法，以免对建筑物造成危害。

碳酸镁分解温度较碳酸钙低（600～650℃），更易烧成致密不易熟化的氧化镁而使石灰活性降低，质量变差。故采用碳酸镁含量高的白云质石灰岩做原料时，须适当降低煅烧温度。

3.2.2 石灰的分类

《建筑生石灰》（JC/T 479—2013）规定，按氧化镁含量的多少，建筑生石灰可分为钙质和镁质两类。当石灰中 MgO 含量不大于 5% 时，称为钙质石灰；当 MgO 含量大于 5% 时，称为镁质石灰。MgO 含量过多时，对石灰的使用有不利影响，将煅烧成块状的生石灰经过不同的加工方法，还可得到石灰的另外几种产品。

（1）生石灰粉。由块状生石灰磨细而得的细粉，主要成分仍为 CaO。

（2）消石灰。将生石灰用适量的水经消化和干燥而成的粉末，主要成分为 $Ca(OH)_2$，也称熟石灰。

（3）石灰浆（石灰膏）。将块状生石灰用多量水（为石灰体积的 3~4 倍）消化或将消石灰粉和水拌合，所得的有一定稠度的可塑性浆体，主要成分为 $Ca(OH)_2$ 和水。

（4）石灰乳。生石灰加较多的水消化而得的白色悬浮液，主要成分为 $Ca(OH)_2$ 和水。

3.2.3 石灰的熟化与硬化

1. 石灰的熟化

烧制成的生石灰为块状，在使用时必须加水进行熟化，使氧化钙消化成为粉状的"消石灰"，这一过程也称为石灰的"消化"。其化学反应为：

$$CaO + H_2O \longrightarrow Ca(OH)_2 + 64.9kJ$$

石灰的熟化过程会放出大量的热，熟化时体积增大 1~2.5 倍。在石灰熟化时，应注意加水速度。对活泼性大的石灰，如果加水速度过慢或加水量不足，则已消化的石灰颗粒生成的氢氧化钙包围在未消化颗粒的周围，使内部石灰不易消化，这种现象称为"过烧"。相反，对于活泼性差的石灰，如果加水的速度过快，则发热量少，水温过低，增加了未消化颗粒，这种现象称为"过冷"。

为了消除"过火石灰"的危害，石灰膏在使用之前应进行陈伏。陈伏是指石灰膏在储灰坑中放置两周以上的过程。过火石灰在这一期间将慢慢熟化。陈伏期间，石灰膏表面应留有一层水分，使其与空气隔绝，以免与空气中的二氧化碳发生碳化反应。

2. 石灰的硬化

石灰的硬化过程包括干燥硬化（结晶作用）和碳化硬化（碳化作用）两个同时进行的过程。

（1）石灰浆的干燥硬化。由于水分的蒸发，氢氧化钙晶体从饱和溶液中析出，并产生"结晶强度"，结晶主要在石灰内部进行。但此时从溶液中析出的氢氧化钙数量不多，因此强度增长也不显著。

（2）石灰浆的碳化硬化。结晶后氢氧化钙与空气中的二氧化碳作用，生成不溶解于水的碳酸钙晶体，析出的水分逐渐被蒸发，产生"碳化强度"。其化学反应式为：

$$Ca(OH)_2 + CO_2 + nH_2O \xrightarrow{碳化} CaCO_3 + (n+1)H_2O$$

这个反应在没有水分的条件下无法进行；当水分过多、二氧化碳渗入量少时，碳化仅限于表层；在孔壁充水而孔内无水的条件下碳化最快。石灰碳化硬化后，密实度进一步增加，强度进一步提高。因此，碳化层越厚，石灰强度越高。

3.2.4 石灰的技术性质和技术指标

1. 保水性和可塑性好

石灰浆中 $Ca(OH)_2$ 颗粒极细（直径约为 $1\mu m$），表面吸附一层较厚水膜呈胶体分散状态。由于颗粒数量多，总表面积大，能吸附大量水，因此具有良好的保水性。混合水泥砂浆中加入石灰浆，使其可塑性显著提高，克服了水泥砂浆保水性差的缺点。

2. 凝结硬化慢、强度低

石灰浆凝结硬化时间一般需要数周，硬化后的强度一般小于 1MPa，如 1:3 的石灰砂浆强度仅为 0.2～0.5MPa。但通过人工碳化，可使强度大幅度提高，如碳化石灰板及其制品。

3. 耐水性差

已硬化的石灰，由于氢氧化钙结晶易溶于水，因而耐水性差，所以石灰不宜用于潮湿环境，也不宜用于重要建筑物基础。

4. 体积收缩大

石灰在硬化过程中，蒸发出大量水分，由于毛细管失水收缩而引起体积显著收缩，因此除调成石灰浆做薄层涂刷外，石灰不宜单独使用，常掺纸筋、麻刀、砂等加强材料。

3.2.5 石灰的技术标准

根据《建筑生石灰》（JC/T 479—2013）、《建筑消石灰》（JC/T 481—2013），石灰的技术指标见表 3-1。

石灰的技术指标　　　　　　　表 3-1

品种	项目		钙质			镁质			白云石清石灰		
			优等品	一等品	合格品	优等品	一等品	合格品	优等品	一等品	合格品
生石灰	CaO+MgO 含量（%）不小于		90	85	80	85	80	75	—	—	—
	未消化残渣含量（5mm 圆孔筛余）（%）	不大于	5	10	15	5	10	15	—	—	—
	CO₂（%）		5	7	9	6	8	10	—	—	—
	产浆量（L/kg）不小于		2.8	2.3	2.0	2.8	2.3	2.0	—	—	—
生石灰粉	CaO+MgO 含量（%）不小于		85	80	75	80	75	70	—	—	—
	CO₂ 含量（%）	不大于	7	9	11	8	10	12			
	细度	0.9mm 筛筛余（%）	0.2	0.5	1.5	0.2	0.5	1.5			
		0.125mm 筛筛余（%）	7	12	18	7	12	18			
消石灰粉	CaO+MgO 含量（%）不小于		70	65	60	65	60	55	65	60	55
	游离水（%）		0.4~2	0.4~2	0.4~2	0.4~2	0.4~2	0.4~2	0.4~2	0.4~2	0.4~2
	体积安定性		合格	合格	—	合格	合格	—	合格	合格	—
	细度	0.9mm 筛筛余（%） 不大于	0	0	0.5	0	0	0.5	0	0	0.4
		0.125mm 筛筛余（%）	3	10	15	3	10	15	3	10	15

3.2.6　石灰的应用

石灰在建筑工程中应用广泛，主要介绍如下：

1. 石灰乳涂料和砂浆

在熟石灰粉或石灰膏中加入过量的水，可配制成石灰乳涂料，其价格低廉、颜色洁白、施工方便，调入耐碱颜料还可使色彩丰富；调入聚乙烯醇、干酪素、明矾可减少涂层粉化现象，可用于内墙和顶棚的刷白。

石灰膏或熟石灰粉可用于配制石灰砂浆和水泥石灰砂浆，具有很好的可塑性，主要用做砌筑砂浆和抹面砂浆。

2. 石灰土和三合土

将生石灰粉或熟石灰粉和黏土按一定比例混合，可配制成石灰土；如在石灰土中加入适量的砂、炉渣等材料即成为三合土。石灰土和三合土经夯实后可获得一定的强度和耐久性。因为石灰中氧化钙或者氢氧化钙与黏土中的二氧化硅和三氧化二铝，在有水存在条件下，反应生成具有水硬性的水化硅酸钙和水化铝酸钙，能把黏土颗粒粘结在一起，因此提高了黏土的强度和耐久性。主要应用于建筑物基础、地面的垫层，还可用于路面垫层。

3. 制作硅酸盐制品

以生石灰粉或熟石灰粉与硅质材料（如粉煤灰、矿渣、砂等）为主要原材料，经配料、搅拌、成型和养护（一般采用蒸汽养护或蒸压养护）等工序，可制得硅酸盐制品。因为在蒸养或蒸压条件下，生成的主要产物为水化硅酸钙，因此得名。产品包括蒸压粉煤灰砖、蒸压灰砂砖和蒸压加气混凝土砌块，还可用于生产蒸压加气板材，主要用做墙体材料。

4. 加固地基

块状生石灰可用于加固含水的软土地基，称为石灰桩。将块状生石灰灌入桩孔内，由于生石灰的熟化膨胀而使地基密度提高。

3.2.7　石灰的储存

块状生石灰在放置过程中，会缓慢吸收空气中的水分而自动熟化成消石灰粉，再与空气中的二氧化碳作用生成碳酸钙，失去胶结能力。因此，储存石灰应注意防潮，储存期不宜过久。最好是将石灰运到工地立即熟化成石灰膏，把储存期变成陈伏期。由于石灰熟化过程中，放出大量的热并伴随着体积膨胀，所以储存和运输生石灰时应注意安全。

3.3 石膏

石膏胶凝材料是以硫酸钙为主要成分的无机气硬性胶凝材料。由于石膏胶凝材料及其制品具有许多优良的性质，原料来源丰富，生产能耗较低，因而在建筑工程中得到广泛应用。目前常用的石膏胶凝材料有建筑石膏、高强石膏等。

3.3.1 石膏的组成原料

生产石膏胶凝材料的原料有天然二水石膏、天然无水石膏和化工石膏等。

1. 天然二水石膏

天然二水石膏（即天然石膏矿）的主要成分为含两个结晶水的硫酸钙（$CaSO_4 \cdot 2H_2O$），其中 CaO 占 32.56%，SO_3 占 46.51%，H_2O 占 20.93%。

2. 天然无水石膏

天然无水石膏是以无水硫酸钙（$CaSO_4$）为主要成分的沉积岩。它结晶紧密，质地较硬，仅用于生产无水石膏水泥。

3. 化工石膏

除天然原料外，一些含有 $CaSO_4 \cdot 2H_2O$ 或 $CaSO_4 \cdot 2H_2O$ 与 $CaSO_4$ 的混合物的化工副产品及废渣（称为化工石膏）也可作为石膏原料。如磷石膏是制造磷酸的废渣；氟石膏是制造氯化氢的废渣。此外，还有硼石膏、钛石膏等。利用化工石膏时应注意，对其中含有酸性成分的废渣应加石灰中和后才能使用。使用化工石膏作为建筑石膏的原料，可扩大石膏的来源，变废为宝，达到综合利用的目的。

3.3.2 石膏的生产

石膏胶凝材料的生产，通常是将二水石膏在不同压力和温度下煅烧，再经磨细制得的同一原料。煅烧条件不同，得到的石膏品种不同，其结构、性质也不同。

1. 建筑石膏和模型石膏

建筑石膏是将二水石膏（生石膏）加热至 110～170℃时，部分结晶水脱出后得到半水石膏（熟石膏），再经磨细得到粉状的建筑中常用的石膏品种，故称"建筑石膏"，反应式如下：

$$CaSO_4 \cdot 2H_2O \longrightarrow CaSO_4 \cdot 1/2H_2O(\beta\,型) + 3/2H_2O$$

将这种常压下的建筑石膏称为 β 型半水石膏。若在上述条件下煅烧一等或二等的半水石膏，然后磨得更细些，这种 β 型半水石膏称为模型石膏，是建筑装饰制品的主要原料。

2. 高强度石膏

将二水石膏在 0.13MPa、124℃的压蒸锅内蒸炼，则生成比 β 型半水石膏晶体粗大的 α 型半水石膏，称为高强度石膏。由于高强度石膏晶体粗大，比表面小，调成可塑性浆体时需水量（35%～45%）只是建筑石膏需求量的一半，因此硬化后具有较高的密实度和强度。其 3h 的抗压强度可达 9～24MPa，其抗拉强度也很高。7d 的抗压强度可达 15～39MPa。高强度石膏的密度为 2.6～2.8g/cm³。高强度石膏可用于室内抹灰，制作装饰制品和石膏板。若掺入防水剂可制成高强度抗水石膏，在潮湿环境中使用。

由上述看到，在干燥空气常压条件下继续升温煅烧，各温度下呈现出不同的无水石膏，其性质由可溶过渡到不溶。对于不溶的石膏（硬石膏），掺入适量激发剂（如石灰等）混合即得无水石膏水泥，其强度可达 5～30MPa，用于制造石膏板和其他制品及灰浆等。

石膏品种繁多，建筑上应用最广的仍为建筑石膏。因此，本节主要介绍建筑石膏的性质及应用。

3.3.3 建筑石膏的凝结与硬化

建筑石膏加水拌合，与水发生水化反应为：

$$CaSO_4 \cdot \frac{1}{2}H_2O + 1\frac{1}{2}H_2O \longrightarrow CaSO_4 \cdot 2H_2O$$

当建筑石膏加水时，半水石膏迅速溶解并达到平衡状态，即饱和状态。由于半水石膏在水中的溶解度是二水石膏溶解度的4～5倍，故半水石膏的饱和溶液对于二水石膏来说就是过饱和溶液，因此发生了上述水化反应。二水石膏以胶体微粒形式从溶液中析出，从而破坏了半水石膏的溶解平衡，半水石膏继续溶解，达到平衡和水化。此循环过程一直进行到所有的半水石膏都转化为二水石膏为止。在此过程进行中，最初形成的可塑性浆体中的水分由于水化和蒸发而逐渐减少，二水石膏的胶体微粒不断增多，浆体稠度逐渐增大，直到完全失去可塑性，此过程称为石膏的凝结。随着浆体变稠，胶体微粒凝聚成晶体，晶体逐渐长大、共生和相互交错，浆体开始产生强度，最后发展成具有一定强度的固体，这一过程称为石膏的硬化过程。

3.3.4 建筑石膏的技术要求

建筑石膏为白色粉末，密度为 $2.60～2.75g/cm^3$，堆积密度为 $800～1000kg/m^3$。按《建筑石膏》（GB/T 9776—2008）规定，建筑石膏根据2h抗折强度分为3.0、2.0、1.6三个强度等级，其物理力学性能见表3-2。

建筑石膏的技术要求 　　　　　　表3-2

2h强度（MPa）	抗折强度≥	3.0	2.0	1.6
	抗压强度≥	6.0	4.0	3.0
细度（%）	0.2mm方孔筛筛余≤	10		
凝结时间（min）	初凝时间≥	3		
	终凝时间≤	30		

3.3.5 建筑石膏的性质、应用与储存

1. 凝结硬化快

建筑石膏加水拌合后，凝结硬化快，凝结时间很短，一般终凝时间不超过0.5h。由于建筑石膏的初凝时间很短，无法施工，工程中常加入适量硼砂、动物胶和柠檬酸等作为缓凝剂，

以延缓凝结时间满足施工要求。

2. 凝结硬化时体积略膨胀

建筑石膏浆体凝结硬化时不像石灰和水泥那样出现体积收缩，反而略有膨胀，一般膨胀量为 $0.5\% \sim 1\%$。此性质使石膏制品表面光滑细腻，形体饱满，干燥时不开裂。因此，建筑石膏可用于雕塑和建筑装饰制品。

3. 硬化后孔隙率高

建筑石膏的理论需水量仅为 18.6%，为满足施工要求的可塑性，加水量常为 $60\% \sim 80\%$。石膏硬化后由于多余水分的蒸发，在内部形成大量毛细孔，石膏制品孔隙率可达 $50\% \sim 60\%$，表观密度为 $800 \sim 1000 kg/m^3$。由此石膏制品具有以下性质：

（1）强度低。一等品建筑石膏凝结硬化 1d 的强度为 $5 \sim 8MPa$，7d 后达到的最高强度为 $8 \sim 12MPa$。

（2）保温隔热性能好，吸声性强。硬化的建筑石膏中具有许多开口和闭口孔隙，因此其保温隔热性和吸声性能好，热导率一般为 $0.121 \sim 0.205 W/(m \cdot K)$。

（3）吸湿性大，耐水性和抗冻性差。建筑石膏制品的吸湿性大，可调节室内的温、湿度。但在潮湿条件下，石膏吸湿后，水分会减弱晶粒之间的吸引力，导致石膏的强度降低（软化系数为 $0.3 \sim 0.45$）。如果长时间浸在水中，会因为二水石膏晶体的溶解，导致石膏破坏。石膏制品吸水后受冻，由于其孔隙率大、强度低，很容易因抗冻性差遭到破坏。

4. 防火性能好

建筑石膏遇火时，二水石膏中的结晶水蒸发成水蒸气，吸收大量热，可降低制品表面的温度；同时在其制品表面形成了水蒸气幕，能阻碍火势蔓延；脱水后的石膏制品隔热性能更好，形成隔热层且无有害气体产生。因此，建筑石膏制品防火性能好。

建筑石膏制品在防火的同时自身将被破坏，而且石膏制品不宜长期用于靠近 65℃ 以上高温度部位，以免二水石膏在此温度作用下失去结晶水，从而失去强度。

5. 可加工性好

建筑石膏硬化后具有良好的可加工性能，如可钉、可锯和可刨等，因此施工方便。

3.3.6 建筑石膏应用

石膏制品具有轻质、保温、隔热、吸声、不燃，以及热容量大、吸湿性大，可调节室内温度、湿度，选型施工方便等优点，是一种有发展前途的新型材料。

建筑石膏广泛应用于土木工程中。

1. 室内抹灰及粉刷

抹灰指的是以建筑石膏为胶凝材料，加入水和砂子配成石膏砂浆，作为内墙面抹平用。由建筑石膏特性可知，石膏砂浆具有良好的保温隔热性能，调节室内空气的湿度和防火性能。由于石膏不耐水，故不宜在外墙使用。

粉刷指的是建筑石膏加水和适量外加剂，调制成涂料，涂刷装修内墙面。石膏表面光洁、细腻、色白，且透湿透气，凝结硬化快、施工方便、粘结强度高，是良好的内墙涂料。

2. 建筑装饰制品

以杂质含量少的建筑石膏（有时称为模型石膏）加入少量纤维增强材料和建筑胶水等制作成各种装饰制品。也可掺入颜料制成彩色制品。

3. 石膏板

这是土木工程中使用量最大的一类板材，包括石膏装饰板、空心石膏板、蜂窝板等，作为装饰吊顶、隔板或保温、隔声、防火等使用。

4. 其他用途

建筑石膏可作为生产某些硅酸盐制品时的增强剂，如粉煤灰砖、炉渣制品等。也可用做油漆或粘贴墙纸等的基层找平。

3.3.7 建筑石膏的存储运输

建筑石膏在运输和储存时应注意防潮，储存期一般不宜超过3个月，一般储存3个月后，强度将降低30％左右。所以储存期超过 3 个月的建筑石膏应重新进行质量检验，以确定其等级。

3.4 水玻璃

水玻璃俗称泡花碱，属于气硬性胶凝材料，是一种能溶于水的硅酸盐。它由不同比例的碱金属氧化物和二氧化硅结合而成，建筑工程中常用硅酸钠水玻璃（$Na_2O \cdot nSiO_2$）。

3.4.1 分类

根据碱金属氧化物的不同，水玻璃有硅酸钠水玻璃（$Na_2O \cdot nSiO_2$）、硅酸钾水玻璃（$K_2O \cdot nSiO_2$）、硅酸锂水玻璃（$Li_2O \cdot nSiO_2$）等品种，由于钾、锂等碱金属盐类价格较贵，相应的水玻璃生产较少，最常用的是硅酸钠水玻璃。

根据水玻璃模数的不同，又分为"碱性"水玻璃（$n < 3$）和"中性"水玻璃（$n \geqslant 3$）。实际上中性水玻璃和碱性水玻璃的溶液都呈明显的碱性反应。

3.4.2 水玻璃的生产

水玻璃的生产方法有湿法和干法两种。湿法是将石英砂加入到氢氧化钠溶液中，进行蒸压使其直接反应生成液态水玻璃；干法是把石英砂和碳酸钠按比例混合磨细，在 $1300 \sim 1400℃$ 高温的熔炉内熔化，生成固态水玻璃。

水玻璃的模数指硅酸钠中氧化硅和氧化钠的分子数之比，一般在 $1.5 \sim 3.5$ 之间。固体水玻璃在水中溶解的难易随模数而定，模数为 1 时能溶解于常温的水中，模数加大，则只能在热水中溶解；当模数大于 3 时，要在 4 个大气压以上的蒸汽中才能溶解于水。低模数水玻璃的晶体组分较多，粘结能力较差。模数越高，胶体组分相对增多，粘结能力、强度、耐酸性和耐热性越高，但难溶于水，不易稀释，不便施工。

建筑工程中常用的为液态水玻璃，其模数为 $2.6 \sim 2.8$。液态水玻璃由于含有不同杂质，会呈现出青灰色、绿色或微黄色，无色透明的最好。液态水玻璃可与水按任意比例混合。同一模数的液态水玻璃，其浓度越稠，则密度越大，粘结力越强。

3.4.3 水玻璃的硬化

液体水玻璃在空气中吸收二氧化碳，形成无定形硅酸凝胶，加之水分的蒸发，无定形硅酸凝胶脱水成氧化硅，并逐渐干燥硬化。

$$Na_2O \cdot nSiO_2 + mH_2O + CO_2 \longrightarrow Na_2CO_3 + nSiO_2 \cdot mH_2O$$

由于空气中 CO_2 浓度较低，这个过程进行得很慢，为了加速硬化，常加入氟硅酸钠 Na_2SiF_6 作为促硬剂，促使硅酸凝胶加速析出，其反应为：

$$2[Na_2O \cdot nSiO_2] + mH_2O + Na_2SiF_6 \longrightarrow$$
$$(2n+1)SiO_2 \cdot mH_2O + 6NaF$$

硅酸凝胶（$SiO_2 \cdot mH_2O$）脱水变成固体氧化砖：

$$SiO_2 \cdot mH_2O \longrightarrow SiO_2 + mH_2O$$

氟硅酸钠的适宜用量为水玻璃重量的 $12\% \sim 15\%$，如果用量小于 12%，不但硬化速度缓慢，强度降低，而且未经反应的玻璃易溶于水，因而耐水性差。但如用量超过 15%，又会引起凝结过速，造成施工困难。

3.4.4 水玻璃的性质与应用

水玻璃有良好的粘结能力，硬化时析出的硅酸凝胶有堵塞毛细孔隙而防止水渗透的作用。水玻璃不燃烧，在高温下硅酸凝胶干燥得更加强烈，强度不降甚至有所增加。水玻璃具有很好的耐酸性能，能抵抗大多数无机酸和有机酸的作用。水玻璃建筑工程中主要用于以下几个方面：

（1）涂刷材料表面，提高抗风化性能。用水玻璃浸渍或涂刷多孔材料表面，可提高其密实度、强度、耐水性和抗风化性能。如涂刷硅酸盐制品、混凝土和砖等具有良好的效果。严禁用于浸渍或涂刷石膏制品，因为二者反应的产物硫酸钠会在孔隙内结晶膨胀，会导致制品破坏。

（2）配制耐酸、耐热砂浆和混凝土。以水玻璃为胶凝材料，与耐酸骨料可配制成耐酸砂浆和混凝土，应用于耐酸工程中；在水玻璃中加入耐热骨料可配制成耐热砂浆和混凝土，长期在高温条件下，强度也不降低，应用于耐热工程中。

（3）配制防水剂。以水玻璃为基料，掺入适量的2种、3种或4种矾配制成两矾、三矾或四矾防水剂。如在配制四矾防水剂时，先加明矾（钾铝矾）、蓝矾（硫酸铜）、红矾（重铬酸钾）和紫矾（铬矾）各一份，加入到60份100℃水中溶解，然后将四矾水溶液放入400份水玻璃水溶液中，搅拌均匀即可。四矾防水剂在1min内凝结，如将四矾防水剂与水泥浆混合，可用于堵塞漏洞、裂缝和局部抢修。因为凝结过快，不宜用于调配防水砂浆。

（4）加固地基。将模数为2.5～3的液态水玻璃和氯化钙溶液交替压入地基，两种溶液发生化学反应为：

$$Na_2O \cdot nSiO_2 + CaCl_2 + xH_2O \longrightarrow$$
$$2NaCl + nSiO_2 \cdot (x-1)H_2O + Ca(OH)_2$$

产物中的硅酸胶体，将土壤颗粒包裹并填充其孔隙；它是一种吸水膨胀的冻状凝胶，可因吸收地下水而经常处于膨胀状态，阻止水分的渗透和使土壤固结。产物中的氢氧化钙也可与氯化钙反应生成氧氯化钙，同样也起胶结和填充孔隙的作用。

3.5 镁质胶凝材料

镁质胶凝材料主要化学成分为氧化镁，是一种白色或浅黄色粉末，又称菱苦土。它是一种气硬性胶凝材料，其原材料有天然菱镁矿、蛇纹石或者从海水中提炼的菱苦土等。菱苦土的生产与石灰相近，原料中的碳酸镁经高温（750～850℃）煅烧生成氧化镁。火候适当的菱苦土密度为3.1～3.4g/cm³，堆积密度一般为800～900kg/m³。

3.5.1 菱苦土的水化及特性

菱苦土直接加水拌合，生成氢氧化镁，松散无胶结能力。常用制备好的氯化镁、硫酸镁、氯化铁或硫酸亚铁等溶液拌合，其中效果最好的是氯化镁溶液。采用氯化镁拌合菱苦土时，凝结硬化快，硬化后强度可达40～60MPa，常称为氯氧镁水泥。

硬化后的菱苦土具有一定强度；吸湿性强、耐水性差；硬化过程中体积微膨胀；硬化后呈弱碱性，对钢筋有腐蚀作用。

3.5.2 菱苦土的应用

1. 地面材料

用菱苦土、木屑、滑石粉和石英砂等制作的地面，具有隔热、防火、无噪声、防爆及一定弹性等特点。

2. 制作平瓦、波瓦等

以玻璃纤维为加筋材料，可制成抗折强度高的玻纤波形瓦。掺入适量的粉煤灰、沸石粉等改性材料，并经过防水处理，可制成氯氧镁水泥平瓦、波瓦等。

3. 刨花板

将刨花、亚麻或其他木质纤维材料与菱苦土混合后，压制成平板，主要用于墙的复合板、隔板、屋面板等。菱苦土运输和储存时应避光和免于受潮，不可久存。

第4章 建筑木材

木材是土木建筑工程中应用最多的材料之一。人类很早就利用木材作为原材料进行建筑活动，把木材加工制作成椽、屋架、梁、柱、门、窗、地板、家具等。我国使用木材的历史悠久，而且技术上也有独到之处，如保存至今已达百年之久，主体结构为木结构，且经历了地震等多种地质灾害考验的北京故宫、祈年殿、山西应县木塔等都集中体现了我国古代建筑工程中应用木材的工艺技术水平。

木材作为建筑和装饰材料具有以下的优点：

（1）比强度大，具有轻质高强的特点。

（2）弹性韧性好，能承受冲击和振动作用。

（3）导热性低，具有较好的隔热、保温性能。

（4）在适当的保养条件下，有较好的耐久性。

（5）纹理美观、色调温和、风格典雅，极富装饰性。

（6）易于加工，可制成各种形状的产品。

（7）绝缘性好、无毒性。

（8）木材的弹性、绝热性和暖色调的结合，给人以温暖和亲切感。

木材也具有很多使其应用受到限制的缺点，如构造不均匀、各向异性、易吸湿变形，天然缺陷较多，降低了材质的利用率，易腐易燃，并且树木生长周期缓慢、成材不易等。建筑工程中使用的木材主要来自某些树木的树干部分，但木材应用范围广、需求量大，因此，在使用过程中注意合理使用，综合利用则显得较为重要。

4.1 树木的分类

树木的种类很多，一般按树种可分为针叶树和阔叶树两大类。建筑工程中应用最多的是针叶树。

1. 针叶树材

针叶树的树叶如针状（如松）或鳞片状（如侧柏），习惯上也包括宫扇形叶的银杏。针叶树树干通直高大，枝杈较小，分布较密，易得大材，其纹理顺直，材质均匀。大多数针叶树材的木质较轻软而易于加工，故针叶树材又称软材。针叶树材强度较高，胀缩变形较小，耐腐蚀性强，建筑上广泛用做承重构件和装修材料。我国常用针叶树树种有落叶松、红松、红豆杉、云杉、冷杉和福建柏等。

2. 阔叶树材

阔叶树的树叶多数宽大、叶脉成网状。阔叶树树干通直部分一般较短，枝杈较大，数量较少。相当数量阔叶树材的材质硬而较难加工，故阔叶树材又称硬材。阔叶树材强度高，胀缩变形大，易翘曲开裂。阔叶树材板面通常较美观，具有很好的装饰作用，适于做家具、室内装修及胶合板等。我国常用阔叶树树种有水曲柳、栎木、樟木、黄菠萝、榆木、核桃木、酸枣木、梓木和柞木等（表 4-1）。

针叶树和阔叶树的性质特点及主要用途　　表 4-1

种类	特点	用途	常用树种
针叶树	树叶细长，呈针状，生长周期长，多为常绿树；树干通直高大，纹理平顺，材质均匀，木质较软，易于加工，故又称软木材。强度较高，表观密度小，耐腐蚀性较强，胀缩变形小	建筑工程中的主要用材，多用做承重结构、门窗、地面及装饰材料等	松树、杉树、柏树等
阔叶树	树叶宽大，叶脉呈网状，大多为落叶树；树干通直部分较短，缺陷较多，材质较硬，较难加工，故又名硬木材。表观密度较大，强度较高，湿胀干缩及翘曲变形较大，易开裂	建筑上常用来制作尺寸较小的构配件，室内装饰、制作家具及加工成胶合板等	梧桐、榆树、白桦树等

4.2 木材的基本性质

4.2.1 木材的物理性质

1. 密度与表现密度

不同树种的木材密度相差不大，一般是 $1.48 \sim 1.56 \mathrm{g/cm^3}$，但顺纹方向强度较高，属于轻质高强型材料。

木材的表观密度随着木材孔隙率、含水量以及其他一些因素的变化而不同，木材的表观密度越大，其湿胀干缩变化也越大。

2. 吸湿性与含水量

木材的含水量以含水率表示，即木材中所含水分的质量占干燥木材质量的百分数。新伐倒的树木称为生材，其含水率一般在 $70\% \sim 140\%$。木材气干含水量因地而异，南方为 $15\% \sim 20\%$，北方为 $10\% \sim 15\%$。室内木材的含水率在 $4\% \sim 12\%$。

（1）木材中的水

木材中的水分按结合形式和存在位置可以分为自由水、吸附水和化学结合水。

1）自由水

自由水是存在于细胞腔和细胞间隙中的水。自由水含量影响木材的表观密度、燃烧性和抗腐蚀性。

2）吸附水

吸附水是被吸附在细胞壁基体相中的水分。由于细胞壁基体相具有较强的亲水性，且能吸附和渗透水分，所以水分进入木材后首先被吸入细胞壁。吸附水是影响木材强度和胀缩的主要因素。

3）化学结合水

木材化学组成中的结合水，它在常温下不变化，对木材的性能无影响。

木材含水量的多少与木材的表观密度、强度、耐久性、加工性、导热性、导电性等有着密切关系。

（2）纤维饱和点

湿木材在空气中干燥时，当自由水蒸发完毕而吸附水尚处于饱和时的状态，称为纤维饱和点。此时的木材含水率称为纤维饱和点含水率，其大小随树种而异，通常介于23%～33%之间。纤维饱和点含水率的重要意义不在于其数值的大小，而在于它是木材许多性质在含水率影响下开始发生变化的起点。在纤维饱和点之上，含水量变化是自由水含量的变化，它对木材强度和体积影响甚微；在纤维饱和点之下，含水量变化即吸附水含量的变化将对木材强度和体积等产生较大的影响。

（3）木材的平衡含水率

潮湿的木材能在干燥的空气中失去水分，干燥的木材也能从周围空气中吸收水分。当木材长时间处于一定温度和湿度的空气中，则会达到相对稳定的含水率，即水分的蒸发和吸收趋于平衡，这时木材的含水率称为平衡含水率。平衡含水率随大气的温度和相对湿度而变化。

新伐木材的含水率通常在35%以上，长期处于水中的木材含水率更高，风干木材含水率为15%～25%，室内干燥的木材含水率为8%～15%。

木材在使用过程中，为避免因含水率变化太大而引起变形或开裂，在使用前，应将木材大致干燥到使用环境常年平均的含水率。

3. 木材的湿胀干缩

木材具有显著的湿胀干缩性。当木材从潮湿状态干燥至纤维饱和点时，自由水蒸发不改变其尺寸；继续干燥，细胞壁中吸附水蒸发，细胞壁基体相收缩，从而引起木材体积收缩。反之，干燥木材吸湿时将发生体积膨胀，直到含水量达到纤维饱和点时为止。

由于木材构造不均匀，各方向、各部位胀缩也不同，其中弦向最大，径向次之，纵向最小，边材大于心材。一般新伐木材完全干燥时，弦向收缩6%～12%，径向收缩3%～

6%，纵向收缩 0.1%～0.3%，体积收缩 9%～14%。图 4-1 所示是新伐木材的干燥曲线示意图。细胞壁基体相失水收缩时，纤维素沿细胞轴向排列限制了在该方向收缩，且细胞多数沿树干纵向排列，所以木材主要表现为横向收缩。由于复杂的构造原因，木材弦向收缩总是大于径向，弦向收缩与径向收缩比率通常为 2:1。木材干燥时其横截面变形，如图 4-2 所示。不均匀干缩会使板材发生翘曲（包括顺弯、横弯、翘弯）和扭弯，如图 4-3 所示。

木材湿胀干缩性将影响到其实际使用。干缩会使木材翘曲开裂、接榫松弛、拼缝不严，湿胀则造成凸起。为了避免这种情况，在木材加工制作前必须预先进行干燥处理，使木材的含水率比使用地区平衡含水率低 2%～3%。

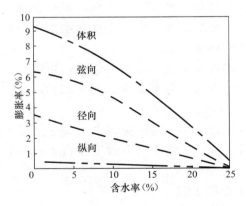

图 4-1 新伐木材的干燥曲线

4. 木材的其他物理性能

木材的导热系数低，传热能力较差，具有较好的保温隔热性能。

木材内部有很多纤维细胞，形成不规则、不连通的孔隙结构，具有较好的隔声效果。在装饰工程中，常用软木板、木丝板、穿孔板等作为吸声材料。

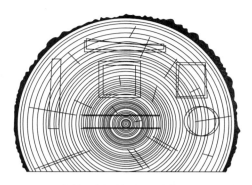

图 4-2　木材干燥引起的几种截面形状变化

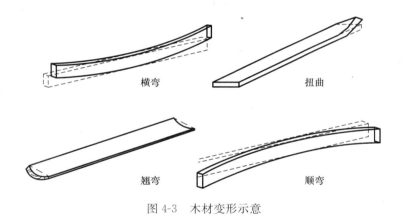

横弯　　　　　　　　　　扭曲

翘弯　　　　　　　　顺弯

图 4-3　木材变形示意

　　干木材具有较高的电阻，但含水量提高或温度升高时，电阻会有所降低。

　　（1）木材的各种强度

　　由于木材构造各向不同，其强度呈现出明显的各向异性，因此木材强度应有顺纹和横纹之分。木材的顺纹抗压、抗拉强度均比相应的横纹强度大得多，这与木材细胞结构及细胞在木材中的排列有关。木材的受剪方式有顺纹剪切、横纹剪切和横纹切断 3 种，顺纹是指作用力方向与纤维方向平行，横纹是指作用力方向与纤维方向垂直，如图 4-4 所示。

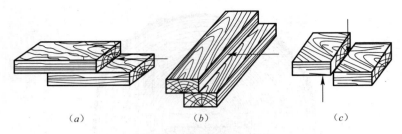

图 4-4　木材的剪切示意图

（a）顺纹剪切；（b）横纹剪切；（c）横纹切断

木材的顺纹强度和横纹强度有较大差别。各种强度之间的比例关系见表 4-2。

木材各强度之间关系　　　　　　　表 4-2

抗压强度		抗拉强度		抗弯强度	抗剪强度	
顺纹抗压	横纹抗压	顺纹抗压	横纹抗压		顺纹剪切	横纹剪切
1	$\frac{1}{10} \sim \frac{1}{5}$	$2 \sim 3$	$\frac{1}{20} \sim \frac{1}{3}$	$1.5 \sim 2$	$\frac{1}{7} \sim \frac{1}{3}$	$\frac{1}{2} \sim 1$

注：顺纹抗压强度值为 1。

（2）影响木材强度的主要因素

1）含水率

木材含水率对强度影响极大。在纤维饱和点以下时，水分减少，则木材多种强度增加，其中抗弯和顺纹抗压强度提高较明显，对顺纹抗拉强度影响最小。在纤维饱和点以上，强度基本为一恒定值。

2）环境温度

温度对木材强度有直接影响。试验表明，温度从 25℃升至 50℃时，将因木纤维和木纤维间胶体的软化等原因，使木材抗压强度降低 20%～40%，抗拉和抗剪强度下降 12%～20%。此外，木材长时间受干热作用可能出现脆性。木材长期处于 60～100℃时，会引起水分和所含挥发物的蒸发，而使木材呈暗褐色，强度下降，变形增大。因此，长期处于高温作用下（50℃以上）的部位，不宜使用木材。

在木材加工中，常通过蒸煮的方法来暂时降低木材的强度，以满足某种加工的需要（如胶合板的生产）。

3）外力作用时间

木材极限强度表示抵抗短时间外力破坏的能力，木材在长期荷载作用下所能承受的最大应力称为持久强度。由于木材受力后将产生塑性流变，使木材强度随荷载时间的增长而降低，木材的持久强度仅为极限强度的 $50\%\sim60\%$。

4）缺陷

木材的强度是以无缺陷标准试件测得的，而实际木材在生长、采伐、加工和使用过程中会产生一些缺陷，如木节、斜纹、裂纹、腐朽和虫蛀等，这些缺陷影响了木材材质的均匀性，破坏了木材的构造，从而使木材的强度降低，其中对抗拉和抗弯强度影响最大。

5）木材的韧性

木材有较好的韧性，能承受一定的冲击和震动荷载作用，很多木结构具有良好的抗震性，能经受住一定震级的地震作用。

木材韧性的大小受多种因素的影响，除了内部木质纤维成分，还与自身密度、环境温度等因素密切相关。密度越大，抗冲击韧性越好。高温使木材塑性增强，变脆，韧性降低，容易断裂。任何缺陷的存在都会严重降低木材的韧性。

6）硬度和耐磨性

木材的硬度和耐磨性主要取决于树种和木质细胞组织的紧密程度。相对于其他很多材料，木材的硬度和耐磨性不高。这为土木工程施工、家具制作提供了便利，古建筑雕梁画栋主要还是应用木材。

除了上述影响因素外，树木的种类、生长环境、树龄以及树干的不同部位均对木材强度有影响。

4.2.2　木材的化学性质

木材细胞壁主要由纤维素、半纤维素、木质素等组成，还有少量的树脂、油脂、果胶质、无机物。木材的主要成分是一些天然高分子化合物，其化学性质复杂多变。

在常温下，木材对稀、弱的酸、碱、盐溶液有一定的抵抗能力，但随着温度升高，木材的耐化学腐蚀能力显著下降，会发生变色、水解、氧化、酯化等反应，耐久性降低。

在高温无氧条件下加热木材，木材的颜色会逐渐变深变黑，逐步被炭化，这是民间据此生成木炭的原理。

木材的化学性质是综合利用木材，对其进行相关处理、改性和保护的理论基础。

4.3　木材的防护

木材受到真菌、昆虫侵害后，结构渐渐变得松软、脆弱，强度和耐久性降低，这种现象称为木材的腐朽（腐蚀）。

4.3.1　腐朽

木材的腐朽是由真菌在木材中寄生而引起的。侵蚀木材的真菌有3种，即霉菌、变色菌和木腐菌。霉菌一般只寄生在木材表面，并不破坏细胞壁，对木材强度几乎无影响。变色菌多寄生于边材，对木材力学性质影响不大。但变色菌侵入木材较深，难以除去，损害木材外观质量。

木腐菌侵入木材，分泌酶把木材细胞壁物质分解成可以吸收的简单养料，供自身生长发育。腐朽初期，木材仅颜色改变；以后真菌逐渐深入内部，木材强度开始下降；至腐朽后期，木材呈海绵状、蜂窝状或龟裂状等，颜色大变，材质极松软，甚至可用手捏碎。

4.3.2　虫害

因各种昆虫危害而造成的木材缺陷称为木材虫害。往往木材内部已被蛀蚀一空，而外表依然完整，几乎看不出破坏的痕迹，因此危害极大。白蚁喜温湿，在我国南方地区种类多、数量大，常对建筑物造成毁灭性的破坏。甲壳虫（如天牛、蠹虫等）则在气候干燥时猖獗，它们危害木材主要在幼虫阶段。

木材中被昆虫蛀蚀的孔道称为虫眼或虫孔。虫眼对材质的影响与其大小、深度和密集程度有关。深的大虫眼或深而密集的小虫眼能破坏木材的完整性，降低其力学性质，也成为真菌侵入木材内部的通道。

侵害木材的真菌种类很多，主要有霉菌、变色菌、腐朽菌等。除了真菌还有昆虫的蛀蚀，如白蚁、天牛等。它们在树皮或木质部内生存、繁殖，致使木材强度降低，甚至崩溃。

4.3.3 木材的防腐防虫方法

无论是真菌还是昆虫，生存和繁殖均需要适宜的条件，如水分、空气—温度、养料等。在环境温度为 25～35℃，空气相对湿度在 90% 以上，木材的含水率为 30%～60% 的条件下，真菌最适宜生存繁殖。当温度、湿度和含水率高于或低于这个范围，相对隔绝空气时，真菌的生长繁殖就会受到极大的抑制，甚至停止。因此，根据这些条件，可以采取以下措施对木材进行防腐防虫处理。

1. 干燥处理

木材在加工和使用之前放置于通风干燥处，进行干燥，这样不仅可以提高木材的强度，防止收缩、开裂和变形，减轻重量，还能防腐防虫，从而改善木材的使用性能和寿命。

2. 表面防护

在木材表面用桐油、油漆等涂料覆盖，或储放时浸没于水中，使之与空气隔绝开，缺氧条件下真菌也难以生存和繁殖。

3. 化学防腐剂处理

主要是把一些有毒的化学防腐剂、防虫剂，通过喷淋、浸泡或压力渗透等方法，施加在木材表面或注入内部，起到防虫杀菌的作用。

木材常用的防腐剂主要有水溶性防腐剂、油剂型防腐剂和复合防腐剂三种，使用时要注意防止污染环境，并对施工操作者无毒副作用。

4.3.4　木材的防火方法

易于燃烧是木材的主要缺点之一，为提高木材的耐火性和安全性，有时需要对木材进行防火处理。

（1）用防火浸剂对木材进行浸渍处理，为了达到要求的防火性能，应保证一定的吸药量和透入深度。

（2）将防火涂料涂刷或喷洒于木材表面，待涂料固结后即构成防火保护层。防火效果与涂层厚度或每平方米涂料用量有密切关系。

防火处理能推迟或消除木材的引燃过程，降低火焰在木材上蔓延的速度，延缓火焰破坏木材的速度，从而给灭火或逃生提供时间。但应注意：防火涂料或防火浸剂中的防火组分随着时间的延长和环境因素的作用会逐渐减少或变质，从而导致其防火性能不断减弱。

4.4　常用木材及选用

木材在建筑工程中的应用十分广泛。随着材料生产工艺革新和技术进步，木材的开发和应用水平有了很大的提高和发展。虽然把木材作为传统的屋架、椽、梁、柱、窗户用材逐步减少了，但更多的是把木材加工制作成各种板材，大量应用于地面、墙体、室内家具等装饰装修工程中。

我国是世界上的建筑业大国，需要开发建设的工程项目很多，同时也是木材资源相对匮乏、人均森林覆盖率较低的国家。在工程施工中，根据已有木材的树种、等级、材质情况，合理使用、综合利用，做到大材不小用、好材不零用。

4.4.1　木材初级产品

按加工程度和用途不同，木材分为圆条、原木、锯材3类，见表4-3。承重结构用的木材，其材质按缺陷（木节、腐朽、裂纹、夹皮、虫害、弯曲和斜纹等）状况分为3等，各等级木材的应用范围见表4-4。

木材的初级产品　　　　　　　表 4-3

分类		说明	用途
圆条		除去根、梢、枝的伐倒木	用做进一步加工
原木		除去根、梢、枝和树皮并加工成一定长度和直径的木段	用做屋架、柱、桁条等，也可用于加工锯材和胶合板等
锯材	板材（宽度为厚度的 3 倍或 3 倍以上）	薄板：厚度 12～21mm	门芯板、隔断、木装修等
		中板：厚度 25～30mm	屋面板、装修、地板等
		厚板：厚度 40～60mm	门窗
	方材（宽度小于厚度的 3 倍）	小方：截面积 54cm³ 以下	椽条、隔断木筋、吊顶格栅
		中方：截面积 55～100cm²	支撑、格栅、扶手、檩条
		大方：截面积 101～225cm²	屋架、檩条
		特大方：截面积 226cm² 以上	木或钢木屋架

各质量等级木材的应用范围　　　　　　　表 4-4

木材等级	Ⅰ	Ⅱ	Ⅲ
应用范围	受拉或拉弯构件	受弯或压弯构件	受压构件和次要受弯构件

常用锯材按其厚度和宽度，可分为薄板、中板、厚板，其大小规格，见表 4-5。常用锯材按质量又分为特等锯材和普通锯材两个级别，普通锯材根据其质量情况又分为一等、二等、三等三个等级。结构或重要装饰用材一般均应选择等级较高的木材。

针叶树、阔叶树锯材宽度、厚度（mm）　　　　　　　表 4-5

分类	宽度	厚度	
		尺寸范围	进级
薄板	12、15、18、21	50～240	
中板	25、30	50～260	10
厚板	40、50、60	60～300	

4.4.2　木质地板及木材装饰制品

木材具有天然的花纹、良好的弹性，用木材制成的木质地板及装饰制品，作为地面、墙体及其他部位装饰材料，纹理美观、色调温和、风格典雅，给人以温暖、亲切、淳朴的质感，极富装饰性。木材在装饰工程中得到了广泛的应用。

木地板是由软木树材（如松木、杉木等）和硬木树材（如水曲柳、榆木、枫木等）经加工制成的木板拼铺而成。

按生产方法，地板可分为原木地板和复合木地板。条木地板、拼花木地板、漆木地板等属于原木地板。原木地板木种、规格比较多，色调的选择性大，但施工比较复杂，而且抗腐、抗变形及耐用性不如复合木地板；复合木地板具有施工简便，理化性能好的优点，但色调、花纹统一，装饰性差一些。

按施工工艺，地板又可分为普通地板和锁扣地板。锁扣地板通过边缘的地板锁扣，有效提高了地板的严整度。地板通常不是被磨坏的，而是从边缘缝隙处开始毁坏的。资料表明，损坏的地板50％以上来自边缘起翘。由于热胀冷缩，普通地板使用一段时间后，接缝变大，潮气长期侵入地板内部，引起边缘膨胀、起翘。同时，起翘的地板更容易损坏，如此恶性循环，大大缩短了地板的寿命。针对接缝处出现的问题，新出现的锁扣地板，整体锁扣高度只有人体头发的两倍，将边缘起翘可能性降低到最小。与普通地板相比，这种地板具有以下特点：

（1）可提高结合部位的坚固性，真正实现地板整体化。

（2）胶结强度提高，一般地板使用一段时间后，由于热胀冷缩，地板的接缝会变大，接缝中已固化的胶水开裂，则引起地板边缘起翘。锁扣设计特意在地板中留有供胶水流动和凝固的胶腔，可以将地板准确锁定在设计位置上，降低了接缝变大和边缘起翘的可能，提高了地板的美观和使用寿命。

（3）可反复拆装和多次利用——安装方便，一"拍"即合，天衣无缝。安装时，可以不施胶，便于多次利用；也可施少量胶水，对地板防潮与连接更起到双重保护作用。拆卸时，也只需将一边地板掀起30°角，即可拆下。

（4）防潮、防尘，接缝密实，防潮、防尘、耐磨、环保效果好。

目前，在木地板生产中，不仅可以仿制十来种受欢迎的实木木纹花色，还可以通过耐磨层下面的装饰层来仿造印制不同的花纹，如"仿瓷砖"地板，外观手感与高级大理石瓷砖难分伯仲。

在地板选用时要注意不能选用甲醛严重超标的怪味地板。怪味地板由于生产工艺技术低下，基材质劣，其产品所挥发出的甲醛等有害气体含量严重超出国家限制标准。

在地板打蜡维护时，门窗要敞开，保持良好通风。另外，还要注意每打完一次蜡要晾 12～48h，避免挥发物寄存在蜡层之间，日后慢慢挥发。打蜡以后，开门窗至少要在 48h 以上。地板蜡内所含的挥发物质是松香水、苯油、汽油等，不仅易燃，而且对人体有毒。

木材装饰制品主要有木质墙壁板、顶棚板和木花格、木线条等。

4.4.3 人造板材

人造板材就是将木材加工过程中剩下的边角、碎料、刨花、木屑、锯末等，经过再加工处理，制成各种板材，能有效地提高木材利用率。

常用的人造板材有：胶合板、细木工板、纤维板、刨花板、木丝板和木屑板、装饰单板等。

1. 胶合板

对原木进行蒸煮软化处理后，用旋切（图 4-5）、刨切及弧切等方法切制成的薄片状木材，为单板。胶合板是由一组单板按相邻层木纹方向互相垂直组坯经热压胶合而成的板材，常见的有三夹板、五夹板和七夹板等。图 4-6 是胶合板构造

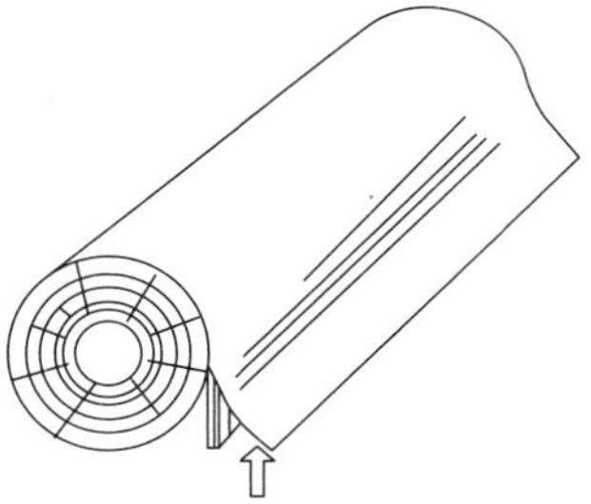

图 4-5 旋切单板图

的示意图。胶合板多数为平板，也可经一次或几次弯曲处理制成曲形胶合板。胶合板的分类、性能及应用见表 4-6。

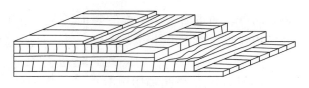

图 4-6　胶合板构造示意图

胶合板分类、性能及应用　　　　　　　　　表 4-6

分类	名称	性能	应用环境
Ⅰ类（NQF）	耐气候胶合板	耐久、耐煮沸或蒸汽处理、抗菌	室外
Ⅱ类（NS）	耐水胶合板	能在冷水中浸渍，能经受短时间热水浸渍、抗菌	室内
Ⅲ类（NC）	耐潮胶合板	耐短期冷水浸渍	室内常态
Ⅳ类（BNC）	不耐潮胶合板	具有一定的胶合强度	室内常态

　　胶合板克服了木材的天然缺陷和局限，大大提高了木材的利用率，其主要特点是：消除了天然疵点、变形、开裂等缺点，各向异性小，材质均匀，强度较高；纹理美观的优质材做面板，普通材做芯板，增加了装饰木材的出产率；因其厚度小、幅面宽大，产品规格化，使用起来很方便。胶合板常用做门面、隔断、吊顶、墙裙等室内高级装修。

　　2. 纤维板

　　纤维板是以树皮、刨花、树枝碎料或其他植物纤维等为主要原材料，经破碎、浸泡、研磨成木浆，加入胶粘剂，经热压、成型、干燥处理等工序制成的人造板材。

　　纤维板的原材料来源丰富，可采用木材采伐加工后剩余的树皮、树枝、刨花木屑、稻草、玉米秆、麦秸、竹材等，材料利用率有的高达 90％以上，利用率高；且材质均匀，各向强度一致，弯曲强度大，不易胀缩和翘曲开裂。在中国这样一个农业大国，推广和应用纤维板，可以提高农副产品的利用率，弥补木材资源的不足，具有很高的经济和社会价值。

　　纤维板根据其表观密度分为以下三种：硬质纤维板（表观密度不小于 $800kg/m^3$）、中硬质纤维板（表观密度介于 $400\sim$

$800kg/m^3$ 之间）、软质纤维板（表观密度小于 $400kg/m^3$）。

硬质纤维板可用做室内墙壁、地板、家具和装修。

中硬质纤维板表面光滑、材质细密、性能稳定，板材表面的再装饰性好，主要用于隔断、隔墙、地面、高档家具。

软质纤维板表观密度小，孔隙率大，保温隔热吸声效果好，常被用做绝热、吸声材料。

纤维板吸水后会沿板厚度方向膨胀，强度有所下降，且板面发生翘曲变形。因此，要注意防水防潮，若使用于湿度较大的环境中，应做防护处理。

3. 刨花板、木丝板和木屑板

刨花板、木丝板、木屑板是用木材加工中产生的大量刨花、木丝、木屑等为原材料，经干燥处理，与胶结料拌合，热压而成的板材。所用的胶结料主要有：动植物胶（豆胶、血胶等）、合成树脂胶（酚醛树脂、脲醛树脂等）、无机胶凝材料（水泥、菱苦土等）。

刨花板表观密度小，性质均匀，具有隔声、绝热、防蛀、耐火等优点；但易吸湿，强度不高，可用于保温、隔声、室内装饰材料。

木丝板、木屑板表观密度小，强度较低，保温隔热吸声效果好，主要用做绝热和吸声材料；经饰面处理后，还可用做吊顶板材、隔断板材等。

4. 细木工板

细木工板也称为大芯板，是一种夹芯板，芯板用木板条拼接而成，两个表面胶贴木质单板，经热压粘合制成。它集实木板与胶合板之优点于一身，可作为装饰构造材料，用于家具和室内装修等。

第5章　普通混凝土

5.1　普通混凝土的概述

5.1.1　定义

混凝土（Concrete）是由胶凝材料（胶结料）、集料（骨料）和水及其他材料，按适当比例配制并硬化而成的具有所需的形体、强度和耐久性的人造石材。

土木工程中常用的混凝土有水泥混凝土、沥青混凝土和聚合物混凝土等。

普通水泥混凝土是以水泥为胶凝材料而制成的混凝土，是应用最广泛、使用量最大的土木工程材料。

5.1.2　分类

混凝土品种繁多，常从以下几个方面分类：

1. **按胶结材料分类**

通常根据主要胶凝材料的品种，并以其名称命名，如水泥混凝土、石膏混凝土、水玻璃混凝土、硅酸盐混凝土、沥青混凝土、聚合物混凝土等。有时也以加入的特种改性材料命名，如水泥混凝土中掺入钢纤维时，称为钢纤维混凝土；水泥混凝土中掺大量粉煤灰时则称为粉煤灰混凝土等。

2. **按体积密度分类**

（1）重混凝土

其体积密度大于 2800kg/m³，是采用密度很大的重晶石、铁矿石、钢屑等重骨料和钡水泥、锶水泥等重水泥配制而成。重混凝土具有防射线的性能，又称防辐射混凝土，主要用做核能工程的屏蔽结构材料。

（2）普通混凝土

其体积密度为 2000～2800kg/m³，是用普通的天然砂石为骨料配制而成，为建筑工程中常用的混凝土主要用做各种建筑的承重结构材料。

（3）轻混凝土

其体积密度小于 $1950kg/m^3$，是采用陶粒等轻质多孔骨料配制的混凝土以及无砂的大孔混凝土，或者不采用骨料而掺入加气剂或泡沫剂，形成多孔结构的混凝土。主要用做轻质结构材料和隔热保温材料。

3. 按强度等级分类

按抗压强度分为低强混凝土（<30MPa）、中强混凝土（30～60MPa）、高强混凝土（≥60MPa）、超高强混凝土（≥100MPa）。

4. 按生产和施工方法分类

可分为泵送混凝土、预拌混凝土（商品混凝土）、喷射混凝土、碾压混凝土、真空脱水混凝土、离心混凝土、堆石混凝土、自密实混凝土（自流平混凝土）、水下不分散混凝土、压力灌浆混凝土（预填骨料混凝土）、热拌混凝土等。

5. 按生产和施工方法分类

按生产和施工方法不同可分为预拌混凝土（商品混凝土）、泵送混凝土、自密实混凝土、喷射混凝土、压力灌浆混凝土（预填骨料混凝土）、碾压混凝土、真空吸水混凝土、水下不分散混凝土等。

5.1.3 普通混凝土的特点

混凝土是目前用量最大的人造建筑材料。除原材料来源广泛，价格低于金属、木材和塑料，经久耐用以外，在使用中它还有特别的长处：

（1）原材料来源丰富，造价低廉。混凝土中约70％以上的材料是砂石料，属地方性材料，可就地取材，避免远距离运输，因而价格低廉。

（2）施工方便。混凝土拌合物具有良好的流动性和可塑性，可根据工程需要浇筑成各种形状尺寸的构件及构筑物。既可现场浇筑成型，也可预制。

（3）性能可根据需要设计调整。通过调整各组成材料的品种和数量，特别是掺入不同外加剂和掺合料，可获得不同施工和易性、强度、耐久性或具有特殊性能的混凝土，满足工程上的不同要求。

（4）抗压强度高，匹配性好，与钢筋及钢纤维等有牢固的粘结力。混凝土的抗压强度一般在 7.5～60MPa 之间。当掺入高效减水剂和掺合料时，强度可达 100MPa 以上。而且，混凝土与钢筋具有良好的匹配性，浇筑成钢筋混凝土后，可以有效地改善抗拉强度低的缺陷，使混凝土能够应用于各种结构部位。

（5）耐久性好。原材料选择正确、配合比合理、施工养护良好的混凝土具有优异的抗渗性、抗冻性和耐腐蚀性能，且对钢筋有保护作用，可保持混凝土结构长期使用而性能稳定。

（6）耐火性良好，维修费少。但混凝土也有缺点，例如自重大、比强度小、抗拉强度低、硬化缓慢、变形能力差和易开裂等。

5.2　普通混凝土的组成材料

普通混凝土的基本材料是水泥、细集料（天然砂等）、粗集料（石子等）和水，另外还掺加适量外加剂、掺合料。在混凝土中，各组成材料起着不同的作用。砂、石等在混凝土中起骨架作用，因此也称为骨料。骨料还可对混凝土的变形起稳定作用。其中，砂称为细骨料，石子称为粗骨料。水泥和水形成水泥浆，包裹在集料表面，并填充集料间的空隙，在混凝土硬化前起润滑作用，赋予混凝土拌合物一定的流动性，以便于施工操作；在混凝土硬化后，水泥浆形成的水泥石又起胶结作用，把砂、石等骨料胶结成为坚硬的整体，并产生力学强度。

混凝土是由不同材料堆聚而成的复合材料，因此表现为宏观匀质而微观非匀质，混凝土的质量和技术性能，在很大程度上取决于原材料的性质及其相对含量，另外也与施工工艺（配料、搅拌、捣实成型、养护等）有关。因此，要研究混凝土的性质，必须首先了解混凝土原材料的性质、作用及质量要求。

5.2.1 水泥

水泥在混凝土中起胶结作用，是最重要的材料，正确、合理地选择水泥的品种和强度等级，是影响混凝土强度、耐久性及经济性的重要因素。

1. 水泥品种的选择

配制混凝土用的水泥品种，应当根据工程性质与特点、工程所处环境及施工条件，依据各种水泥的特性，合理选择。例如，高温车间结构混凝土有耐热要求，一般宜选用耐热性好的矿渣水泥；大体积的混凝土工程，宜选择低水化热水泥等。

另外，还应考虑外加剂和不同水泥品种之间适应性存在差异的问题。

2. 水泥强度等级的选择

水泥强度等级的选择原则为：混凝土设计强度等级越高，则水泥强度等级也宜越高；设计强度等级低，则水泥强度等级也相应低。通常要求水泥的强度是混凝土强度的 1.5～2.0 倍；配制高强混凝土，可取 0.9～1.5 倍。例如，C40 以下混凝土，一般选用强度等级 32.5 级；C45～C60 混凝土一般选用 42.5 级，在采用高效减水剂等条件下也可选用 32.5 级；大于 C60 的高强混凝土，一般宜选用 42.5 级或更高强度等级的水泥；对于 C15 以下的混凝土，则宜选择强度等级为 32.5 级的水泥，并外掺粉煤灰等混合材料。目标是保证混凝土中有足够的水泥，既不过多也不过少。因为水泥用量过多（低强水泥配制高强混凝土），不仅不经济，而且会使混凝土收缩和水化热增大，对耐久性不利。水泥用量过少（高强水泥配制低强度混凝土），混凝土的黏聚性变差，不易获得均匀密实的混凝土，严重影响混凝土的耐久性。

5.2.2 细骨料（砂）

混凝土用骨料，按其公称粒径大小不同分为细骨料和粗骨料。粒径在 0.15～4.75mm 之间的骨料称为细骨料，粒径大于 4.75mm 的称为粗骨料。粗、细骨料的总体积占混凝土体积的 70%～80%，因此，骨料的性能对所配制的混凝土有很大影响。为保证混凝土的质量，对骨料技术性能的要求主要有：有害杂质含量少；具有良好的颗粒形状、适宜的颗粒级配和细度；表面粗糙，与水泥粘结牢固；性能稳定，坚固耐久等。

常用的细骨料有河砂、海砂、山砂和机制砂（人工砂）。通常根据技术要求分为 Ⅰ 类、Ⅱ 类和 Ⅲ 类。Ⅰ 类用于强度等级大于 C60 的混凝土；Ⅱ 类用于 C30～C60 的混凝土；Ⅲ 类用于小于 C30 的混凝土。

混凝土的细骨料主要采用天然砂，有时也可用人工砂。

天然砂是由自然风化、水流搬运和分选、堆积形成的粒径小于 4.75mm 的岩石颗粒，但不包括软质岩、风化岩石的颗粒。按其产源不同可分为河砂、湖砂、山砂和淡化海砂。河砂和海砂由于长期受水流的冲刷作用，颗粒表面比较圆滑、洁净，且产源较广，但海砂中常含有贝壳碎片及可溶盐等有害杂质。山砂颗粒多具棱角，表面粗糙，砂中含泥量及有机质等有害杂质较多。建筑工程中一般多采用河砂作细骨料。

人工砂为经除土处理的机制砂和混合砂的统称。机制砂是由机械破碎、筛分制成的，粒径小于 4.75mm 的岩石颗粒，但不包括软质岩、风化岩石的颗粒。机制砂单纯由矿石、卵石或尾矿加工而成。其颗粒尖锐，有棱角，较洁净，但片状颗粒及细粉含量较多，成本较高。混合砂是由机制砂和天然砂混合制成的。它执行人工砂的技术要求和试验方法。把机制砂和天然砂相混合，可充分利用地方资源，降低机制砂的生产成本。一般在当地缺乏天然砂源时，采用人工砂。

根据《建设用砂》（GB/T 14684—2011）的规定，砂按细度模数（Mx）大小分为粗、中、细三种规格；按技术要求分为Ⅰ类、Ⅱ类、Ⅲ类三种类别。Ⅰ类宜用于强度等级大于C60的混凝土；Ⅱ类宜用于强度等级C30～C60及抗冻、抗渗或其他要求的混凝土；Ⅲ类宜用于强度等级小于C30的混凝土和建筑砂浆。

细骨料的技术要求：

1. 含泥量、石粉含量和泥块含量

含泥量是指天然砂中粒径小于$75\mu m$的颗粒含量；石粉含量，是指人工砂中粒径小于$75\mu m$的颗粒含量；泥块含量，则指砂中粒径大于1.18mm，经水浸洗、手捏后小于$600\mu m$的颗粒含量。人工砂在生产过程中，会产生一定量的石粉，这是人工砂与天然砂最明显的区别之一。它的粒径虽小于$75\mu m$，但与天然砂中的泥成分不同，粒径分布不同，在使用中所起的作用也不同。

泥、石粉和泥块对混凝土是有害的：泥包裹在砂粒表面，妨碍水泥与砂的粘结，影响混凝土的强度；石粉会增大混凝土拌合物的需水量，降低混凝土强度和耐久性，增大干缩；泥块在混凝土内部成为薄弱部位，引起混凝土强度和耐久性的下降。因此，必须严格控制三者含量。根据国家标准，天然砂的含泥量和泥块含量及人工砂的石粉含量和泥块含量应符合表5-1的规定。

天然砂的含泥量和泥块含量（GB/T 14684—2011） **表 5-1**

项目	指标		
	Ⅰ类	Ⅱ类	Ⅲ类
含泥量（按质量计）（%）	≤1.0	≤3.0	≤5.0
泥块含量（按质量计）（%）	0	≤1.0	≤2.0

2. 有害物质含量

砂中不应混有草根、树叶、树枝、塑料、煤块、炉渣等杂物。砂中如含有云母、轻物质、有机物、硫化物及硫酸盐、氯盐等，其含量应符合表5-2的规定。

砂中有害物质含量（GB/T 14684—2011）　　表 5-2

项目	指标		
	Ⅰ类	Ⅱ类	Ⅲ类
云母（按质量计）（%），≤	1.0	2.0	2.0
轻物质（按质量计）（%），≤	1.0	1.0	1.0
有机物（比色法）	合格	合格	合格
硫化物及硫酸盐（按SO₃质量计）（%），≤	5.0	5.0	5.0
氯化物（以氯离子质量计）（%），≤	0.01	0.02	0.06

注：轻物质指体积密度小于 2000kg/m³ 的物质。

云母是表面光滑的层、片状物质，会降低混凝土拌合物和易性，同时它与水泥的粘结性差，影响混凝土的强度和耐久性；硫化物及硫酸盐对水泥有侵蚀作用；有机物影响水泥的水化硬化；氯化钠等氯化物对钢筋有锈蚀作用。当地砂中有害物质含量多，但又无合适砂源时，可以过筛并用清水或石灰水（有机物含量多时）冲洗后使用，以符合就地取材原则。

3. 砂的细度模数（M_x）和颗粒级配

砂的粗细程度是指不同粒径的砂粒混合在一起后的总体砂的粗细程度。砂子通常分为粗砂、中砂、细砂等几种。在混凝土中砂子表面需用水、泥浆包裹，以赋予流动性和粘结强度，砂子的总表面积越大，则需要包裹砂粒表面的水泥浆就越多。由于在相同砂用量条件下，细砂的总表面积较大，粗砂的总表面积较小，一般用粗砂配制混凝土比用细砂所用水泥量要省。但若砂子过粗，易使混凝土拌合物产生离析、泌水等现象。因此，混凝土用砂不宜过细，也不宜过粗。

砂的颗粒级配，是指不同粒径砂颗粒的分布情况。在混凝土中砂粒之间的空隙是由水泥浆所填充，为节约水泥和提高混凝土强度，就应尽量减小砂粒之间的空隙。若用同样粒径的砂，空隙率很大，如图 5-1（a）所示；两种粒径的砂搭配起来，空隙率就减小，如图 5-1（b）所示；三种粒径的砂搭配，空隙率就更小，如图 5-1（c）所示。因此，要减小砂粒间的空隙，就必须有大小不同的颗粒合理搭配。当砂中含有较多的粗颗粒，并以适量的中颗粒及少量的细颗粒填充其空隙，则该种颗粒级配的砂，其空隙率及总表面积均较小，是比较理想的，不仅水泥用量少，而且还可以提高混凝土的密实性与强度。

(a)   (b)   (c)

图 5-1　骨料的颗粒级配

砂的粗细程度和颗粒级配用筛分法测定，用细度模数表示粗细，用级配区表示砂的级配。根据《建设用砂》（GB/T 14684—2011），筛分法是用一套孔径为 4.75mm、2.36mm、1.18mm、0.600mm、0.300mm、0.150mm 的方孔标准筛（筛孔公称直径为 5.00mm、2.50mm、1.25mm、0.63mm、0.315mm、0.16mm 的标准砂筛），见表 5-3，将 500g 干砂由粗到细依次过筛（详见试验），称量各筛上的筛余量 m_n(g)，计算各筛上的分计筛余率（各筛上的筛余量占砂样总质量的百分率）a_1、a_2、a_3、a_4、a_5、a_6（％），再计算累计筛余率（各筛和比该筛粗的所有分计筛余百分率之和）A_1、A_2、A_3、A_4、A_5、A_6（％）。a 和 A 的计算关系见表 5-4。《普通混凝土用砂、石质量及检验方法标准》（JGJ 52—2006）采用的筛孔尺寸为 5.00mm、2.50mm、1.25mm、0.630mm、0.315mm 及 0.160mm。其测试和计算方法均相同，目前混凝土行业普遍采用该标准。

砂的公称粒径、砂筛筛孔的公称直径和方孔筛筛孔边长尺寸（mm）

表 5-3

砂的公称粒径	砂筛筛孔的公称直径	方孔筛筛孔边长	砂的公称粒径	砂筛筛孔的公称直径	方孔筛筛孔边长
5.00	5.0	4.75	0.315	0.315	3.30
2.50	2.50	2.36	0.16	0.16	0.15
1.25	1.25	1.18	0.08	0.08	0.075
0.63	0.63	0.60			

累计筛余百分率与分计筛余百分率计算关系　　表 5-4

筛孔尺寸 (mm)	筛余量 (g)	分计筛余 (%)	累计筛余 (%)
4.75	m_1	a_1	$A_1 = a_1$
2.36	m_2	a_2	$A_2 = a_1 + a_2 = A_1 + a_2$
1.18	m_3	a_3	$A_3 = a_1 + a_2 + a_3 = A_2 + a_3$
0.600	m_4	a_4	$A_4 = a_1 + a_2 + a_3 + a_4 = A_3 + a_4$
0.300	m_5	a_5	$A_5 = a_1 + a_2 + a_3 + a_4 + a_5 = A_4 + a_5$
0.150	m_6	a_6	$A_6 = a_1 + a_2 + a_3 + a_4 + a_5 + a_6 = A_5 + a_6$

细度模数根据式（5-1）计算（精确至 0.01），即

$$\mu_f = \frac{(A_2 + A_3 + A_4 + A_5 + A_6) - 5A_1}{100 - A_1} \tag{5-1}$$

$\mu_f = 3.1 \sim 3.7$ 粗砂；$\mu_f = 3.0 \sim 2.3$ 中砂；$\mu_f = 2.2 \sim 1.6$ 细砂；$\mu_f = 1.50 \sim 0.7$ 特细砂。

判定砂级配是否合格的方法如下：

（1）砂的实际颗粒级配与表 5-3 中所列数字相比，除 4.75mm 和 600μm 筛档外，可以略有超出，但超出总量应小于 5%。

（2）1 区人工砂中 150μm 筛孔的累计筛余可以放宽到 85%～100%，2 区人工砂中 150μm 筛孔的累计筛余可以放宽到 100%～200%，3 区人工砂中 150μm 筛孔的累计筛余可以放宽到 75%～100%。

砂的细度模数相同，颗粒级配可以不同，所以配制混凝土选用砂时，应同时考虑砂的细度模数和颗粒级配。在实际工程中，若砂的级配不合适，可采用人工掺配的方法来改善。即将粗、细砂按适当的比例进行掺合使用；或将砂过筛，筛除过粗或过细颗粒（图 5-2）。

4. 砂的坚固性

砂的坚固性是指砂在自然风化和其他外界物理、化学因素作用下，抵抗破裂的能力。按标准规定，天然砂用硫酸钠溶液检验，砂样经 5 次循环后，其质量损失应符合表 5-5 的规定。人工砂采用压碎指标进行试验，压碎指标值应符合表 5-6 的规定。

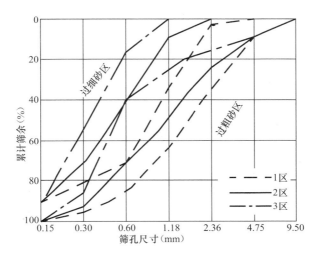

图 5-2　砂级配曲线图

砂的坚固性指标（GB/T 14684—2011）　　　　　表 5-5

项目	指标		
	I 类	II 类	III 类
质量损失（%）	≤8	≤8	≤10

砂的压碎指标（GB/T 14684—2011）　　　　　表 5-6

项目	指标		
	I 类	II 类	III 类
单级最大压碎指标（%）	≤20	≤25	≤30

5. 体积密度、堆积密度、空隙率

砂的体积密度、堆积密度、空隙率应符合如下规定：体积密度大于 2500kg/m³，松散堆积密度大于 1350kg/m³，空隙率小于 47%。

6. 碱—骨料反应

水泥、外加剂等混凝土组成物及环境中的碱与骨料中的活性矿物在潮湿环境下会缓慢发生反应，导致混凝土膨胀开裂破坏，所以应对砂进行碱骨料反应试验。经碱骨料反应试验后，由砂制备的试件应无裂缝、酥裂、胶体外溢等现象，并在规定的试验龄期膨胀率应小于 0.10%。

5.2.3 粗骨料

普通混凝土常用的粗骨料分卵石和碎石两类。卵石是由天然岩石经自然风化、水流搬运和分选、堆积形成的粒径大于 4.75mm 的颗粒。按其产源可分为河卵石、海卵石、山卵石等几种，其中河卵石应用较多。碎石大多由天然岩石经破碎、筛分制成，也可将大卵石轧碎筛分制得。

卵石多为自然形成的河卵石经筛分而得。通常根据卵石和碎石的技术要求分为Ⅰ类、Ⅱ类和Ⅲ类。Ⅰ类用于强度等级大于 C60 的混凝土；Ⅱ类用于 C30～C60 的混凝土；Ⅲ类用于小于 C30 的混凝土。

粗骨料的主要技术指标如下：

1. 有害杂质

与细骨料中的有害杂质一样，主要有黏土、硫化物及硫酸盐、有机物等。

（1）碎石或卵石中含泥量应符合表 5-7 所列的规定。

碎石或卵石中含泥量　　　　　　　　　表 5-7

混凝土强度等级	≥C60	C30～C55	≤C25
含泥量（按质量计，%）	≤0.5	≤1.0	≤2.0

注：1. 对于有抗冻、抗渗和其他特殊要求的混凝土，其所用碎石或卵石中含泥量不应大于 1.0%。
　　2. 当碎石或卵石的含泥是非黏土质的石粉时，其含泥量由表 5-8 中的 0.5%、1.0%、2.0%，分别提高到 1.0%、1.5%、3.0%。

（2）碎石或卵石中泥块含量应符合表 5-8 所列的规定。

碎石或卵石中泥块含量　　　　　　　　　表 5-8

混凝土强度等级	≥C60	C30～C55	≤C25
泥块含量（按质量计，%）	≤0.2	≤0.5	≤0.7

注：对于有抗冻、抗渗和其他特殊要求的强度等级小于 C30 的混凝土，碎石或卵石中泥块含量不应大于 0.5%。

（3）碎石或卵石中的硫化物和硫酸盐含量以及卵石中有机物等有害物质含量，应符合表5-9所列的规定。

碎石或卵石中的有害物质含量　　　　　表5-9

项目	质量要求
硫化物及硫酸盐含量（折算成 SO_3，按质量计，%）	≤1.0
卵石中有机物含量（用比色法试验）	颜色应不深于标准色。当颜色深于标准色时，应配制成混凝土进行强度对比试验，抗压强度比应不低于0.95

当碎石或卵石中含有颗粒状硫酸盐或硫化物杂质时，应进行专门检验，确认能满足混凝土耐久性要求后，方可采用。

（4）对于长期处于潮湿环境的重要结构混凝土，其所使用的碎石或卵石应进行碱活性检验。

进行碱活性检验时，首先应采用岩相法检验碱活性骨料的品种、类型和数量。当检验出骨料中含有活性二氧化硅时，应采用快速砂浆棒法和砂浆长度法进行碱活性检验；当检验出骨料中含有活性碳酸盐时，应采用岩石柱法进行碱活性检验。

经上述检验，当判定骨料存在潜在碱—碳酸盐反应危害时，不宜用做混凝土骨料；否则，应通过专门的混凝土试验，做最后评定。

当判定骨料存在潜在碱—硅反应危害时，应控制混凝土中的碱含量不超过 $3kg/m^3$，或采用能抑制碱骨料反应的有效措施。

2. 颗粒形状及表面特征

粗骨料表面的粗糙程度及孔隙特征等影响骨料与水泥石之间的粘结性能，从而影响混凝土的强度。碎石往往具有棱角，且表面粗糙，在水泥用量和用水量相同的情况下，用碎石拌制的混凝土拌合物流动性较差，但其与水泥粘结较好，故强度较高；而卵石多为表面光滑，且无棱角，用卵石拌制的混凝土拌合物流动性较好，但强度相对较差。在同等条件下，碎石混凝土比卵石混凝土强度高 10% 左右。

粗骨料中的颗粒还有一些为针、片状颗粒。凡岩石颗粒的长度大于该颗粒所属相应粒级平均粒径 2.4 倍的为针状颗粒；厚度小于平均粒径 0.4 倍的为片状颗粒。这些三维长度相差较大的针状或片状颗粒，不仅本身受力时容易折断，影响混凝土的强度，而且会增大骨料的空隙率，使混凝土拌合物的合易性变差，因此针、片状颗粒含量必须得到控制。针、片状颗粒含量按标准规定的针状规准仪及片状规准仪来逐粒测定，凡颗粒长度大于针状规准仪上相应间距者为针状颗粒；颗粒厚度小于片状规准仪上相应孔宽者，为片状颗粒。根据标准规定卵石和碎石的针、片状颗粒含量应符合表 5-10 的规定。

卵石和碎石的针、片状颗粒含量（GB/T 14685—2011）　　表 5-10

项目	指标		
	I 类	II 类	III 类
针、片状颗粒（%）（按质量计）	≤5	≤15	≤25

3. 粗骨料最大粒径

混凝土所用粗骨料的公称粒级上限称为最大粒径。骨料粒径越大，其表面积越小，通常空隙率也相应减小，因此所需的水泥浆或砂浆数量也可相应减少，有利于节约水泥、降低成本，并改善混凝土性能。所以在条件许可的情况下，应尽量选得较大粒径的骨料。但对于用普通混凝土配合比设计方法配制结构混凝土，尤其是高强混凝土时，当粗骨料的最大粒径超过 40mm后，由于减少用水量获得的强度提高，被较少的粘结面积及大粒径骨料造成不均匀性的不利影响所抵消，因而并没有什么好处。同时在实际工程上，骨料最大粒径也受到多种条件的限制，并且对运输和搅拌都不方便。

根据《混凝土结构工程施工质量验收规范》（GB 50204—2015）的规定，混凝土用粗骨料的最大粒径不得大于结构截面最小尺寸的 1/4，同时不得大于钢筋最小净距的 3/4；对于混凝土实心板，可允许采用最大粒径达 1/2 板厚的骨料，但最大粒径不得超过 50mm；对泵送混凝土，碎石最大粒径与输送管内径之比，宜小于或等于 1：3，卵石宜小于或等于 1：2.5。

4. 粗骨料的级配

粗骨料的颗粒级配对保证混凝土和易性、强度及耐久性具有非常重要的意义。良好的颗粒级配，可以减小空隙率，增强密实性，从而可以节约水泥，保证混凝土的和易性及混凝土的强度。

粗骨料的级配原理与细骨料基本相同，即将大小石子适当搭配，使粗骨料的空隙率及表面积都比较小，以减少水泥用量，保证混凝土质量。

石子的粒级分为连续粒级和间断级配（单粒级）两种。连续粒级指粗骨料按颗粒尺寸由小到大连续分级，每一粒径级占有一定比例。间断级配是各粒径级石子不相连，即抽去中间的一、二级石子。间断级配用于组成具有要求级配的连续粒级，也可与连续粒级混合使用，以改善级配或配成较大密实度的连续粒级。单粒级一般不宜单独用来配制混凝土，如必须单独使用，则应作技术经济分析，并通过试验证明不发生离析或影响混凝土的质量。

石子的级配与砂的级配一样，也是通过筛分析试验确定，采用筛孔的公称直径为 2.50mm、5.00mm、10.0mm、16.0mm、20.0mm、25.0mm、31.5mm、40.0mm、50.0mm、63.0mm、80.0mm、100.0mm（方孔筛筛孔边长为 2.63mm、4.75mm、9.5mm、16.0mm、19.0mm、26.5mm、31.5mm、37.5mm、53.0mm、63.0mm、75.0mm、90.0mm）这 12 个筛子及底盘，并按需要选用相应筛号进行筛分，累计筛余百分率的计算与细骨料相同。碎石和卵石级配均应符合表 5-11 所列的要求。

碎石或卵石的颗粒级配范围　　　表 5-11

级配情况	公称粒级(mm)	累计筛余百分率（按质量计,%）											
		方孔筛筛孔边长尺寸（mm）											
		2.36	4.75	9.5	16.0	19.0	26.5	31.5	37.5	53.0	63.0	75.0	90.0
连续粒级	5~10	95~100	80~100	0~15	0	—	—	—	—	—	—	—	—
	5~16	95~100	85~100	30~60	0~10	0	—	—	—	—	—	—	—
	5~20	95~100	90~100	40~80	—	0~10	0	—	—	—	—	—	—
	5~25	95~100	90~100	—	30~70	—	0~5	0	—	—	—	—	—
	5~31.5	95~100	90~100	70~90	—	15~45	—	0~5	0	—	—	—	—
	5~40	—	95~100	70~90	—	30~65	—	—	0~5	0	—	—	—
单粒级	10~20	—	95~100	85~100	—	0~15	0	—	—	—	—	—	—
	16~31.5	—	95~100	—	85~100	—	0~10	0	—	—	—	—	—
	20~40	—	—	95~100	—	80~100	—	0~10	0	—	—	—	—
	31.5~63	—	—	—	95~100	—	75~100	45~75	—	0~10	0	—	—
	40~80	—	—	—	—	95~100	—	70~100	—	30~60	0~10	0	—

5. 粗骨料的坚固性

坚固性是卵石、碎石在自然风化和其他外界物理、化学因素作用下抵抗破裂的能力。骨料由于干湿循环或冻融交替等作用引起体积变化会导致混凝土破坏。具有某些特殊孔结构的岩石会表现出不良的体积稳定性。骨料越密实、强度越高、吸水率越小，其坚固性越好；而结构疏松，矿物成分越复杂、构造不均匀，其坚固性越差。有抗冻、耐磨、抗冲击性能要求的混凝土所用粗骨料，要求测定其坚固性，指标与砂相似，即用硫酸钠溶液法检验。在硫酸钠饱和溶液中经 5 次循环浸渍后的质量损失不应超过表 5-12 所列的规定值。

碎石或卵石的坚固性指标　　　　表 5-12

混凝土所处的环境条件及其性能要求	5 次循环后的质量损失（%）
在严寒及寒冷地区室外使用，并经常处于潮湿或干湿交替状态下的混凝土；在腐蚀性介质作用或经常处于水位变化区的地下结构或有抗疲劳、耐磨、抗冲击等要求的混凝土	≤8
在其他条件下使用的混凝土	≤12

6. 粗骨料的强度

碎石和卵石的强度，采用岩石立方体强度和压碎指标两种方法检验。

岩石立方体强度检验，是将碎石的母岩制成直径与高均为 5cm 的圆柱体试件或边长为 5cm 的立方体，在水饱和状态下，测定其极限抗压强度值。根据标准规定，火成岩抗压强度应不小于 80MPa；变质岩抗压强度应不小于 60MPa；水成岩抗压强度应不小于 30MPa。

压碎指标检验，是将一定质量气干状态下粒径 9.5～13.2mm 的石子装入标准圆模内，放在压力机上均匀加荷至 200kN，卸荷后称取试样质量 G_1，然后用孔径为 2.36mm 的方孔筛筛除被压碎的细粒，称出剩余在筛上的试样质量 G_2，按下式计算压碎指标值 Q_c：

$$Q_c = \frac{G_1 - G_2}{G_1} \times 100 \qquad (5-2)$$

压碎指标值越小，表示石子抵抗受压破坏的能力越强（表 5-13）。

卵石的压碎值指标　　　　表 5-13

混凝土强度等级	≥C60	C30～C55
压碎指标（%）	≤12	≤16

7. 粗骨料的体积密度、堆积密度、孔隙率

石子的体积密度、堆积密度、孔隙率应符合如下规定：体积密度大于 2500kg/m³；松散堆积密度大于 1350kg/m³；孔隙率小于 47%。

8. 粗骨料的碱-骨料反应

经碱骨料反应试验后，由卵石、碎石制备的试件无裂缝、酥裂、胶体外溢等现象，在规定的试验龄期的膨胀率应小于 0.10%。

5.2.4 混凝土的拌合用水

根据《混凝土用水标准》（JGJ 63—2006）的规定，凡符合国家标准的生活饮用水，均可拌制各种混凝土。海水中含有硫酸盐、镁盐和氯化物，对水泥石有侵蚀作用，对钢筋也会造成锈蚀，因此可拌制素混凝土，但不宜拌制有饰面要求的素混凝土；未经处理的海水严禁拌制钢筋混凝土和预应力混凝土。

对混凝土拌合及养护用水的质量要求是：不得影响混凝土的和易性及凝结；不得有损于混凝土强度发展；不得降低混凝土的耐久性、加快钢筋腐蚀及导致预应力钢筋脆断；不得污染混凝土表面（表 5-14）。

混凝土用水中物质含量限值　　　　表 5-14

项目	预应力混凝土	钢筋混凝土	素混凝土
pH 值	≥5.0	≥4.5	≥4.5
不溶物（mg/L）	≤2000	≤2000	≤5000
可溶物（mg/L）	≤2000	≤5000	≤10000
氯化物（Cl^-）（mg/L）	≤500	≤1000	≤3500
硫酸盐（SO_4^{-2}）（mg/L）	≤600	≤2000	≤2700
碱含量（mg/L）	≤1500	≤1500	≤1500

注：1. 使用钢丝或经热处理钢筋的预应力混凝土，氯离子含量不得超过 350mg/L。

　　2. 对于设计使用年限为 100 年的结构混凝土，氯离子含量不得超过 500mg/L。

　　3. 碱含量按 $Na_2O+0.658K_2O$ 计算值来表示，采用非碱活性骨料时，可不检验碱含量。

5.2.5 外加剂

混凝土外加剂是一种在混凝土搅拌之前或拌合过程中加入的，用以改善混凝土性能的材料，其掺量一般不大于水泥重量的 5%。混凝土外加剂的使用是混凝土技术的重大突破。外加剂掺量虽然很小，但能显著改善混凝土的某些性能，如提高强度、改善和易性、提高耐久性及节约水泥等。由于应用外加剂使得工程技术经济效益显著，因此越来越受到国内外工程界的普遍重视，不少国家使用掺外加剂的混凝土已占混凝土总量的 60%～90%。近几十年，外加剂发展很快，品种越来越多，已成为混凝土四种基本材料外的第五种组分。

1. 外加剂的分类

混凝土外加剂种类繁多，根据《混凝土外加剂定义、分类、命名与术语》（GB/T 8075—2005）的规定，混凝土外加剂按其主要功能分为四类：

（1）改善混凝土拌合物流变性能的外加剂，如各种减水剂、引气剂和泵送剂等。

（2）调节混凝土凝结时间、硬化性能的外加剂，如缓凝剂、早强剂、促凝剂和速凝剂等。

（3）改善混凝土耐久性的外加剂，如引气剂、防水剂、防冻剂和阻锈剂等。

（4）改善混凝土其他性能的外加剂，如膨胀剂、防冻剂、着色剂、碱—骨料反应抑制和道路抗折剂等。

2. 常用的外加剂

（1）减水剂

减水剂在外加剂中使用最多，可显著降低混凝土的水灰比，改善混凝土的性能。减水剂是指在混凝土坍落度相同的条件下，能减少拌合用水量；或者在混凝土配合比和用水量均不变的情况下，能增加混凝土坍落度的外加剂。减水剂根据减水效果分为普通减水剂和高效减水剂两大类；按凝结时间分为标准型、早强型、缓凝型 3 种；按是否引气可分为引气型和非引气型两种。

减水剂的主要功能：

1）配合比不变时显著提高流动性。在用水量及水灰比不变时，混凝土坍落度可增大 100～200mm，且不影响混凝土的强度。

2）流动性和水泥用量不变时，减少用水量（为 10％～15％），降低水灰比，提高强度（为 15％～20％）。

3）保持流动性和强度不变（即水灰比不变）时，可以在减少拌合水量的同时，相应减少水泥用量。

4）配制高强和高性能混凝土。

5）改善混凝土的耐久性。减少用水量，可降低孔隙率，改善孔隙结构，提高混凝土的密实度，从而提高混凝土的耐久性。

（2）早强剂

早强剂是指能加速混凝土早期强度发展的外加剂。主要作用机理是加速水泥水化速度，加速水化产物的早期结晶和沉淀。主要功能是缩短混凝土施工养护期，加快施工进度，提高模板的周转率。主要适用于有早强要求的混凝土工程及低温、负温施工混凝土、有防冻要求的混凝土、预制构件、蒸汽养护等。早强剂的主要品种有氯盐、硫酸盐和有机胺 3 大类，但更多使用的是它们的复合早强剂。

掺入混凝土后对人体产生危害或对环境产生污染的化学物质严禁用做早强剂。含有 6 价铬盐、亚硝酸盐等有害成分的早强剂严禁用于饮水工程及与食品相接触的工程。硝铵类严禁用于办公、居住等建筑工程。

（3）缓凝剂

缓凝剂是指能延缓混凝土凝结时间，并对混凝土后期强度发展无不利影响的外加剂。缓凝剂主要有四类：糖类（如糖蜜）、木质素磺酸盐类（如木钙、木钠）、羟基羧酸及其盐类（如柠檬酸、酒石酸）、无机盐类（如锌盐、硼酸盐）。常用的缓凝剂是木钙和糖蜜，其中糖蜜的缓凝效果最好。

糖蜜缓凝剂是制糖下脚料经石灰处理而成，也是表面活性剂，掺入混凝土拌合物中，能吸附在水泥颗粒表面，形成同种电荷的亲水膜，使水泥颗粒相互排斥，并阻碍水泥水化，从而起缓凝作用。糖蜜的适宜掺量为 $0.1\%\sim0.3\%$，混凝土凝结时间可延长 $2\sim4h$。掺量过大，会使混凝土长期酥松不硬，强度严重下降。

缓凝剂具有缓凝、减水、降低水化热和增强作用，对钢筋也无锈蚀作用。主要适用于大体积混凝土和炎热气候下施工的混凝土，以及需长时间停放或长距离运输的混凝土。缓凝剂不宜用于日最低气温 5℃ 以下施工的混凝土，也不宜单独用于有早强要求的混凝土及蒸养混凝土。

（4）引气剂

引气剂是指在混凝土搅拌过程中，能引入大量分布均匀的、稳定而封闭的微小气泡的外加剂。由于大量微小、封闭并均匀分布的气泡的存在，使混凝土的某些性能得到明显改善或改变。引气剂可以减少混凝土拌合物的泌水、离析，改善和易性，并能显著提高硬化混凝土抗冻性、耐久性。目前，应用较多的引气剂为松香热聚物、松香皂、烷基苯磺酸盐等。混凝土工程中可采用由引气剂与减水剂复合而成的引气减水剂。引气剂的技术效果：

1）改善混凝土拌合物的和易性。

2）显著提高混凝土的抗渗性、抗冻性。

3）降低混凝土强度。一般混凝土的含气量每增加 1% 时，其抗压强度将降低 $4\%\sim6\%$，抗折强度降低 $2\%\sim3\%$。

（5）速凝剂

速凝剂是指能使混凝土迅速凝结硬化的外加剂。速凝剂主要有无机盐类和有机物类两类。我国常用的速凝剂是无机盐类，主要有红星Ⅰ型、711型、728型和8604型等。

红星Ⅰ型速凝剂是由铝氧熟料（主要成分为铝酸钠）、碳酸钠、生石灰按质量 $1:1:0.5$ 的比例配制而成的一种粉状物，适宜掺量为水泥质量的 $2.5\%\sim4.0\%$。711型速凝剂是由铝氧熟料与无水石膏按质量比 $3:1$ 配合粉磨而成，适宜掺量为水泥质量的 3%～5%。

速凝剂掺入混凝土后，能使混凝土在 5min 内初凝，10min 内终凝，1h 就可产生强度，1d 强度提高 2～3 倍，但后期强度会下降，28d 强度为不掺时的 80%～90%。速凝剂的速凝早强作用机理，是使水泥中的石膏变成 Na_2SO_4，失去缓凝作用，从而促使 C_3A 迅速水化，并在溶液中析出其水化产物晶体，导致水泥浆迅速凝固。

速凝剂主要用于矿山井巷、铁路隧道、引水涵洞、地下工程以及喷锚支护时的喷射混凝土或喷射砂浆工程中。

（6）防冻剂

防冻剂是能使混凝土在负温下硬化，并在规定养护条件下达到预期性能的外加剂。常用的防冻剂有氯盐类、氯盐阻锈类、无氯盐类。防冻剂用于负温条件下施工的混凝土。

（7）膨胀剂

掺入混凝土中能使其产生补偿收缩或微膨胀的外加剂称为膨胀剂。

（8）泵送剂

泵送剂是指在新拌混凝土泵送过程中能显著改善其泵送性能的外加剂。

泵送剂主要是改善新拌混凝土和易性的外加剂，它所改进的主要是新拌混凝土在输送过程中的均匀稳定性和流动性，与减水剂的性能有所差别。

混凝土工程中，可采用由减水剂、保水剂、引气剂等复合而成的泵送剂。

泵送剂适用于工业与民用建筑及其他构筑物的泵送施工的混凝土；特别适用于大体积混凝土、高层建筑和超高层建筑；适用于滑模施工等；也适用于水下灌注桩混凝土。

（9）防水剂

在混凝土中掺入防水剂，能够减少混凝土孔隙和填塞毛细管通道，以阻止水分渗透。防水剂一般分为无机防水剂、有机防水剂及复合防水剂。

（10）外加剂的选择

外加剂的品种应根据工程设计和施工要求选择，通过试验及技术经济比较确定。严禁使用对人体产生危害、对环境产生污染的外加剂。

掺外加剂混凝土所用水泥，宜采用硅酸盐水泥、普通硅酸盐水泥、矿渣硅酸盐水泥、火山灰质硅酸盐水泥、粉煤灰硅酸盐水泥和复合硅酸盐水泥，并应检验外加剂与水泥的适应性，符合要求方可使用。

掺外加剂混凝土所用材料如水泥、石、掺合料、外加剂均应符合国家现行的有关标准的规定。试配掺外加剂的混凝土时，应采用工程使用的原材料，检测项目应根据设计及施工要求确定，检测条件应与施工条件相同，当工程所用原材料或混凝土性能要求发生变化时，应再进行试配试验。

不同品种外加剂复合使用时，应注意其兼容性及对混凝土性能的影响，使用前应进行试验，满足要求方可使用。

5.2.6　混凝土掺合料

混凝土掺合料是指在混凝土搅拌前或在搅拌过程中，与混凝土其他组分一起，直接加入的人造或天然的矿物材料以及工业废料，掺量一般大于水泥重量的5%。其目的是为了改善混凝土性能、调节混凝土强度等级和节约水泥用量等。

掺合料与水泥混合材料在种类上基本相同，主要有粉煤灰、硅灰、磨细矿渣粉、磨细自燃煤矸石以及其他工业废渣。粉煤灰是目前用量最大，使用范围最广的掺合料。

1. 粉煤灰

粉煤灰是火力发电厂排放出来的烟道灰，其主要成分为 SiO_2、Al_2O_3 以及少量 FeO、CaO、MgO 等。以直径在几个微米的实心和空心玻璃微珠体及少量莫来石、石英等结晶物质组成。粉煤灰由于使用的煤的差别造成其成分含量波动较大。目前虽然大量用于混凝土中，但多数用于 C40 以下的混凝土中。

2. 粒化高炉矿渣粉

将粒化高炉矿渣经干燥、磨细达到相当细度且符合相应活性指数的粉状材料，其细度大于 $350m^2/kg$，一般为 $400 \sim 600m^2/kg$。试验显示，当矿渣粉的细度在 $350 \sim 400m^2/kg$ 以上时，活性才易激发。粒化高炉矿渣粉根据细度、活性指数和流动性比，分为 S105、S95 和 S75 这 3 个级别。

粒化高炉矿渣粉可以等量取代 $15\% \sim 50\%$ 的水泥，并降低水化热、提高抗渗性和耐蚀性（混凝土的干缩率显著减小）、抑制碱骨料反应和提高长期强度等，可用于钢筋混凝土和预应力钢筋混凝土工程。大掺量粒化高炉矿渣粉混凝土特别适用于大体积混凝土、地下和水下混凝土、耐硫酸盐混凝土等。

3. 硅灰

硅灰又称硅粉，是从生产硅铁或硅钢时排放的烟气中收集到的颗粒极细的烟尘。硅灰的颗粒极细，呈玻璃球状，其粒径为 $0.1 \sim 1.0\mu m$，是水泥粒径的 $1/100 \sim 1/50$，比表面积为 $18.5 \sim 20m^2/g$，密度为 $2.1 \sim 2.2g/cm^3$，堆积密度为 $250 \sim 300kg/m^3$。硅粉中无定形二氧化硅含量一般为 $85\% \sim 95\%$，具有很高的活性。由于比表面积高，需水量大，作为混凝土掺合料，必须与减水剂配合使用，才能保证混凝土的和易性。

硅灰具有很高的火山灰活性，可配制高强、超高强混凝土，掺量一般为水泥用量的 $5\% \sim 10\%$，在配制超高强混凝土时，掺量可达 $20\% \sim 30\%$。

掺入硅灰，能改善混凝土的孔结构，提高混凝土抗渗性、抗冻性及抗腐蚀性，提高耐久性。另外，混凝土的抗冲磨性随硅粉掺量的增加而提高，故适用于水工建筑物的抗冲刷部位及高速公路路面。

硅灰可提高混凝土强度，硅灰主要用于配制高强、超高强混凝土和高性能混凝土，掺入水泥质量 $5\% \sim 10\%$ 的硅灰，可配制出抗压强度达 $100MPa$ 的超高强混凝土。掺入水泥质量 $20\% \sim 30\%$ 的硅灰，则可配制出抗压强度达 $200 \sim 800MPa$ 的活性粉末混凝土。

硅灰用做混凝土掺合料，可改善混凝土拌合物的黏聚性和保水性，采用双掺技术，适宜配制高流态混凝土、泵送混凝土及水下灌注混凝土。

掺入水泥质量 4%～6% 的硅灰，可有效抑制碱骨料反应，也可配制出和易性、耐久性优良的高性能混凝土。

4. 沸石粉

沸石粉是天然的沸石岩磨细而成的一种火山灰质铝硅酸盐矿物掺合料。颜色为白色，含有一定量活性二氧化硅和三氧化铝，能与水泥水化生成的氢氧化钙反应，生成胶凝物质。

沸石粉用做混凝土掺合料可改善混凝土和易性，提高混凝土强度、抗渗性和抗冻性，抑制碱骨料反应。主要用于配制高强混凝土、流态混凝土及泵送混凝土。沸石粉具有很大的内表面积和开放性孔结构，还可用于配制调湿混凝土等功能混凝土。

5. 超细微粒掺合料

硅灰是理想的超细微粒掺合料，但其资源有限，因此，采用超细粉磨的高炉矿渣、粉煤灰或沸石粉等作为超细微粒掺合料，它们经超细粉磨后具有很高的活性和极大的表面能，可以弥补硅灰资源的不足，满足配制不同性能要求的高性能混凝土的需求，常用于配制高强、超高强混凝土和高性能混凝土。超细微粒掺合料的材料组成不同，其作用也有所差别，通常具有以下几方面的作用：

（1）改善混凝土的流变性，可配制大流动性且不离析的泵送混凝土和自密实混凝土。

（2）显著改善混凝土的力学性能，可配制 100MPa 以上的超高强混凝土。

（3）显著改善混凝土的耐久性，可减小混凝土的收缩，提高抗冻、抗渗性能。

超细微粒掺合料的生产成本低于水泥，使用超细微粒掺合料，可取得显著的技术经济效果，是配制高强、超高强混凝土和高性能混凝土的行之有效、经济实用的技术途径。

5.3 普通混凝土的性质

普通混凝土的主要性质包括：混凝土拌合物的和易性、凝结特性；硬化混凝土的强度、变形及耐久性等。

5.3.1 混凝土拌合物的和易性与凝结特性

混凝土拌合物是指由水泥粗细骨料及水等组分，经拌制均匀而成的塑性混凝土混合料，又称新拌混凝土。和易性也称工作性。

1. 和易性

和易性是指混凝土拌合物能保持其组成成分均匀，不发生分层：离析、泌水等现象，便于施工操作，并能获得质量均匀、密实的混凝土的性能。

和易性是一项综合技术性能，包括流动性、黏聚性和保水性3个方面。

2. 流动性

流动性是指混凝土拌合物在自重或机械振捣力的作用下，能产生流动并均匀密实地充满模型的性能。流动性的大小，反映拌合物的稀稠程度，它关系着施工振捣的难易和浇筑的质量。

（1）拌合物太稠，混凝土难以振捣密实，易造成内部孔隙增多。

（2）拌合物过稀，易分层离析，影响硬化后混凝土的均匀性。

5.3.2 混凝土拌合物的黏聚性

黏聚性是指混凝土拌合物内部组分间具有一定的黏聚力，在运输和浇筑过程中不致发生离析分层现象，而使混凝土能保持整体均匀的性能。

黏聚性不好，砂浆与石子容易分离，振捣后会出现蜂窝、孔洞等现象，严重影响工程质量。

5.3.3 混凝土拌合物的保水性

保水性是指混凝土拌合物具有一定的保持水分的能力，在施工过程中不致产生严重的泌水现象。在施工过程中，保水性差的新拌混凝土中的一部分水易从内部析出至表面，在水渗流之处留下许多毛细管孔道，成为以后混凝土内部的透水通道。另外，在水分上升的同时，一部分水还会滞留在石子及钢筋的下缘形成水隙，从而减弱石子或钢筋与水泥浆之间的粘结力。而且水分及泡沫等轻物质浮在表面，还会使混凝土上下浇筑层之间形成薄弱的夹层。这些都将影响混凝土的密实及均匀性，并降低混凝土的强度和耐久性。

混凝土拌合物的流动性、黏聚性和保水性三者的关系是既互相关联，又互相矛盾。例如，流动性很大时，往往黏聚性和保水性差；反之亦然。一般黏聚性好，保水性也较好。因此，所谓的拌合物和易性良好，就是使这 3 方面的性能在某种具体条件下得到统一，达到均为良好的状况。也就是指既具有满足施工要求的流动性，又具有良好的黏聚性和保水性。良好的和易性既是施工的要求也是获得质量均匀密实混凝土的基本保证。

5.3.4 和易性测定方法

通常是以测定拌合物的流动性来评定和易性，而黏聚性和保水性主要通过观察的方法进行评定。

方法一：坍落度法。

1. 流动性的测定

将混凝土拌合物按规定的实验方法装入标准的圆锥形筒（坍落筒）内，均匀捣平后，再将筒垂直向上快速（5～10s）提起，测量筒高与坍落后的混凝土试件最高点之间的高度差，即为该混凝土拌合物的坍落度值（以 mm 为单位，精确到 5mm），通常用 T 表示。

坍落度反映的是混凝土拌合物流动性的好坏。

2. 黏聚性和保水性的观察

混凝土拌合物的流动性通过坍落度法测定以后，再观察混凝土拌合物的黏聚性和保水性，以判断其和易性。

黏聚性的观察方法：将捣棒在已坍落的混凝土锥体侧面轻

轻敲打，如果混凝土锥体逐渐下降，表示黏聚性良好，如果锥体倒塌或崩裂，说明黏聚性不好。

保水性观察办法：若提起坍落筒后发现较多浆体从筒底流出，说明保水性不好。

方法二：维勃稠度测定法。

仅适用于骨料最大粒径不超过 40mm，且坍落度小于 10mm 的混凝土拌合物流动性的测定。

坍落度法的优点和缺陷及适用范围：

（1）坍落度法简单易行，且指标明确，故至今仍为世界各国广泛采用。

（2）测定结果受操作技术的影响较大。

（3）观察黏聚性与保水性时有主观因素的影响。

（4）该方法仅适用于骨料粒径小于 40mm，且坍落度大于 10mm 的混凝土拌合物流动性的测定。

5.3.5 影响混凝土和易性的主要因素

（1）组成材料：包括水泥特性、用水量、水灰比、骨料的性质等。

（2）环境条件：包括温度、湿度、风速等。

（3）时间：随着时间的推移，部分水分蒸发或被骨料吸收，拌合物变得干稠，流动性减小。

5.3.6 硬化混凝土的性质

1. 混凝土的强度

强度是硬化混凝土最重要的性质，混凝土的其他性能与强度均有密切关系，混凝土的强度也是配合比设计、施工控制和质量检验评定的主要技术指标。混凝土的强度主要有抗压强度、抗折强度、抗拉强度和抗剪强度等。其中抗压强度值最大，也是最主要的强度指标。

根据《混凝土结构设计规范》（GB 50010—2010），混凝土的强度等级应按立方体抗压强度标准值确定，混凝土立方体抗压强度标准值系指标准方法制作养护的边长为 150mm 的立方体试件，28d 龄期用标准方法测得的具有 95％保证率的抗压强度，以 f_{cu} 表示，其测试和计算方法详见试验部分。

钢筋混凝土结构用混凝土按规范分为 C10、C15、C20、C25、C30、C35、C40、C45、C50、C55、C60、C65、C70、C75、C80 共 15 个等级。"C"为混凝土强度符号，"C"后面的数字为混凝土立方体抗压强度标准值。如 C30 表示立方体抗压强度标准值为 30MPa，亦即混凝土立方体抗压强度不小于 30MPa 的概率要求 95％以上。

而对于水利工程混凝土来说，其结构复杂，所以不同工程部位有不同保证率（P）要求，如大体积混凝土一般要求 $P=80％$，体积较大的钢筋混凝土工程要求 $P=85％\sim90％$，薄壁结构工程要求 $P=95％$。而且，对于水工大体积混凝土而言，设计龄期一般不采用 28d，而普遍采用 90d 或 180d 龄期。为此水工混凝土强度等级常用 $C_{90}15$、$C_{180}20$ ……方式表示，其含义是保证率为 80％情况下，90d 龄期的立方体抗压强度标准值为 15MPa，180d 龄期的立方体抗压强度标准值为 20MPa 等。

混凝土强度等级的划分主要是为了方便设计、施工验收等。强度等级的选择主要根据建筑物的重要性、结构部位和荷载情况确定。一般可按下列原则初步选择：

（1）普通建筑物的垫层、基础、地坪及受力不大的结构或非永久性建筑选用 C10~C15。

（2）普通建筑物的梁、板、柱、楼梯、屋架等钢筋混凝土结构选用 C20~C30。

（3）高层建筑、大跨度结构、预应力混凝土及特种结构宜选用 C30 以上混凝土。

2. 轴心抗压强度

轴心抗压强度也称为棱柱体抗压强度。由于实际结构物（如梁、柱）多为棱柱体构件，因此采用棱柱体试件强度更有实际意义。它是采用 150mm×150mm×300mm 的棱柱体试件，经标准养护到 28d 测试而得。同一材料的轴心抗压强度 f_{cp} 小于立

方体强度 f_{cu}，其比值为 $0.7 \sim 0.8$。这是因为抗压强度试验时，试件在上、下两块钢压板的摩擦力约束下，侧向变形受到限制，即"环箍效应"，立方体试件整体受到环箍效应的限制，测得的强度相对较高。而棱柱体试件的中间区域未受到"环箍效应"的影响，属纯压区；测得的强度相对较低。当钢压板与试件之间涂上润滑剂后，摩擦阻力减小，环箍效应减弱，立方体抗压强度与棱柱体抗压强度趋于相等。

混凝土标准试件的轴心抗压强度与标准试件的立方体抗压强度之间有着密切的关系，参考《混凝土结构设计规范》（GB 50010—2010）可用 f_{ck} 来表示混凝土的轴心抗压强度标准值。

混凝土轴心抗压强度标准值常取等于 0.67 倍的立方体抗压强度标准值。

3. 抗拉强度

混凝土的抗拉强度很小，只有抗压强度的 $1/20 \sim 1/10$，混凝土强度等级越高，其比值越小。为此，在钢筋混凝土结构设计中，一般不考虑承受拉力，而是通过配置钢筋，由钢筋来承担结构的拉力。但抗拉强度对混凝土的抗裂性具有重要作用，它是结构设计中裂缝宽度和裂缝间距计算控制的主要指标，也是抵抗由于收缩和温度变形而导致开裂的主要指标。

用轴向拉伸试验测定混凝土的抗拉强度，由于荷载不易对准轴线而产生偏拉，且夹具处由于应力集中常发生局部破坏，因此试验测试非常困难，测试值的准确度也较低，故国内、外普遍采用劈裂法间接测定混凝土的抗拉强度，即劈裂抗拉强度。

劈拉试验的标准试件尺寸为边长 150mm 的立方体，在上、下两相对面的中心线上施加均布线荷载，使试件内竖向平面上产生均布拉应力，此拉应力可通过弹性理论计算得出。

劈拉法不但大大简化了试验过程，而且能较准确地反映混凝土的抗拉强度。试验研究表明，轴拉强度低于劈拉强度，两者的比值为 $0.8 \sim 0.9$。

在混凝土结构设计中，可参考《混凝土结构设计规范》（GB

50010—2010）。可用 f_{tk} 来表示混凝土的轴心抗拉强度标准值。

4．抗折强度

道路路面或机场道面用水泥混凝土通常以抗折强度为主要强度指标，抗压强度仅作为参考指标。道路水泥混凝土的抗折强度标准试件尺寸为 150mm×150mm×550mm 的小梁，在标准条件下养护 28d，按三分点加荷方式测定抗折破坏荷载用 f_{cf} 表示。

5．影响混凝土强度的主要因素

影响混凝土强度的因素很多，从内因来说主要有水泥强度、水灰比和骨料质量；从外因来说，则主要有施工条件、养护温度和湿度、龄期、试验条件和外加剂等。分析影响混凝土强度各因素的目的，在于可根据工程实际情况，采取相应技术措施，提高混凝土的强度。

（1）水泥强度和水灰比

混凝土的强度主要来自水泥石以及与骨料之间的粘结强度。水泥强度越高，则水泥石自身强度及与骨料的粘结强度就越高，混凝土强度也越高，试验证明，混凝土与水泥强度成正比关系。

水泥完全水化的理论需水量约为水泥重的 23% 左右，但实际拌制混凝土时，为获得良好的和易性，水灰比在 0.40～0.65 之间，多余水分蒸发后，在混凝土内部留下孔隙，且水灰比越大，留下的孔隙越大，使有效承压面积减少，混凝土强度也就越小。另外，多余水分在混凝土内的迁移过程中遇到粗骨料时，由于受到粗骨料的阻碍，水分往往在其底部积聚，形成水泡，极大地削弱砂浆与骨料的粘结强度，使混凝土强度下降。因此，在水泥强度和其他条件相同的情况下，水灰比越小，混凝土强度越高，水灰比越大，混凝土强度越低。但水灰比太小，混凝土过于干稠，使得不能保证振捣均匀密实，强度反而降低。

（2）骨料的品质

骨料中的有害物质含量高，则混凝土强度低。骨料自身强度不足，也可能降低混凝土强度，在配制高强混凝土时尤为突出。

骨料的颗粒形状和表面粗糙度对强度影响较为显著,如碎石表面较粗糙,多棱角,与水泥砂浆的粘结强度提高,混凝土强度较高。相反,卵石表面光洁,强度也较低。但若保持流动性相等,水泥用量相等时,由于卵石混凝土可比碎石混凝土适当少用部分水,即水灰比略小,此时,两者强度相差不大。砂的作用效果与粗骨料类似。

当粗骨料中针片状颗粒含量较高时,将降低混凝土强度,对抗折强度的影响更显著。所以在骨料选择时要尽量选用接近球状体的颗粒。

(3)施工条件

施工条件主要指搅拌和振捣成型。一般来说,机械搅拌比人工搅拌均匀,因此强度也相对较高;搅拌时间越长,混凝土强度越高,但考虑到能耗、施工进度等,一般要求控制在2~3min之间;投料方式对强度也有一定影响,如先投入粗骨料、水泥和适量水搅拌一定时间,再加入砂和其余水,能比一次全部投料搅拌提高强度10%左右。

一般情况下,采用机械振捣比人工振捣均匀密实,强度也略高。而且机械振捣允许采用更小的水灰比,获得更高的强度。此外,高频振捣、多频振捣和二次振捣工艺等,均有利于提高强度。

(4)养护条件

混凝土浇筑成型后的养护温度、湿度是决定强度发展的主要外部因素。养护环境温度高,水泥水化速度加快,混凝土强度发展也快,早期强度高;反之亦然。但是,当养护温度超过40℃以上时,虽然能提高混凝土的早期强度,但28d以后的强度通常比20℃标准养护的低。若温度在冰点以下,不但水泥水化停止,而且有可能因冰冻导致混凝土结构疏松,强度严重降低,尤其是早期混凝土应特别加强采取防冻措施。

湿度通常指的是空气相对湿度。相对湿度低,空气干燥,混凝土中的水分挥发加快,致使混凝土缺水而停止水化，混凝土强度发展受阻。另外，混凝土在强度较低时失水过快，极易引起干缩开裂，影响混凝土耐久性。因此，应特别加强混凝土早期的浇水养护，确保混凝土内部有足够的水分使水泥充分水化。根据有关规定和经验，在混凝土浇筑完毕后 12h 内应开始对混凝土加以覆盖或浇水，对硅酸盐水泥、普通水泥和矿渣水泥配制的混凝土浇水养护不得少于7d；对掺有缓凝剂、膨胀剂、大量掺合料或有防水抗渗要求的混凝土浇水养护不得少于 14d。

混凝土的养护除自然养护外，常在冬期施工以及预制件采取湿热处理。湿热处理可分为蒸汽养护和蒸压养护两类。

蒸汽养护就是将成型后的混凝土制品放在 100℃ 以下的常压蒸汽中进行养护，以加快混凝土强度发展的速度。混凝土经16~20h 的蒸汽养护后，其强度可达到标准养护条件下 28d 强度的 70%~80%。

蒸压养护是将混凝土在 175℃ 温度和 0.8MPa 的蒸压釜中进行养护，这种方法对掺有混合材料的水泥更为有效。

在温度高、湿度小的环境，以及多风天气，应根据实际情况增加浇水次数，或采取可靠的保湿措施。低温环境或冬期施工，禁止洒水养护。对于大体积混凝土、早强混凝土、抗渗混凝土等特殊混凝土工程，应制定可靠的养护制度。

（5）龄期

龄期是指混凝土在正常养护下所经历的时间。随着养护龄期增长，水泥水化程度提高，凝胶体增多，自由水和孔隙率减少，密实度提高，混凝土强度也随之提高。最初的 7d 内强度增长较快，而后增幅减少，28d 以后，强度增长更趋缓慢，但如果养护条件得当，则在数十年内仍将有所增长。

普通硅酸盐水泥配制的混凝土，在标准养护下，混凝土强度的发展大致与龄期（d）的对数成正比关系，因此可根据某一龄期的强度推定另一龄期的强度。特别是以早期强度推算 28d龄期强度。

（6）外加剂

在混凝土中掺入减水剂，可在保证相同流动性前提下，减少用水量，降低水灰比，从而提高混凝土的强度。掺入早强剂，有效加速水泥水化速度，提高混凝土早期强度，但对 28d 强度不一定有利，后期强度还有可能下降。

（7）试验条件对测试结果的影响

试验条件是指试件的尺寸、形状、表面状态和加载速度等。

1）试件尺寸

大量的试验研究证明，试件的尺寸越小，测得的强度相对越高，这是由于大试件内存在孔隙、裂缝或局部缺陷的概率增大，使强度降低。因此，当采用非标准尺寸试件时，要乘以尺寸换算系数。如 100mm×100mm×100mm 立方体试件换算成 150mm 立方体标准试件时，应乘以系数 0.95；200mm×200mm×200mm 立方体试件的尺寸换算系数为 1.05。

2）试件形状

主要指棱柱体和立方体试件之间的强度差异。由于"环箍效应"的影响，棱柱体强度较低，这在前面已有分析。

3）表面状态

表面平整，则受力均匀，强度较高；而表面粗糙或凹凸不平，则受力不均匀，强度偏低。若试件表面涂润滑剂及其他油脂物质时，"环箍效应"减弱，强度较低。

4）含水状态

混凝土含水率较高时，由于软化作用，强度较低；而混凝土干燥时，则强度较高。且混凝土强度等级越低，差异越大。

5）加载速度

根据混凝土受压破坏理论，混凝土破坏是在变形达到极限值时发生的。当加载速度较快时，材料变形的增长落后于荷载的增加速度，故破坏时的强度值偏高；相反，当加载速度很慢，混凝土将产生徐变，使强度偏低。

综上所述，混凝土的试验条件，将在一定程度上影响混凝土强度测试结果，因此，试验时必须严格执行有关标准规定，熟练掌握试验操作技能。

6. 提高混凝土强度的措施

根据上述影响混凝土强度的因素分析，提高混凝土强度可从以下几个方面采取措施：

（1）采用高强度等级水泥。

（2）尽可能降低水灰比，或采用干硬性混凝土。

（3）采用优质砂石骨料，选择合理含砂率。

（4）采用机械搅拌和机械振捣，确保搅拌均匀性和振捣密实性，加强施工管理。

（5）改善养护条件，保证一定的温度和湿度条件，必要时可采用湿热处理，提高早期强度。特别对掺混合材料的混凝土或用粉煤灰水泥、矿渣水泥、火山灰水泥配制的混凝土，湿热处理的增强效果更加显著，不仅能提高早期强度，后期强度也能提高。

（6）掺入减水剂或早强剂，提高混凝土的强度或早期强度。

（7）掺硅灰或超细矿渣粉也是提高混凝土强度的有效措施。

5.3.7 混凝土的变形性能

混凝土在凝结硬化过程和凝结硬化以后，均将产生一定的体积变形。主要包括化学收缩、干缩湿胀、自收缩、温度变形及荷载作用下的变形。

1. 化学收缩

由于水泥水化产物的体积小于反应前水泥和水的总体积，从而使混凝土出现体积收缩。这种由水泥水化和凝结硬化而产生的自身体积减缩，称为化学收缩。其收缩值随混凝土龄期的增加而增大，大致与时间的对数成正比，亦即早期收缩大，后期收缩小。收缩量与水泥用量和水泥品种有关。水泥用量越大，化学收缩值越大。这一点在富水泥浆混凝土和高强混凝土中尤应引起重视。化学收缩是不可逆变形。

2. 干缩湿胀

因混凝土内部水分蒸发引起的体积变形，称为干燥收缩。

混凝土吸湿或吸水引起的膨胀，称为湿胀。混凝土的湿胀变形量很小，一般无破坏作用。但干缩变形对混凝土危害较大，干缩能使混凝土表面产生较大的拉应力而导致开裂，从而使混凝土的抗渗、抗冻、抗侵蚀等耐久性能降低。在混凝土凝结硬化初期，如空气过于干燥或风速大、蒸发快，可导致混凝土塑性收缩裂缝。在混凝土凝结硬化以后，当收缩值过大，收缩应力超过混凝土极限抗拉强度时，可导致混凝土干缩裂缝。因此，混凝土的干燥收缩在设计时和实际工程中必须十分重视。结构设计中常采用的混凝土干缩率为 $(1.5 \sim 2.0) \times 10^{-4}$，即每米收缩 $0.15 \sim 0.2$mm。

3. 自收缩

混凝土的自收缩问题在 20 世纪 40 年代由戴维斯（Davis）提出，由于自收缩在普通混凝土中占总收缩的比例较小，在过去的 60 多年中几乎被忽略不计。但随着低水胶比高强高性能混凝土的应用，混凝土的自收缩问题重新得到关注。自收缩和干缩产生机理在实质上可以认为是一致的，常温条件下主要由毛细孔失水，形成水凹液面而产生收缩应力。所不同的只是自收缩是因水泥水化导致混凝土内部缺水，外部水分未能及时补充而产生，这在低水胶比高强高性能混凝土中是极其普遍的。干缩则是混凝土内部水分向外部挥发而产生。研究结果表明，当混凝土的水胶比低于 0.3 时，自收缩率高达 $(200 \sim 400) \times 10^{-6}$。此外，胶凝材料的用量增加和硅灰、磨细矿粉的使用都将增加混凝土的自收缩值。

影响混凝土收缩值的因素主要如下：

（1）水泥用量和细度

砂石骨料的收缩值很小，故混凝土的干缩主要来自水泥浆的收缩，水泥浆的收缩值可达 2000×10^{-6}m/m 以上。在水灰比一定时，水泥用量越大，混凝土干缩值也越大。故在高强混凝土配制时，尤其要控制水泥用量。相反，若骨料含量越高，水泥用量越少，则混凝土干缩越小。对普通混凝土而言，相应的干缩比为混凝土：砂浆：水泥浆＝1：2：4左右。混凝土的极限收缩值为 $(500\sim900)\times10^{-6}\,\mathrm{m/m}$。水泥颗粒越细，混凝土干缩率越大。

（2）水灰比

在水泥用量一定时，水灰比越大，意味着多余水分越多，蒸发收缩值也越大。因此要严格控制水灰比，尽量降低水灰比。

（3）水泥品种和强度

一般情况下，矿渣水泥比普通水泥收缩大。高强度水泥比低强度水泥收缩大。故对干燥环境施工和使用的混凝土结构，要尽量避免使用矿渣水泥。

（4）环境条件

气温越高、环境湿度越小或风速越大，混凝土的干燥速度越快，在混凝土凝结硬化初期特别容易引起干缩开裂，故必须加强早期浇水养护。空气相对湿度越低，最终的极限收缩也越大。

（5）骨料的影响

骨料用量少的混凝土，干缩率较大；骨料的弹性模量越小，混凝土的干缩率越大，故轻骨料混凝土的收缩比普通混凝土大得多；用吸水率大、含泥量大的骨料，混凝土的干缩率较大。

（6）施工质量的影响

在水中养护或在潮湿条件下养护可大大减小混凝土的干缩率；采用湿热处理养护，也可有效减小混凝土的干缩率。延长养护时间能推迟干缩变形的发生和发展，但影响较小。

干燥混凝土吸湿或吸水后，其干缩变形可得到部分恢复，这种变形称为混凝土的湿胀。对于已干燥的混凝土，即使长期泡在水中，仍有部分干缩变形不能完全恢复，残余收缩为总收缩的 $30\%\sim50\%$。这是因为干燥过程中混凝土的结构和强度均发生了变化。但若混凝土一直在水中硬化时，体积不变，甚至略有膨胀，这是由于凝胶体吸水产生的溶胀作用，与化学收缩并不矛盾。

4. 温度变形

混凝土的温度膨胀系数大约为 $10\times10^{-6}\,\mathrm{m/(m\cdot\,℃)}$。即温

度每升高或降低 1℃，长 1m 的混凝土将产生 0.01mm 的膨胀或收缩变形。混凝土的温度变形对大体积混凝土、纵长结构混凝土及大面积混凝土工程等极为不利，极易产生温度裂缝。如纵长 100m 的混凝土，温度升高或降低 30℃（冬夏季温差），则将产生 30mm 的膨胀或收缩，在完全约束条件下，混凝土内部将产生 7.5MPa 左右拉应力，足以导致混凝土开裂。故纵长结构或大面积混凝土均要设置伸缩缝、配置温度钢筋或掺入膨胀剂，防止混凝土开裂。

混凝土是热的不良导体，散热较慢，在混凝土硬化初期，释放的大量水化热将在混凝土内部蓄积而使混凝土的内部温度升高，这种现象对大体积混凝土来说尤为明显，有时可使内外温差高达 50～70℃。较大的混凝土内外温差将使内部混凝土的体积产生较大膨胀，而外部混凝土随气温降低而收缩，致使外部混凝土产生拉应力，严重时将导致混凝土产生裂缝——即"温度裂缝"。因此，对大体积混凝土工程，必须设法采取有效措施，以减少因温度变形而引起的混凝土质量问题，如采用低热水泥、减少水泥用量、掺加缓凝剂、采用人工降温、设温度伸缩缝以及在结构内配置温度钢筋等。

5. 荷载作用下的变形

（1）短期荷载作用下的变形

混凝土在外力作用下的变形包括弹性变形和塑性变形两部分。塑性变形主要由水泥凝胶体的塑性流动和各组成间的滑移产生，所以混凝土是一种弹塑性材料。

（2）混凝土的静力弹性模量

弹性模量为应力与应变之比值。对纯弹性材料来说，弹性模量是一个定值，而对混凝土这一弹塑性材料来说，不同应力水平的应力与应变之比值为变数。应力水平越高，塑性变形比例越大，故测得的比值越小。因此，我国标准规定，混凝土的弹性模量是以棱柱体（150mm×150mm×300mm）试件抗压强度的 40%作为控制值，在此应力水平下重复加荷、卸荷 3 次以上，以基本消除塑性变形后测得的应力—应变之比值，是一个条件弹性模量，在数值上近似等于初始切线的斜率。

混凝土弹性模量与混凝土强度有密切关系，可参考《混凝土结构设计规范》（GB 50010—2010）。

在实际工程中，不同用途的混凝土结构，对混凝土弹性模量的要求是不一样的。对于一般建筑物的混凝土结构，要求在受力时仅产生较小的变形，即须有足够的刚度，所以要求混凝土具有足够高的弹性模量；但对于水利水电工程中的混凝土防渗墙来说，为了保持混凝土防渗墙刚性体与坝基柔性体间在受力过程中的变形协调性，要求混凝土在受力时能承受较大的变形，所以要求混凝土具有较小的弹性模量。

影响弹性模量的因素主要如下：

1）混凝土强度越高，弹性模量越大。C10～C60 混凝土的弹性模量在 $(1.75～3.60)×10^4$ MPa 范围内。

2）骨料含量越高，骨料自身的弹性模量越大，则混凝土弹性模量越大。

3）混凝土水灰比越小，混凝土越密实，弹性模量越大。

4）混凝土养护龄期越长，弹性模量也越大。

5）早期养护温度较低时，弹性模量较大，亦即蒸汽养护混凝土的弹性模量较小。

6）掺入引气剂将使混凝土弹性模量下降。

（3）长期荷载作用下的变形——徐变

混凝土在一定的应力水平（如 50%～70% 的极限强度）下，保持荷载不变，随着时间的延续而增加的变形称为徐变。徐变产生的原因主要是凝胶体的黏性流动和滑移。加荷早期的徐变增加较快，后期减缓。混凝土在卸荷后，一部分变形瞬间恢复，这一变形小于最初加荷时产生的弹塑性变形。在卸荷后一定时间内，变形还会缓慢恢复一部分，称为徐变恢复。最后残留部分的变形称为残余变形。混凝土的徐变一般可达 $(300～1500)×10^{-6}$ m/m。

混凝土的徐变在不同结构物中有不同的作用。对普通钢筋混凝土构件，能消除混凝土内部温度应力和收缩应力，减弱混凝土的开裂现象。对预应力混凝土结构，混凝土的徐变使预应力损失大大增加，这是极其不利的。因此预应力结构一般要求较高的混凝土强度等级以减小徐变及预应力损失。

影响混凝土徐变变形的因素主要如下：

1）水泥用量越大（水灰比一定时），徐变越大。

2）水灰比越小，徐变越小。

3）龄期长、结构致密、强度高，则徐变小。

4）骨料用量多，弹性模量高，级配好，最大粒径大，则徐变小。

5）应力水平越高，徐变越大。

此外，还与试验时的应力种类、试件尺寸、温度等有关。

5.3.8 混凝土的耐久性

混凝土的耐久性是指在外部和内部不利因素的长期作用下，保持其原有设计性能和使用功能的性质。耐久性是混凝土结构经久耐用的重要指标。外部因素指的是酸、碱、盐的腐蚀作用、冰冻破坏作用、水压渗透作用、碳化作用、干湿循环引起的风化作用以及荷载应力作用和振动冲击作用等。内部因素主要指的是碱骨料反应和自身体积变化。通常用混凝土的抗渗性、抗冻性、抗碳化性能、抗腐蚀性能和碱骨料反应综合评价混凝土的耐久性。

《混凝土结构设计规范》（GB 50010—2010）对混凝土结构耐久性作了明确界定。

此外，对一类环境中，设计使用年限为 100 年的结构混凝土，应符合下列规定：钢筋混凝土结构的最低混凝土强度等级为 C30；预应力结构为 C40；最大氯离子含量为 0.06%；宜使用非碱活性骨料，当使用碱活性骨料时，最大碱含量为 $3.0kg/m^3$；保护层厚度相应增加 40%；使用过程中应定期维护。

对二类和三类环境中设计使用年限为 100 年的混凝土结构，应采取专门有效措施。

三类环境中的结构构件，其受力钢筋宜采用环氧树脂涂层带肋钢筋；对预应力钢筋、锚具及连接器，应采取专门防护措施。

四类和五类环境中的混凝土结构，其耐久性要求应符合有关标准的规定。

1. 混凝土的抗渗性

混凝土的抗渗性是指抵抗压力液体（水、油、溶液等）渗透作用的能力。抗渗性是决定混凝土耐久性最主要的技术指标。因为混凝土抗渗性好，即混凝土密实性高，外界腐蚀介质不易侵入混凝土内部，从而抗腐蚀性能就好。同样，水不易进入混凝土内部，冰冻破坏作用和风化作用就小。因此，混凝土的抗渗性可以认为是混凝土耐久性指标的综合体现。对一般混凝土结构，特别是地下建筑、水池、水塔、水管、水坝、排污管渠、油罐以及港工、海工混凝土结构，更应保证混凝土具有足够的抗渗性能。

混凝土的抗渗性能用抗渗等级表示。抗渗等级是根据《普通混凝土长期性能和耐久性能试验方法标准》（GB/T 50082—2009）的规定，通过试验确定，分为 P4、P6、P8、P10 和 P12 共 5 个等级，分别表示混凝土能抵抗 0.4MPa、0.6MPa、0.8MPa、1.0MPa 和 1.2MPa 的水压力而不渗漏。水利水电工程用混凝土抗渗等级分为 W2、W4、W6、W8、W10、W12 这 6 级，抗渗等级不小于 W6 级的混凝土称为抗渗混凝土。

混凝土结构设计中，抗渗等级的选择应根据混凝土的用途、承受的水压等选用。

影响混凝土抗渗性的主要因素如下：

（1）水灰比和水泥用量

水灰比和水泥用量是影响混凝土抗渗透性能的最主要指标。水灰比越大，多余水分蒸发后留下的毛细孔道就多，亦即孔隙率大，又多为连通孔隙，故混凝土抗渗性能越差。特别是当水灰比大于 0.6 时，抗渗性能急剧下降。因此，为了保证混凝土的耐久性，对水灰比必须加以限制。如某些工程从强度计算出发可以选用较大水灰比，但为了保证耐久性又必须选用较小水灰比，此时只能提高强度，服从耐久性要求。为保证混凝土耐久性，水泥用量的多少，在某种程度上可由水灰比表示。因为混凝土达到一定流动性的用水量基本一定，水泥用量少，亦即水灰比大。《普通混凝土配合比设计规程》（JGJ 55—2011）中对水灰比值作了限制。

（2）骨料含泥量和级配

骨料含泥量高，则总表面积增大，混凝土达到同样流动性所需用水量增加，毛细孔道增多；另外，含泥量大的骨料界面粘结强度低，也将降低混凝土的抗渗性能。若骨料级配差，则骨料空隙率大，填满空隙所需水泥浆增大，同样导致毛细孔增加，影响抗渗性能。如水泥浆不能完全填满骨料空隙，则抗渗性能更差。

（3）施工质量和养护条件

搅拌均匀、振捣密实是混凝土抗渗性能的重要保证。适当的养护温度和浇水养护是保证混凝土抗渗性能的基本措施。如果振捣不密实留下蜂窝、孔洞，抗渗性就严重下降，如果温度过低产生冻害或温度过高产生温度裂缝，抗渗性能严重降低。如果浇水养护不足，混凝土产生干缩裂缝，也严重降低混凝土抗渗性能。因此，要保证混凝土良好的抗渗性能，施工养护是一个极其重要的环节。

此外，水泥的品种、混凝土拌合物的保水性和黏聚性等，对混凝土抗渗性能也有显著影响。

提高混凝土抗渗性的措施，除了对上述相关因素加以严格控制和合理选择外，可通过掺入引气剂或引气减水剂提高抗渗性。其主要作用机理是引入微细闭气孔、阻断连通毛细孔道，同时降低用水量或水灰比。

2. 混凝土的抗冻性

混凝土的抗冻性是指混凝土在吸水饱和状态下，能经受多次冻融循环而不破坏，同时也不严重降低强度的性能。

混凝土冻融破坏的机理，主要是内部毛细孔中的水结冰时产生 9% 左右的体积膨胀，在混凝土内部产生膨胀应力，当这种膨胀应力超过混凝土局部的抗拉强度时，就可能产生微细裂缝，在反复冻融作用下，混凝土内部的微细裂缝逐渐增多和扩大，最终导致混凝土强度下降，或混凝土表面（特别是棱角处）产生酥松剥落，直至完全破坏。

混凝土抗冻性以抗冻等级表示。抗冻等级是以 28d 龄期的标准试件在吸水饱和后在 $-25 \sim 20$℃ 的冻融液中进行反复冻融循环，以达到相对动弹性模量下降至初始值的 60% 或质量损失率达 5% 中任一条件时，所能承受的最大冻融循环次数来确定。混凝土的抗冻等级可分为 F50、F100、F150、F200、F250 和 F300 这 6 级，分别表示混凝土能够承受反复冻融循环的次数为 50、100、150、200、250 和 300。抗冻等级不小于 F50 的混凝土为抗冻混凝土。

影响混凝土抗冻性的主要因素如下：

（1）水灰比或孔隙率

水灰比大，则孔隙率大，吸水率也增大，冰冻破坏严重，抗冻性差。

（2）孔隙特征

连通毛细孔易吸水饱和，冻害严重。若为封闭孔，则不易吸水，冻害就小，故加入引气剂能提高抗冻性。若为粗大孔隙，则混凝土一离开水面水就流失，冻害就小。故无砂大孔混凝土的抗冻性较好。

（3）吸水饱和程度

若混凝土的孔隙非完全吸水饱和，冰冻过程产生的压力促使水分向孔隙处迁移，从而降低冰冻膨胀应力，对混凝土破坏作用就小。

（4）混凝土的自身强度

在相同的冰冻破坏应力作用下，混凝土强度越高，冻害程度也就越低。此外，还与降温速度和冰冻温度有关。

从上述分析可知，要提高混凝土抗冻性，关键是提高混凝土的密实性，即降低水灰比，加强施工养护，提高混凝土的强度和密实性，同时也可掺入引气剂等改善孔结构。

3. 混凝土的抗碳化性能

（1）混凝土碳化机理

混凝土碳化是指混凝土内水化产物 $Ca(OH)_2$ 与空气中的 CO_2 在一定湿度条件下发生化学反应，产生 $CaCO_3$ 和水的过程。反应式为：

$$Ca(OH)_2 + CO_2 + H_2O = CaCO_3 + 2H_2O$$

碳化使混凝土的碱度下降，故也称混凝土中性化。碳化过程是由表及里逐步向混凝土内部发展的，碳化深度大致与碳化时间的平方根成正比。

碳化速度系数与混凝土的原材料、孔隙率和孔隙构造、CO_2 浓度、温度、湿度等条件有关。在外部条件（CO_2 浓度、温度、湿度）一定的情况下，它反映混凝土的抗碳化能力强弱。值越大，混凝土碳化速度越快，抗碳化能力越差。

（2）碳化对混凝土性能的影响

碳化作用对混凝土的负面影响主要有两个方面。一是碳化作用使混凝土的收缩增大，导致混凝土表面产生拉应力，从而降低混凝土的抗拉强度和抗折强度，严重时直接导致混凝土开裂。由于开裂降低了混凝土的抗渗性能，使得 CO_2 和其他腐蚀介质更易进入混凝土内部，加速碳化作用，降低耐久性；二是碳化作用使混凝土的碱度降低，失去混凝土强碱环境对钢筋的保护作用，导致钢筋锈蚀膨胀，严重时，使混凝土保护层沿钢筋纵向开裂，直至剥落，进一步加速碳化和腐蚀，严重影响钢筋混凝土结构的力学性能和耐久性能。

碳化作用对混凝土也有一些不利影响，一方面碳化作用生成的 $CaCO_3$ 能填充混凝土中的孔隙，使密实度提高；另一方面，碳化作用释放出的水分有利于促进未水化水泥颗粒的进一步水化。

因此，碳化作用能适当提高混凝土的抗压强度，但对混凝土结构工程而言，碳化作用造成的危害远远大于抗压强度的提高。

（3）影响混凝土碳化速度的主要因素

1）混凝土的水灰比

前面已详细分析过，水灰比大小主要影响混凝土孔隙率和密实度。因此水灰比大，混凝土的碳化速度就快。这是影响混凝土碳化速度的最主要因素。

2）水泥品种和用量

普通水泥水化产物中 $Ca(OH)_2$ 含量高，碳化同样深度所消耗的 CO_2 量要求多，相当于碳化速度减慢。而矿渣水泥、火山灰水泥、粉煤灰水泥、复合水泥以及高掺量混合材料配制的混凝土，$Ca(OH)_2$ 含量低，故碳化速度相对较快。水泥用量大，碳化速度慢。

3）施工养护

搅拌均匀、振捣成型密实、养护良好的混凝土碳化速度较慢。蒸汽养护的混凝土碳化速度相对较快。

4）环境条件

空气中 CO_2 的浓度大，碳化速度加快。当空气相对湿度为 $50\%\sim75\%$ 时，碳化速度最快。当相对湿度小于 20% 时，由于缺少水环境，碳化终止；当相对湿度达 100% 或水中混凝土，由于 CO_2 不易进入混凝土孔隙内，碳化也将停止。

（4）提高混凝土抗碳化性能的措施

从上述影响混凝土碳化速度的因素分析可知，提高混凝土抗碳化性能的关键是提高混凝土的密实性，降低孔隙率，阻止 CO_2 向混凝土内部渗透。绝对密实的混凝土碳化作用也就自然停止。因此提高混凝土碳化性能的主要措施如下：

1）根据环境条件，合理选择水泥品种。

2）使用减水剂、引气剂等外加剂降低水灰比或引入密封气孔改善孔结构。

3）采用水灰比小、单位水泥用量较大的混凝土配合比，提高混凝土的密实度。

4）加强混凝土浇筑振捣质量，加强养护。

5）在混凝土表面涂刷保护层，防止二氧化碳侵入等。

4. 混凝土的碱骨料反应

碱骨料反应是指混凝土内水泥中所含的碱（K_2O 和 Na_2O），与骨料中的活性 SiO_2 发生化学反应，在骨料表面形成碱硅酸凝胶，吸水后将产生 3 倍以上的体积膨胀，从而导致混凝土膨胀开裂而破坏。碱骨料反应速度极慢，但造成的危害极大，一般要经过若干年后才会发现，而一旦发生则很难修复。从外观上看，在少钢筋约束的部位多产生网状裂缝，在受钢筋约束的部位多沿主筋方向开裂，很多情况下还可看到从裂缝溢出白色或透明胶体的痕迹。

发生碱骨料反应必须具备的 3 个条件是：①混凝土中含碱量较高〔水泥含碱当量（$Na_2O+0.658K_2O$）％大于 0.6％，或混凝土中含碱量超过 $3.0kg/m^3$〕。②骨料中含有相当数量活性成分。③潮湿环境，有充分的水分或湿空气供应。

因此，对水泥中碱含量大于 0.6％；骨料中含有活性 SiO_2 且在潮湿环境或水中使用的混凝土工程，必须加以重视。大型水工结构、桥梁结构、高等级公路、飞机场跑道一般均要求对骨料进行碱活性试验或对水泥的碱含量加以限制。

避免碱骨料反应的措施如下：

（1）尽量采用非活性骨料。

（2）选用低碱水泥，并严格控制混凝土中总的含碱量。

（3）在混凝土中掺入适量的粉煤灰、磨细矿渣等掺合料，可延缓或抑制混凝土的碱骨料反应。

（4）改善混凝土的结构。如在混凝土中掺用引气剂，其中含有大量均匀分布的微小气泡可减小膨胀破坏作用；保证施工质量，防止因振捣不密实产生的蜂窝麻面及因养护不当产生的干缩裂缝等，能防止水分侵入混凝土内部，从而起到制止碱骨料反应的作用。

（5）改善混凝土的使用条件。应尽量使混凝土结构处于干燥状态，特别是要防止经常受干湿交替变化，必要时还可以在混凝土表面进行防水处理。

5. 耐磨性及抗气蚀性

耐磨性是路面、机场跑道和桥梁混凝土的重要性能指标之一，均要求混凝土具有较好的耐磨性能。受高速水流冲刷的桥墩、溢洪道面、管渠、河坝用混凝土，受反复冲击动荷及循环磨损的道路路面混凝土，要求具有较高的抗冲刷耐磨性。混凝土的耐磨性与混凝土强度、原材料的特性及配合比等密切相关，选用坚硬耐磨的骨料与颗粒分布较宽、强度等级较高的硅酸盐水泥，配制成的高强度混凝土，若经振捣密实，并保证表面平整光滑，则具有较高的耐磨性。对于有抗磨要求的混凝土，其强度等级应不低于C35，并可采用真空作业施工，以提高其耐磨性。对于受磨损特别严重的部位，可采用耐磨性较强的材料加以防护。

对于表面凸凹不平、断面突变或急速转弯的渠道、溢洪道等结构体，当高速水流流经时会出现汽蚀现象，在结构体表面产生高频、局部、具冲击性的应力而剥蚀混凝土。汽蚀现象的产生与建筑物类型、水流条件等因素有关。解决汽蚀问题的方法是在设计、施工及运行中消除发生汽蚀的原因，并在结构体过水表面采用抗汽蚀性较好的材料。对混凝土来说，提高抗汽蚀性的主要途径是采用C50以上等级的混凝土，控制粗骨料的最大粒径不大于20mm，掺用硅粉和高效减水剂，严格控制施工质量，保证所浇筑混凝土结构密实、表面光滑平整。

6. 抗侵蚀性

当混凝土所处的环境水有侵蚀性时，混凝土便会遭受侵蚀，通常有软水侵蚀、硫酸盐侵蚀、镁盐侵蚀、碳酸侵蚀、一般酸类侵蚀与强碱侵蚀等。

混凝土的抗侵蚀性与所用水泥品种、混凝土的密实程度和孔隙特征有关。与硅酸盐水泥和普通水泥相比，矿渣水泥、火山灰质水泥、粉煤灰水泥和复合水泥的抗侵蚀性较好；结构密实和具有封闭孔隙的混凝土，环境水不易侵入，故其抗侵蚀性较好。所以，提高混凝土抗侵蚀性的措施，主要是合理选择水泥品种，降低水灰比，提高混凝土密实度和改善孔隙结构。

7. 提高混凝土耐久性的措施

虽然混凝土工程因所处环境和使用条件不同，要求有不同的耐久性，但就影响混凝土耐久性的因素来说，良好的混凝土密实度是关键，因此，提高混凝土的耐久性可以从以下几方面进行：

（1）控制混凝土最大水灰比和最小水泥用量。

（2）合理选择水泥品种。

（3）选用品质良好、级配合格的骨料。

（4）加强施工质量控制。

（5）采用适宜的外加剂。

（6）掺入粉煤灰、矿粉、硅灰或沸石粉等活性混合材料。

耐久性是一项长期性能，而破坏过程又十分复杂。因此，要较准确地进行测试及评价，还存在着不少困难。现在只是采用快速模拟试验，对在一个或少数几个破坏因素作用下的一种或几种性能变化，进行对比并加以测试的方法还不够理想，评价标准也不统一，对于破坏机理及相似规律更缺少深入的研究，因此到目前为止，混凝土的耐久性还难以预测。除了试验室快速试验以外，进行长期暴露试验和工程实物的观测，从而积累长期数据，将有助于对耐久性的正确评定。

5.4 混凝土配合比设计

混凝土的配合比是指混凝土中水泥、砂、石子、水 4 种主要组成材料用量之间的比例关系。混凝土配合比设计的目的，就是根据原材料的技术性能及施工条件，合理选择原材料，并确定出能满足工程要求的技术经济指标的各项组成材料的用量。

混凝土配合比常用的表示方法有两种：一种以 $1m^3$ 混凝土

中各项材料的质量表示，如水泥(m_c)300kg、水(m_w)180kg、砂(m_s)720kg、石子(m_g)1200kg；另一种表示方法是以各项材料相互间的质量比来表示（以水泥质量为1），将上例质量换算成质量比：

水泥：砂：石子：水＝1：2.4：4：0.6

5.4.1 配合比设计的基本要求

虽然不同性质的工程对混凝土的具体要求有所不同，但通常情况下，混凝土配合比设计应满足以下四项基本要求：

（1）满足施工所需要混凝土拌合物的工作性。

（2）满足结构设计要求的强度等级。

（3）满足环境和使用要求的混凝土耐久性。

（4）在满足上述要求的前提下节约水泥，降低混凝土的成本。

5.4.2 混凝土配合比设计的三个参数

混凝土配合比设计的三个基本参数是水灰比、砂率和单位用水量，它们分别代表水与水泥之间的比例关系、砂与石子之间的比例关系、水泥浆与骨料之间的比例关系。在配合比设计中正确地确定这三个参数，就能使混凝土满足配合比设计的四项基本要求。

确定这三个参数的基本原则是：在满足混凝土强度和耐久性的基础上，确定混凝土的水灰比；在满足混凝土施工要求的和易性的基础上，根据粗骨料的种类和规格，确定混凝土的单位用水量；砂的数量，应以填充石子空隙后略有富余的原则，来确定砂率。

5.4.3 混凝土配合比设计的步骤

混凝土配合比设计分3步进行：第一步按选用原材料的性能及对混凝土的技术要求进行初步配合比的计算，得出供试配用的"初步配合比"；第二步是在初步配合比的基础上经实验室试配调整，得出满足设计和施工要求并且比较经济的"实验室配合比"；第三步是根据现场砂、石的实际含水率，对实验室配合比进行修正，得出"施工配合比"。

1. 初步配合比计算

初步配合比计算应按下列步骤进行：①计算配制强度 $f_{cu,0}$，并初步确定水灰比。②选取每 $1m^3$ 混凝土的用水量，并计算每立方米混凝土的水泥用量。③选取合适的含砂率，计算粗、细骨料用量，得到初步配合比。

（1）配制强度（$f_{cu,0}$）的确定

根据《普通混凝土配合比设计规程》（JGJ 55—2011）的规定，配制强度按式（5-3）确定，即：

$$f_{cu,0} \geqslant f_{cu,k} + 1.645\sigma \qquad (5-3)$$

式中　$f_{cu,0}$——混凝土的配制强度（MPa）；

　　　$f_{cu,k}$——混凝土立方体抗压强度标准值（MPa）；

　　　σ——混凝土强度标准差（MPa）。

在现场条件与实验室条件有显著差异或配制 C30 及以上强度等级的混凝土，按非统计法评定时，混凝土的配制强度应适当提高。

混凝土强度标准差 σ 应根据同类混凝土统计资料确定，当无近期的同类混凝土强度统计资料时，其混凝土强度标准差 σ 可按表 5-15 所列取用。

混凝土强度标准差 σ 值（MPa）　　　　表 5-15

混凝土强度等级	低于 C20	C20~C35	高于 35
σ	4.0	5.0	6.0

（2）初步计算水灰比 W/C

当混凝土强度等级小于 C60 时，可按式（5-4）计算出所要求的水灰比，即：

$$\frac{W}{C} = \frac{\alpha_a f_{ce}}{f_{cu,0} + \alpha_a \alpha_b f_{ce}} \qquad (5-4)$$

式中　α_a、α_b——回归系数；

　　　f_{ce}——水泥 28d 抗压强度实测值 MPa。

回归系数 α_a、α_b 应根据工程所用的水泥、骨料，通过试验

由建立的水灰比与混凝土强度的关系确定，当不具备上述试验统计资料时，可在表 5-16 中选用。

回归系数 α_a、α_b 选用表 表 5-16

系数 \ 石子品种	碎石	卵石
α_a	0.46	0.48
α_b	0.07	0.33

混凝土的水灰比除了要满足强度要求外，还应符合耐久性的要求。为了满足耐久性的要求，一般情况下，混凝土的水灰比不得大于表 5-17 中规定的最大水灰比，如计算所得的水灰比大于规定的最大水灰比时，应取规定的最大水灰比。对于有特殊要求的混凝土，如抗渗混凝土、耐腐蚀混凝土等，混凝土的水灰比还应符合有关规定。

混凝土的最大水灰比和最小水泥用量 表 5-17

环境条件		结构物类别	最大水灰比			最小水泥用量		
			素混凝土	钢筋混凝土	预应力混凝土	素混凝土	钢筋混凝土	预应力混凝土
干燥环境		正常的居住或办公用房屋内部条件	不作规定	0.65	0.60	200	260	300
潮湿环境	无冻害	高湿度的室内部件 室外部件 在非侵蚀性土和水中的部件	0.70	0.60	0.60	225	280	300
	有冻害	经受冻害的室外部件 在非侵蚀性土和水中且经常受冻害的部件 高湿度且经常受冻害的室内部件	0.55	0.55	0.55	250	280	300
有冻害和除冰剂的潮湿环境		经受冻害和除冰剂作用的室内和室外部件	0.50	0.50	0.50	300	300	300

注：1. 当用活性掺合料取代部分水泥时，表中的最大水灰比及最小水泥用量即为替代前的水灰比和水泥用量。

2. 配制 C15 级及以下等级的混凝土，可不受本表限制。

（3）单位用水量（m_{w0}）的确定

混凝土的用水量应根据施工要求的混凝土流动性及所用骨料的种类、规格确定。所以，应先考虑工程类型与施工条件，确定适宜的流动性；再根据混凝土的水灰比、流动性及骨料种类、规格等选取用水量。水灰比小于 0.40 的混凝土以及采用特殊成型工艺的混凝土用水量应通过试验确定。

对于流动性和大流动性混凝土，未掺外加剂的混凝土用水量，以坍落度为 75～90mm 的用水量为基础，按坍落度每增大 20mm 用水量增加 5kg 计算。对于掺外加剂的混凝土，用水量可按式（5-5）计算，即：

$$m_{wa} = m_{w0}(1 - \beta) \tag{5-5}$$

式中　m_{wa}——掺外加剂混凝土的用水量（kg）；

　　　m_{w0}——未掺外加剂混凝土的用水量（kg）；

　　　β——外加剂的减水率（%）。

（4）计算每立方米混凝土的水泥用量（m_{c0}）

根据已选定的每立方米混凝土的用水量（m_{w0}）和计算出的水灰比（W/C）值，按式（5-6）计算水泥用量（m_{c0}），即：

$$m_{c0} = \frac{m_{w0}}{W/C} \tag{5-6}$$

为满足混凝土的耐久性要求，混凝土的水泥用量还要满足表 5-17 中规定的最小水泥用量，如果计算出的水泥用量小于规定的最小水泥用量，则应取规定的最小水泥用量值。

（5）选取合理的含砂率（β_s）

合理的含砂率值主要是根据新拌混凝土的流动性、黏聚性及保水性等确定。一般应通过试验找出合理含砂率值。

含砂率也可以根据以砂填充石子空隙并稍有富余，以拨开石子的原则来确定。据此原则可列出含砂率计算公式为：

$$V'_{s0} = V'_{g0} P' \tag{5-7}$$

$$\beta_s = \beta \frac{m_{s0}}{m_{s0} + m_{g0}} = \beta \frac{\rho'_{s0} V'_{s0}}{\rho'_{s0} V'_{s0} + \rho'_{g0} V'_{g0}}$$

$$= \beta \frac{\rho'_{s0} V'_{g0} P'}{\rho'_{s0} V'_{g0} P' + \rho'_{g0} V'_{g0}} = \beta \frac{\rho'_{s0} P'}{\rho'_{s0} P' + \rho'_{g0}} \quad (5\text{-}8)$$

式中 β_s ——含砂率；

m_{s0}、m_{g0} ——1m³ 混凝土砂及石子的用量（kg）；

V'_{s0}、V'_{g0} ——1m³ 混凝土砂及石子的松散体积（m³）；

ρ'_{s0}、ρ'_{g0} ——砂及石子的堆积密度（kg/m³）；

P' ——石子的空隙率（％）；

β ——砂浆剩余系数，一般取 1.1～1.4。

（6）计算粗、细骨料的用量（m_{g0}）及（m_{s0}）

粗、细骨料的用量可用质量法或体积法求得。

1）质量法

根据经验，在原材料稳定的情况下，所配制的混凝土拌合物的表观密度接近一个固定值，这样，就可先假定（估计）一个混凝土拌合物的表观密度，按式（5-9）、式（5-10）计算粗、细骨料的用量为：

$$m_{c0} + m_{g0} + m_{s0} + m_{w0} = m_{cp} \quad (5\text{-}9)$$

$$\beta_s = \frac{m_{s0}}{m_{s0} + m_{g0}} \times 100\% \quad (5\text{-}10)$$

式中 m_{c0} ——每立方米混凝土的水泥用量（kg）；

m_{cp} ——每立方米混凝土拌合物的假定质量，其值可取 2350～2450kg。

2）体积法

假定混凝土拌合物的体积等于各组成材料绝对体积和所含空气的体积之和。因此，在计算粗、细骨料的用量时，可按式（5-11）计算，即：

$$\frac{m_{c0}}{\rho_c} + \frac{m_{g0}}{\rho_g} + \frac{m_{s0}}{\rho_s} + \frac{m_{w0}}{\rho_w} + 0.01\alpha = 1 \quad (5\text{-}11)$$

式中 ρ_c ——水泥密度，可取 2900～3100kg/m³；

ρ_g ——粗骨料表观密度（kg/m³）；

ρ_s ——细骨料表观密度（kg/m³）；

ρ_w——水的密度，可取 $1000\text{kg}/\text{m}^3$；

α——混凝土含气量百分数（％），在不使用引气型外加剂时，α 可取为1。

通过以上步骤可求出水、水泥、砂和石子的用量，得到混凝土的初步配合比。以上配合比计算公式和表格均以干燥状态骨料为基准（干燥状态是指含水率小于0.5％的砂或含水率小于0.2％的石），如需以饱和面干状态骨料为基准进行计算时，则应作相应的修正。

以上计算的各材料用量是借助于经验公式和经验资料得到的，因而不一定符合实际情况，必须通过试配、调整，使混凝土的各项性能符合技术要求，最后确定混凝土的配合比。

2. 配合比的适配、调整与确定

经过和易性调整后得到的基准配合比，其水灰比选择不一定恰当，即混凝土的强度有可能不符合要求，所以应检验混凝土的强度。强度检验时应至少采用三个不同的配合比，其一为基准配合比，另外两个配合比的水灰比，宜较基准配合比分别增加或减少0.05，而其用水量与基准配合比相同，砂率可分别增加或减少1％。每种配合比制作一组（三块）试件，并经标准养护到28d时试压。在制作混凝土试件时，尚须检验混凝土的和易性及测定表观密度，并以此结果作为代表这一配合比的混凝土拌合物的性能值。若对混凝土还有其他技术要求，如抗渗等级、抗冻等级等要求，则应增加相应的试验项目进行检验。

（1）由试验得出的各水灰比及其相应的混凝土的强度关系，用作图或计算求出与混凝土配制强度（$f_{cu,o}$）相适应的水灰比，并按下列原则确定 1m^3 混凝土的材料用量：

1）用水量（m_w）：取基准配合比中的用水量，并根据制作强度试件时测得的坍落度或维勃稠度，进行适当的调整。

2）水泥用量（m_c）：以用水量乘以选定的水灰比计算确定。

3）粗、细骨料用量（m_g、m_s）：取基本配合比中的粗细骨料用量，并按选定的水灰比进行适当的调整。

（2）混凝土表观密度的校正。配合比经试配、调整和确定后，还需对混凝土表观密度（$\rho_{c,c}$）作必要的校正，其步骤如下：

首先求混凝土表观密度计算值 $\rho_{c,c}$：

$$\rho_{c,c} = m_w + m_c + m_g + m_s \qquad (5\text{-}12)$$

再按下式计算混凝土配合比校正系数：

$$\delta = \frac{\rho_{c,t}}{\rho_{c,c}} \qquad (5\text{-}13)$$

当混凝土体积密度实测值（$\rho_{c,t}$）与计算值（$\rho_{c,c}$）之差的绝对值不超过计算值的 2% 时，以上定出的配合比即为确定的试验室配合比；当两者之差超过计算值的 2% 时，应将配合比中的各项材料用量均乘以校正系数 δ，即确定的试验室配合比：m_c：m_w：m_s：m_g。

（3）施工配合比

在以上混凝土配合比设计的过程中，无论是初步配合比设计，还是配合比的试配调整，均以干燥状态骨料（系指含水率小于 0.5% 的细骨料和含水率小于 0.2% 的粗骨料）为基准，而工地存放的砂、石都含有一定的水分，且随着气候的变化而经常变化。所以，现场材料的实际称量应按工地砂、石的含水情况进行修正，修正后的配合比称施工配合比。

假定工地存放砂的含水率为 a，石子的含水率为 b，则将上述试验室配合比换算成施工配合比，各项材料称量为：

$$\begin{cases} m'_c = m_c \text{（kg）} \\ m'_s = m_s(1+a) \text{（kg）} \\ m'_g = m_g(1+b) \text{（kg）} \\ m'_w = m_w - am_s - bm_g \text{（kg）} \end{cases} \qquad (5\text{-}14)$$

5.5　其他品种混凝土

5.5.1　抗冻混凝土

抗冻混凝土是指抗冻等级不小于 F50 级的混凝土。

对于抗冻混凝土，应采用混合材料掺量较少的硅酸盐水泥

223

或普通硅酸盐水泥，不宜使用火山灰质硅酸盐水泥，水泥强度等级不应低于 32.5MPa。宜采用连续级配的骨料，粗骨料的含泥量不得大于 1.0％，泥块含量不得大于 0.5％；细骨料的含泥量不得大于 3.0％，泥块含量不得大于 1.0％；抗冻等级 F100 及以上的混凝土所用的粗、细骨料均应进行坚固性试验，并应符合国家标准《建筑用卵石、碎石》（GB/T 14685—2011）及《建筑用砂》（GB/T 14684—2011）的规定。

抗冻混凝土宜采用减水剂，对抗冻等级 F100 及以上时，应掺入引气剂，其含气量以 4％～6％为宜。抗冻混凝土中还可以掺入防冻剂，但防冻剂会对混凝土的性能产生较大影响，使用时必须注意，抗冻剂多含有氯盐，如果是钢筋混凝土掺入氯盐类应特别注意，因为氯离子会引起钢筋锈蚀，从而导致混凝土顺筋开裂。因此，混凝土中掺入氯盐类防冻剂时，必须符合相关规定。

抗冻混凝土配合比设计时，其最大水灰比应满足相关规定，同时应增加抗冻融性能试验。

5.5.2　高强混凝土

现代工程结构向大跨度、重荷载和能承受恶劣环境方向发展，对混凝土的性能提出了更高的要求，高强混凝土正是因此发展起来并且成为混凝土发展的一大趋势，其特点是强度高、耐久性好、变形小。一般把强度等级为 C60 及 C60 以上的混凝土称为高强混凝土。目前国际上配制高强混凝土的技术路线一般采取：高品质通用水泥＋高性能外加剂＋特殊掺合料，尤其是高效减水剂及超细掺合料的使用，使在普通混凝土的施工条件下制作的高强混凝土成为可能。

5.5.3　防水混凝土（抗渗混凝土）

抗渗混凝土是指抗渗等级不小于 P6 级的混凝土。普通混凝土往往由于密实度不够，在压力水作用下会造成透水现象，同时水的浸透将加剧溶出性等侵蚀。所以经常受压力水作用的工程和构筑物，必须在其表面做防水层，如使用水泥砂浆防水层、沥青防水层或金属防水层等。这些防水层施工复杂、成本高，如果能够提高混凝土本身的抗渗性能，达到防水要求，就可省去防水层。

防水混凝土是通过各种方法提高混凝土抗渗性能，以达到防水要求的一种混凝土，一般是通过改善混凝土组成材料的质量，合理选择混凝土配合比和集料级配，以及掺加适量外加剂（如引气剂或密实剂），达到提高混凝土内部密实度或是堵塞混凝土内部毛细管通路的效果，使混凝土具有较高的抗渗性能。

5.5.4 纤维混凝土

纤维混凝土是以普通混凝土为基体，外掺各种短切纤维材料而组成的复合材料。纤维材料按材质分有钢纤维、碳纤维、玻璃纤维、石棉及合成纤维等。按纤维弹性模量分有高弹性模量纤维，如钢纤维、玻璃纤维、碳纤维等；低弹性模量纤维，如尼龙纤维、聚乙烯纤维等。在纤维混凝土中，纤维的含量、纤维的几何形状及其在混凝土中的分布状况，对纤维混凝土的性能有重要影响。通常，纤维的长径比为 70～120，掺加的体积率为 0.3%～8%。纤维在混凝土中起增强作用，可提高混凝土的抗压、抗拉、抗弯强度和冲击韧性，并能有效地改善混凝土的脆性。纤维混凝土的冲击韧性为普通混凝土的 5～10 倍，初裂抗弯强度提高 2.5 倍，劈裂抗拉强度提高 1.4 倍。混凝土掺入钢纤维后，抗压强度提高不大，但从受压破坏形式来看，破坏时无碎块、不崩裂，基本保持原来的外形，有较大的吸收变形的能力，也改善了韧性，是一种良好的抗冲击材料。

目前，纤维混凝土主要用于飞机跑道、高速公路、桥面、水坝覆面、桩头、屋面板、墙板、军事工程等要求高耐磨性、高抗冲击性和抗裂的部位及构件。

5.5.5 高性能混凝土

高性能混凝土（HPC）是指多方面均有较高质量的混凝土，其高质量包括良好的和易性、优良的物理力学性能（较高的强度与刚度、较好的韧性、良好的体积稳定性）、可靠的耐久性

（抗渗、抗冻、抗腐蚀、抗碳化、耐磨性好）等。

高性能混凝土是在采用优质原材料的基础上，采用现代混凝土技术，并在严格的质量管理条件下制成的混凝土材料。其重要的技术手段是使用新型高效减水剂和超细矿物质掺合料（超细粉），前者能降低混凝土的水灰比、控制坍落度损失，并赋予混凝土高的密实度和优异的施工性能；后者填充胶凝材料的孔隙，保证胶凝材料的水化体积安定性，改善混凝土的界面结构，提高混凝土的强度和耐久性。

混凝土要获得高性能，其主要的实现途径是正确选择原材料、合理控制工艺参数、选择合理的施工工艺。

5.5.6 大体积混凝土

大体积混凝土，是指混凝土结构物实体的最小尺寸等于或大于 1m，或预计会因水化热引起混凝土的内外温差过大而导致裂缝的混凝土。

大型水坝、桥墩、高层建筑的基础等工程所用混凝土，应按大体积混凝土设计和施工，为了减少由于水化热引起的温度应力，在混凝土配合比设计时，应选用水化热低和凝结时间长的水泥，如低热矿渣硅酸盐水泥、中热硅酸盐水泥、矿渣硅酸盐水泥、粉煤灰硅酸盐水泥、火山灰质硅酸盐水泥等；当采用硅酸盐水泥或普通硅酸盐水泥时，应采取相应措施延缓水化热的释放；大体积混凝土应掺用缓凝剂、减水剂和能减少水泥水化热的掺合料。

大体积混凝土在保证混凝土强度及坍落度要求的前提下，应提高掺合料及骨料的含量，以降低每立方米混凝土的水泥用量。粗骨料宜采用连续级配，细骨料宜采用中砂。

大体积混凝土配合比的计算和试配步骤应按《普通混凝土配合比设计规程》（JGJ 55—2011）的规定进行，并宜在配合比确定后进行水化热的验算或测定。

5.5.7 泵送混凝土

泵送混凝土是在泵压作用下，经管道实行垂直及水平输送的混凝土，要求具有一定的强度和耐久性指标，这是与普通混凝土的相同点，其不同点是泵送混凝土必须有相应的流动性和稳定性。

5.5.8 防辐射混凝土

能屏蔽 X 射线、γ 射线或中子辐射的混凝土叫防辐射混凝土。材料对射线的吸收能力与其体积密度成正比，因此防辐射混凝土采用重骨料配制，常用的重骨料有：重晶石（体积密度 $4000 \sim 4500 \text{kg/m}^3$）、赤铁矿、磁铁矿、钢铁碎块等。为提高防御中子辐射性能，混凝土中可掺加硼和硼化物及锉盐等。胶凝材料采用硅酸盐水泥或铝酸盐水泥，最好采用硅酸钡、硅酸锶等重水泥。

防辐射混凝土用于原子能工业及使用放射性同位素的装置，如反应堆、加速器、放射化学装置等的防护结构。

第6章 建筑砂浆

在砌体结构中将砖、石、砌块等粘结成为砌体的砂浆称为砌筑砂浆。它起着粘结砌块传递荷载的作用，是砌体的重要组成部分。

建筑砂浆和混凝土的区别在于不含粗骨料，它是由胶凝材料、细骨料和水按一定的配合比配制而成。

建筑砂浆常用于砌筑砌体（如砖、石、砌块）结构，建筑物内外表面（如墙面、地面顶棚）的抹面，大型墙板、砖石墙的勾缝，以及装饰材料的粘结等。

建筑砂浆按其所用胶结材料的不同，可分为水泥砂浆（由水泥、细骨料和水配制而成的砂浆）、水泥混合砂浆（由水泥、细骨料、掺加料和水配制的砂浆）和石灰砂浆等；按其用途又可分为砌筑砂浆、抹面砂浆（如装饰砂浆、普通抹面砂浆、防水砂浆等）及特种砂浆（如绝热砂浆、吸声砂浆、保温砂浆、耐酸砂浆等）。

6.1 建筑砂浆基本组成与性质

建筑砂浆的主要组成材料有水泥、掺加料、细骨料、外加剂、水等。在砌体结构中将砖、石、砌块等粘结成为砌体的砂浆称为砌筑砂浆。它起着粘结砌块传递荷载的作用，是砌体的重要组成部分。

6.1.1 水泥

常用水泥品种有普通水泥、矿渣水泥、火山灰水泥、粉煤灰水泥、砌筑水泥等。水泥品种应根据使用部位的耐久性要求来选择。不同品种的水泥不得混合使用。对于一些有特殊用途的砂浆，如修补裂缝、预制构件嵌缝、结构加固等可采用膨胀水泥。

水泥强度等级的选择：用于水泥砂浆中的水泥强度等级不宜超过 32.5 级；用于水泥混合砂浆中的水泥强度等级不宜超过 42.5 级。$1m^3$ 水泥砂浆中水泥的用量不低于 200kg，$1m^3$ 水泥混合砂浆中水泥与掺合料的总量为 300~350kg。

6.1.2 细骨料

配制砂浆的细集料最常用的是天然砂。砂应符合混凝土用砂的技术性质要求。由于砂浆层较薄，砂的最大粒径应有所限制，理论上不应超过砂浆层厚度的 1/5~1/4。例如，砖砌体用砂浆宜选用中砂，最大粒径不大于 2.5mm 为宜；石砌体用砂浆宜选用粗砂，砂的最大粒径以不大于 5.0mm 为宜；光滑的抹面及勾缝的砂浆宜采用细砂，其最大粒径不大于 1.2mm 为宜。毛石砌体可用较大粒径骨料配制小石子砂浆。用于装饰的砂浆，还可采用彩砂、石渣等。

砂中含泥对砂浆的和易性、强度、变形性和耐久性均有影响。为保证砂浆质量，尤其在配制高强度砂浆时，应选用洁净的砂。因此对砂的含泥量应予以限制：对强度等级为 M2.5 级以上的砌筑砂浆，含泥量不应超过 5%；对强度等级为 M2.5 级的砂浆，含泥量不应超过 10%。

当细集料采用人工砂、细炉渣、细矿渣等作为细骨料时，应根据经验并经试验，确定其技术指标要求，保证不影响砂浆质量才能够使用。

6.1.3 外加剂

为改善新拌砂浆的和易性与硬化后砂浆的各种性能或赋予砂浆某些特殊性能，常在砂浆中掺入适量外加剂。用于砂浆的外加剂，又称为砂浆剂，近年来已生产出许多满足不同用途的砂浆的专用砂浆剂。使用外加剂，不用再掺加石灰膏等掺加料就可获得良好的工作性，还可以节约能源，保护自然资源。

混凝土中使用的外加剂，对砂浆也具有相应的作用，可以通过试验确定外加剂的品种和掺量。例如，为改善砂浆和易性，提高砂浆的抗裂性、抗冻性及保温性，可掺入微沫剂、减水剂等外加剂；为增强砂浆的防水性和抗渗性，可掺入防水剂等；为增强砂浆的保温隔热性能，除选用轻质细骨料外，还可掺入引气剂提高砂浆的孔隙率。

外加剂加入后应充分搅拌使其均匀分散，以防产生不良影响。

6.1.4 掺合料

掺合料是为改善砂浆和易性而加入的无机材料。例如，石灰膏、电石膏、粉煤灰、黏土膏等。

6.1.5 聚合物

常在某些特殊用途的砂浆中掺入聚合物作为砂浆的胶凝材料。由于聚合物为链型或体型高分子化合物，且黏性好，在砂浆中可呈膜状大面积分布，因此可提高砂浆的粘结性、韧性和抗冲击性，同时也有利于提高砂浆的抗渗、抗碳化等耐久性能，但有可能会使砂浆抗压强度下降。常用的聚合物有聚醋酸乙烯酯、甲基纤维素醚、聚乙烯醇、聚酯树脂、环氧树脂等。

6.1.6 水

拌合砂浆用水与混凝土拌合水的要求相同，应选用无有害杂质的洁净水来拌制砂浆。

6.2 建筑砂浆的主要技术性质

建筑砂浆的主要技术性质包括新拌砂浆的和易性、硬化后砂浆的强度和粘结强度，以及抗冻性、收缩值等指标。

6.2.1 新拌砂浆的和易性

和易性是指新拌制砂浆的工作性，即在施工中易于操作而且能保证工程质量的性质，包括流动性和保水性两方面。和易性好的砂浆，在运输和操作时，不会出现分层、泌水等现象，而且容易在粗糙的砖、石、砌块表面上铺成均匀的薄层，保证灰缝既饱满又密实，能够将砖、石、砌块很好地粘结成整体，而且可操作的时间较长，有利于施工操作。

1. 流动性

砂浆的流动性又称为稠度，是指砂浆在重力或外力作用下，产生流动的性能，用"沉入度"表示，通常用砂浆稠度测定仪测定，砂浆沉入度大表示其流动性较好。沉入度的大小与许多因素有关，如水泥的品种和用量，用水量、砂子的粗细程度及级配情况、搅拌时间、外加剂的种类和掺量。

在配制砂浆时，沉入度应根据砌体的种类、施工条件和气候条件等来选择。一般情况下，多孔吸水的砌体材料和干热的天气，砂浆的流动性应该大一些；密实不吸水的材料和湿冷的天气，其流动性应小一些。流动性的合理选择，有利于保证工程质量、提高施工效率、减轻劳动强度、节约原材料等。

2. 保水性

新拌砂浆能够保持水分的能力称为保水性。保水性也指砂浆中各项组成材料不易离析的性质，即搅拌好的砂浆在运输、存放、使用的过程中，砂浆中的水与胶凝材料及骨料分离快慢的性质。保水性良好的砂浆水分不易流失，易于摊铺成均匀密实的砂浆层；反之，保水性差的砂浆，在施工过程中容易泌水、分层离析，使流动性变差；同时由于水分易被砌体吸收，影响胶凝材料的正常硬化，从而降低砂浆的粘结强度。

砂浆的保水性可根据分层度来评定。测定分层度时，将搅拌均匀的砂浆测定沉入度后，装入内径为 150mm、高为 300mm 的有底圆筒，静置 30min 后去掉上部 2/3 高度的砂浆，测定筒下部 1/3 砂浆的沉入度值，两次沉入度的差值即为分层度。砂浆在静置过程中，由于固体颗粒下降，水分上浮，使上、下层稠度发生差异。保水性好的砂浆分层度以 10~30mm 为宜。分层度小于 10mm 的砂浆，虽保水性良好，无分层现象，但往往是由于胶凝材料用量过多，或砂过细，以至于过于黏稠不易施工或易发生干缩裂缝，尤其不宜做抹面砂浆；分层度大于 30mm 的砂浆，保水性差，易于离析，不宜采用。另外，若掺入过量的掺加料会使分层度过小，还会使砂浆强度降低。因此，在满足稠度和分层度的前提下，宜减少掺合料的用量。

6.2.2 硬化砂浆的技术性质

砂浆硬化后成为砌体的组成部分之一，应能与砖石结合、传递和承受各种外力，使砌体具有整体性和耐久性。因此，砂浆应具有一定的抗压强度、粘结强度、耐久性及工程所要求的其他技术性质。砂浆与砖石的粘结强度受许多因素的影响，如砂浆强度高，砖石表面粗糙、洁净，砖石经充分润湿，灰缝填筑饱满，均有助于提高粘结强度。耐久性主要取决于水灰比。实验表明，粘结强度、耐久性均与抗压强度有一定的相关性，抗压强度提高，粘结强度和耐久性随之提高。抗压强度实验简单准确，故工程实践中以抗压强度作为砂浆的主要技术指标。

1. 砂浆的强度

砂浆的强度等级是以 70.7mm×70.7mm×70.7mm 的立方体标准试件，在标准条件（温度为 20±3℃，水泥砂浆的相对湿度≥90%，混合砂浆的相对湿度为 60%～80%）下养护至 28d，测得的抗压强度平均值。

砌筑砂浆的强度等级共分 M2.5、M5、M7.5、M10、M15、M20 六个等级，等级为 M10 及 M10 以下的宜采用水泥混合砂浆。

影响砂浆的抗压强度的因素很多，其中主要的影响因素是原材料的性能和用量，以及砌筑层（砖、石、砌体）吸水性，最主要的材料是水泥。当用于粘结吸水性较小、密实的底面材料（如石材）的砂浆，其强度取决于水泥强度和水灰比，与混凝土类似；用于粘结吸水性较大的底面材料（如砖、砌块）的砂浆，砂浆中一部分水分会被底面吸收，由于砂浆必须具有良好的和易性，因此不论拌合时用多少水，经底层吸水后，留在砂浆中的水分大致相同，可视为常量，在这种情况下，砂浆的强度取决于水泥强度和水泥用量，可不必考虑水灰比。

2. 粘结力

砖石砌体是靠砂浆把许多块状的砖石材料粘结成为一坚固

的整体，因此，要求砂浆对于砖石必须有一定的粘结力。一般情况下，砂浆的抗压强度越高，其粘结力也越大。此外，砂浆的粘结力与砖石表面状态、清洁程度、湿润情况以及施工养护条件等都有相当大的关系。如砌砖要事先浇水湿润，表面不沾泥土，就可以提高砂浆与砖之间的粘结力，保证墙体的质量。

砌筑砂浆的粘结力，直接关系砌体的抗震性能和变形性能，可通过砌体抗剪强度试验测评。试验表明，水泥砂浆中掺入石灰膏等掺加料，虽然能改善和易性，但会降低粘结强度。而掺入聚合物的水泥砂浆，其粘结强度有明显提高，所以砂浆外加剂中常含有聚合物组分。我国古代在石灰砂浆中掺入糯米汁、黄米汁也是为了提高砂浆粘结力。

聚合物砂浆与普通砂浆相比，具有抗拉强度高、拉压弹性模量低、干缩变形小、抗冻、抗渗、抗冲耐磨等性能，与混凝土粘结强度高，具有一定的弹性，抗裂性能高。对解决砌体裂缝、渗漏、空鼓、脱落等质量通病非常有利。

6.2.3 砂浆的变形与耐久性

1. 砂浆的变形性能

砂浆在承受荷载，温度和湿度发生变化时，均会发生变形，如果变形过大或不均匀，会降低砌体及面层质量，引起沉降或开裂。砂浆在承受荷载或在温度变化时，会产生变形。抹面砂浆在空气中也容易产生收缩等变形，变形过大也会使面层产生裂纹或剥离等质量问题。因此要求砂浆具有较小的变形性。

砂浆变形性的影响因素很多，如胶凝材料的种类和用量、用水量、细骨料的种类、级配和质量以及外部环境条件等。

（1）结构变形对砂浆变形的影响

砂浆属于脆性材料，墙体结构变形会引起砂浆裂缝。当地基不均匀沉降、横墙间距过大，砖墙转角应力集中处未加钢筋、门窗洞口过大，变形缝设置不当等原因而使墙体因强度、刚度、稳定性不足而产生结构变形，超出砂浆允许变形值时，砂浆层开裂。

（2）温度对砂浆变形的影响

温度变化导致建筑材料膨胀或收缩，但不同材质有不同的温度系数和变形应力。热膨胀在界面产生温度应力，一旦温度应力大于砂浆抗拉强度，将使材料发生相对位移，导致砂浆产生裂缝。例如，外墙水泥砂浆大部分暴露在阳光下，砂浆层温度有可能会大大地超过气温，甚至高出室外温度一倍以上，加上日照时间变化及寒冬酷暑温差的变化，产生的温度应力较大，使外墙水泥砂浆产生温度收缩裂缝，虽然温度应力产生的裂缝较为细小，但如此反复裂纹就会不断地扩大。

（3）湿度变化对砂浆变形的影响

外墙抹面砂浆长期裸露在空气中，往往因湿度的变化膨胀或收缩。湿度变形与水泥砂浆的含水量变化和干缩率有关。由湿度引起的变形中，膨胀值是其收缩值的 $1/9$，水泥砂浆的干缩速率是一条逆降的曲线，初期干缩迅速，时间长会逐渐减缓，这种收缩是不可逆的。而湿度变化造成的收缩是一种干湿循环的可逆过程。当收缩应力大于砂浆的抗拉强度时，砂浆必然产生裂缝。

砌筑工程中，不同砌体材料的吸水性差异很大，而砌体材料的含水率高低引起的干缩率不同，含水率越大，干燥收缩越大。砌筑砂浆若保水性不良，则用水量较多。砂浆的干燥收缩也会增大。而砌筑砂浆与砌体材料的干缩变形系数不同，在界面上会产生拉应力，引起砂浆开裂，降低抗剪强度和抗震性能。

实际工程中，可通过掺加抗裂性材料，提高砂浆的塑性、韧性，来改善砂浆的变形性能。如配制聚合物水泥砂浆、阻裂纤维水泥砂浆（以水泥砂浆为基体，以非连续的短纤维或者连续的长纤维作增强材料所组成的水泥基复合材料）、膨胀类材料抗裂砂浆等。

2. 耐久性

硬化后的砂浆要与砌体一起经受周围介质的物理化学作用，因而砂浆应具有一定的耐久性。试验证明，砂浆的耐久性随抗压强度的增大而提高，即它们之间存在一定的相关性。砂浆应与基底材料有良好的粘结力、较小的收缩变形。对防水砂浆或直接受水和受冻融作用的砌体，对砂浆还应有抗渗和抗冻性要求。在砂浆配制中除控制水灰比外，常加入外加剂来改善抗渗和抗冻性能，如掺入减水剂、引气剂及防水剂等。并通过改进施工工艺，填塞砂浆的微孔和毛细孔，增加了砂浆的密度。

具有抗冻性要求的砂浆，经多次冻融试验后，质量损失率不得大于5%，抗压强度损失率不得大于25%。

砂浆与混凝土相比，只是在组成上没有粗集料，因此砂浆的搅拌时间、使用时间对砂浆的强度有影响：砂浆搅拌要均匀，时间不能太短，也不宜过长，一般要求搅拌时间不得少于90s（自全部材料装入搅拌筒到出料）。掺外加剂砂浆机械搅拌时间不得小于240s，亦不宜超过360s。砂浆应随拌随用，必须在4h内使用完毕，不得使用过夜砂浆。试验资料表明，5MPa强度的过夜砂浆，捣碎加水制成试块，经28d标准养护，强度只能达到3MPa；2.5MPa强度的过夜砂浆只能达到1.4MPa，因此必须注意。

6.3 其他品种建筑砂浆

6.3.1 抹面砂浆

抹面砂浆也称抹灰砂浆，是将砂浆以薄层涂抹于建筑物表面，用以保护墙体、柱面等，提高建筑物防风、雨及潮气侵蚀的能力，并有装饰作用。抹面砂浆一般用于粗糙和多孔的底面，其水分易被底面吸收，因此要有很好的保水性。抹面砂浆对强度的要求不高，而主要是能与底面很好地粘结。从以上两个方面考虑，抹面砂浆的胶凝材料用量要比砌筑砂浆多一些。

为了保证抹灰质量及表面平整，避免裂缝脱落，抹面砂浆通常分为2层或3层进行施工。各层抹灰要求不同，所以每层所选用的砂浆也不一样。底层抹灰的作用是使砂浆与底面能牢固地粘结，依底层材料的不同，选用不同种类的砂浆，要求砂浆具有良好的和易性及较高的粘结力，其保水性要好，否则水分就容易被底面材料吸掉而影响砂浆的粘结力。底面表面粗糙些有利于与砂浆的粘结。中层抹灰主要起找平作用，有时可省去不用。面层砂浆主要起装饰作用，应采用较细的骨料，使表面平滑细腻，达到平整美观的表面效果。受雨水作用的外墙、室内受潮和易碰撞的部位，如墙裙、踢脚板、窗台、雨篷等，一般采用1：2.5的水泥砂浆抹面。

6.3.2　装饰砂浆

凡用做建筑物饰面的砂浆统称为装饰砂浆。装饰砂浆的底层和中层与普通抹面砂浆基本相同。而装饰的面层，要选用具有一定颜色的胶凝材料和骨料以及采用某些特殊的操作工艺，使表面呈现出不同的色彩、线条与花纹等装饰效果。

装饰砂浆所采用的胶凝材料有普通水泥、白水泥和彩色水泥，以及石灰、石膏等。骨料常采用大理石、花岗石等带颜色的碎石渣或玻璃、陶瓷碎粒。也可选用白色或彩色天然砂、特制的塑料色粒等。

几种常用装饰砂浆的工艺做法：

1. 拉毛

在水泥砂浆或水泥混合砂浆抹灰中层上，抹上水泥混合砂浆、纸筋石灰或水泥石灰浆等，并利用拉毛工具将砂浆拉出波纹和斑点的毛头，做成装饰面层。一般适用于有声学要求的礼堂、剧院等室内墙面，也常用于外墙面、阳台栏板或围墙等外饰面。

2. 水刷石

水刷石是用颗粒细小（约5mm）的石渣所拌成的砂浆作面层，待表面稍凝固后立即喷水冲刷表面水泥浆，使其半露出石渣。水刷石多用于建筑物的外墙装饰，具有天然石材的质感，经久耐用。

3. 干粘石

干粘石是将彩色石粒直接粘在砂浆层上。这种做法与水刷石相比，既节约水泥、石粒等原材料，又能减少湿作业和提高工效。

4. 斩假石

斩假石又称剁斧石，是在水泥砂浆基层上涂抹水泥石粒浆，待硬化后，用剁斧、齿斧及各种凿子等工具剁出有规律的石纹，使其形成天然花岗石粗犷的效果。主要用于室外柱面、勒脚、栏杆、踏步等处的装饰。

5. 弹涂

弹涂是在墙体表面刷一道聚合物水泥浆后，用弹涂器分几遍将不同色彩的聚合物水泥砂浆弹在已涂刷的基层上，形成3～5mm的扁圆形花点，再喷罩甲基硅树脂。适用于建筑物内外墙面，也可用于顶棚饰面。

6. 喷涂

喷涂多用于外墙面，它是用挤压式砂浆泵或喷斗，将聚合物水泥砂浆喷涂在墙面基层或底灰上，形成饰面层，最后在表面再喷一层甲基硅醇钠或甲基硅树脂疏水剂，以提高饰面层的耐久性和减少墙面污染。

6.3.3 预拌砂浆（商品砂浆）

预拌砂浆，又称为商品砂浆，系指由专业厂家生产的，用于一般工业与民用建筑工程的砂浆。传统上，建筑用砂浆都是在施工现场拌制，这种现场拌制的砂浆由于受条件的限制，计量准确度低、质量稳定性差、收缩性大、粘结强度低、抗渗性差、易剥落，是建筑工程粉刷开裂、起壳、渗漏等质量问题发生的主要原因，还会造成浪费和施工环境的污染。伴随新型墙体材料和装饰板材的使用，现场拌制的传统砂浆无法满足技术和质量要求，需要生产专用砂浆。建筑业逐步形成了集中拌制、规模化生产、用专用运输机械运输的商品建筑砂浆。商品建筑砂浆按产品形式可分为湿拌砂浆和干拌砂浆两种。

1. 预拌砂浆的技术优势

预拌砂浆有品质优良、质量稳定、施工便捷、品种多样、环保性好等诸多优点，相对传统意义上的砂浆，其主要优势如下：

(1) 品种多样的预拌砂浆能满足人们的各种要求，质感丰富、品质优良、施工便捷、品种多样、环保性好的预拌砂浆代替传统砂浆已成必然。

(2) 预拌砂浆是一种绿色环保型建材。大规模集中生产，原材料损耗低，大量利用矿渣、炉渣、粉煤灰等工业废料。

(3) 定量包装的干拌砂浆，便于运输、存放和施工。减少了原材料在运输和生产过程中对周围环境的污染，促进了文明施工。

(4) 预拌砂浆较好地解决了材料之间性能的协调问题。不同材料一起使用时，性能相互协调才不会影响材料原有功能的发挥。例如，小型普通混凝土空心砌块与使用的砌筑浆、抹面砂浆性能，尤其是其干燥收缩率一定要趋于一致，否则温度、湿度变化时，会产生收缩裂缝，导致墙体开裂或失去承重与围护结构的功能。

此外，使用预拌砂浆还可提高劳动生产率，减轻工人的劳动强度和改善工人的劳动条件。

2. 预拌砂浆的分类

预拌砂浆按生产的搅拌形式分为干拌砂浆与湿拌砂浆。

按使用功能分为预拌砂浆和特种预拌砂浆。

按用途分为预拌砌筑砂浆、预拌抹灰砂浆、预拌地面砂浆及其他特殊性能的预拌砂浆。

按照胶凝材料的种类，可分为水泥砂浆和石膏砂浆。

用于预拌砂浆标记的符号，应根据其分类及使用材料的不同按下列规定使用：

干拌砂浆（DM）：DMM——干拌砌筑砂浆，DPM——干拌抹灰砂浆，DSM——干拌地面砂浆。

湿拌砂浆（WM）：WMM——湿拌砌筑砂浆，WPM——湿拌抹灰砂浆，WSM——湿拌地面砂浆。

3. 预拌砂浆对原材料的要求

预拌砂浆所用的材料，不得对环境有污染和对人体有害，其相关指标应符合国家标准的有关规定。

（1）水泥

1）除预拌地面砂浆外，预拌砂浆宜选用硅酸盐水泥、普通硅酸盐水泥和矿渣硅酸盐水泥，并应符合相应标准的规定。对于预拌地面砂浆，应采用硅酸盐水泥、普通水泥。

2）水泥进货应具有质量证明文件。水泥进厂时应按批量取样复验，合格后方可使用。

3）选用水泥时，应考虑到水泥出厂后活性（强度）将随时间有所下降这个因素对干拌砂浆成品保存期的影响，必须保证干拌砂浆成品在保存期内强度符合相应等级要求。

（2）集料

1）预拌砂浆用砂应符合相关规定，且砂的最大粒径应通过5mm筛孔。采用天然砂，宜选用中砂。抹灰砂浆的最大粒径应通过 2.5mm 筛孔。人工砂及混合砂应符合相应的技术规程。

2）砂应保持洁净，颗粒级配均匀，按批量取样检验，合格后方可使用。

3）砂进厂时应具有质量证明文件。应按不同品种、规格进行堆放，不得混杂，严禁混入影响砂浆性能的有害物质。

（3）矿物掺合料

1）用于预拌砂浆的粉煤灰应符合规定，粉煤灰的质量不低于Ⅱ级。

2）粉煤灰或其他矿物掺合料进厂应具有质量证明文件，并按有关规定取样复验，其掺量应符合有关规定并通过试验确定。

3）高钙粉煤灰应经试验合格后方可使用，并应加强对游离氧化钙含量的检测。

4）粉煤灰或其他矿物掺合料进厂时，应按不同品种、等级分别存储在专用的仓罐内，防止受潮和混入杂物。

（4）外加剂

所使用的外加剂应具有质量证明文件，并符合相关标准的规定。进行检测试验合格后方可使用。其掺量应通过试验确定。外加剂应保持匀质，不得含有有害砂浆耐久性的物质。

（5）对材料用量的要求

1）干拌外墙抹灰砂浆水泥质量不宜少于物料总质量的15%，湿拌外墙抹灰砂浆水泥用量不宜少于 250kg/m³。地面面层砂浆水泥质量不宜少于物料总质量的 18%，且水泥用量不宜少于 300kg/m³，宜采用硅酸盐水泥或普通硅酸盐水泥，矿物掺合料掺量不宜大于水泥质量的 15%。

2）湿拌外墙抹灰砂浆水泥用量不宜少于 250kg/m³，地面面层砂浆水泥用量不宜少于 300kg/m³。

3）预拌砂浆应通过试配确定配合比。当砂浆的组成材料有变更时，其配合比应重新确定。

6.3.4 干拌砂浆

干拌砂浆又称砂浆干拌（混）料、干粉砂浆，系指由专业生产厂家生产、经干燥筛分处理的细集料与无机胶结料、矿物掺合料和外加剂按一定比例混合而成的一种颗粒状或粉状混合物。在施工现场按使用说明加水搅拌即成为砂浆拌合物。干拌砂浆包括水泥砂浆和石膏砂浆。

干拌砌筑砂浆的等级有 DMM30、DMM25、DMM20、DMM15、DMM10、DMM7.5、DMM5.0，用于混凝土小型空心砌块的砌筑砂浆用 Mb 标记，强度分别为 Mb5.0、Mb7.5、Mb10、Mb15、Mb20、Mb25、Mb30 这 7 个等级。

干拌抹灰砂浆的等级有 DPM20、DPM15、DPM10、DPM7.5、DPM5.0。

干拌地面砂浆的等级有 DSM25、DSM20、DSM15。

干拌砂浆所用的集料必须经干燥处理，干燥后含水率应小于1%。集料应采用分级筛分，按不同粒级等级分别储存在筒仓内。砂浆干拌料必须采用机械强制搅拌混合，确保各组分混合均匀一致。干拌砂浆的表观密度：水泥砂浆不应小于 1900kg/m³，水泥混合砂浆不应小于 1800kg/m³；稠度 50～80mm；分层度 10～30mm。

干拌砂浆分袋装和散装两种。袋装一般 50kg/袋。散装干拌砂浆运输可分为散装车运输和罐装运输。袋装或散装干拌砂浆在运输和储存过程中，不得淋水、受潮、靠近高温或受阳光直射，不同品种和强度等级的产品应分别运输和储存，不得混杂。

干拌砂浆储存期不宜超过 3 个月，超过 3 个月的干拌砂浆在使用前需重新检验合格方可使用。

现场搅拌时干拌砂浆及用水量均以质量计量，除水外不得添加其他成分。干拌砂浆应采用机械搅拌，搅拌时间应符合包装袋或送货单标明的规定。搅拌时间的确定应保证砂浆的均匀性。砂浆应随拌随用，搅拌均匀。

6.3.5 湿拌砂浆

湿拌砂浆系指由水泥、砂、保水增稠材料、水、粉煤灰或其他矿物掺合料和外加剂等组分按一定比例，经计量、拌制后，用搅拌输送车运至使用地妥善存储，并在规定时间内使用完毕的砂浆拌合物，包括砌筑、抹灰和地面砂浆等。

1. 湿拌砂浆的等级

湿拌砌筑砂浆的等级有 WMM30、WMM25、WMM20、WMM15、WMM10、WMM7.5、WMM5.0 这 7 种。

湿拌抹灰砂浆的强度等级有 WPM20、WPM15、WPM10、WPM7.5、WPM5.0 这 5 种。

湿拌地面砂浆的强度等级有 WSM25、WSM20、WSM15 这 3 种。

2. 湿拌砂浆的生产（搅拌）和运输

湿拌砂浆的搅拌应采用全自动计算机控制的固定式搅拌机。砂浆搅拌时间不宜少于 2min。湿拌砂浆的生产中应测定砂的含水率，依据检测结果及时调整用水量和砂用量。

湿拌砂浆的运输应采用搅拌运输车。在装料及运输过程中，应保持搅拌运输车筒体按一定速度旋转，使砂浆运至储存地点后，不离析、不分层，组分不发生变化，并能保证施工所必需的稠度。严禁在运输和卸料过程中加水。湿拌砂浆在搅拌车中运输的延续时间应符合规定：当气温为 5～35℃ 时，运输延续时间不大于 150min；其他不大于 120min。

6.3.6 特种预拌砂浆

特种预拌砂浆系指具有抗渗、抗裂、高粘结和装饰等特殊功能的预拌砂浆，包括预拌防水砂浆、预拌耐磨砂浆、预拌自流平砂浆、预拌保温砂浆等。

6.4 特殊用途砂浆

6.4.1 防水砂浆

防水砂浆是在水泥砂浆中掺入外加剂配制而成的特种砂浆，防水砂浆常用来制作刚性防水层，这种刚性防水层仅适用于不受振动和具有一定刚度的混凝土或砖石砌体工程，而变形较大或有可能发生不均匀沉陷的建筑物不宜采用。因此，防水砂浆除要有一定的强度外，还要有较高的抗渗性。为了达到高抗渗性的目的，对砂浆采取以下措施：

1. 提高水泥用量

一般灰砂比为 1:2～1:3，水灰比控制在 0.5～0.55。合理的配合比可以改善砂浆的密实程度和孔隙构造，提高抗渗性。

2. 掺入外加剂

可掺入减水剂、加气剂、防水剂，使砂浆密实不透水。

3. 喷浆法施工

利用高压空气将砂浆以 100m/s 的高速均匀密实地喷压于建筑物的表面，达到提高防水性的效果。

防水砂浆对施工操作的要求较高，在搅拌、抹平及养护等过程中均应严格，否则难以达到建筑物的防水要求。

6.4.2 小石子砂浆

毛石砌体中，石块之间的空隙率可高达 40%～50%，而且空隙尺寸大，若全部用水泥砂浆填充，则水泥耗用量大，不经济，因此采用小石子砂浆来砌筑。小石子砂浆就是在普通砂浆中加入 20％～30％的小石子（粒径为 5～10mm 或 5～20mm）配制而成。这种砂浆改善了骨料级配，降低了水泥用量，而且砂浆的强度、弹性模量、表观密度都有所提高。

6.4.3 聚合物水泥砂浆

聚合物水泥砂浆是一种以有机高分子材料替代部分水泥，并和水泥共同作为胶凝材料的一种砂浆。常用的聚合物有聚醋酸乙烯、乙烯共聚物乳液、丙烯酸酯共聚乳液、丁苯橡胶乳液等聚合物。掺配一定比例的聚合物可克服普通砂浆收缩大、脆性大、粘结强度不高的通病，可使砂浆有效提高塑性变形能力和粘结强度，抗裂效果明显提高。但聚合物砂浆应注意以下问题：

（1）聚合物掺量越大，砂浆抗压强度下降越高，但不同的聚合物配出的砂浆强度有一定差异。以聚醋酸乙烯为例，掺量为水泥的 10％～15％时，水灰比为 0.4 左右时，聚合物水泥砂浆抗压强度比不加聚合物的砂浆下降 30％～40％左右，但抗拉强度和粘结强度均有所提高，变形模量下降 30％以上。

（2）在水泥砂浆中，水泥水化需要潮湿环境，而聚合物需要干燥环境失水凝聚成膜。因此，对聚合物砂浆的养护必须既让水泥充分水化又保证聚合物成膜，也就是说早期宜潮湿养护，后期适度干燥。

（3）聚合物砂浆提高了砂浆的黏聚性和保水性，延长了凝结时间。施工时可以减少砌筑和抹灰时的掉灰现象。对于在基层较干燥、吸水性较强或高温季节施工时，可延长施工操作时间。但对于在垂直立面或非吸水性基面施工来说，易产生坠挂现象。因此，需适当减小水灰比，或添加适量早强剂。

6.4.4 保温砂浆

保温砂浆是采用水泥、石灰、石膏等胶凝材料与膨胀珍珠岩、膨胀硅石或陶粒砂等轻质多孔骨料，按一定比例配制的砂

浆。保温砂浆具有轻质和良好的绝热性能，其导热系数为$0.07\sim$
$0.1W/(m \cdot K)$。保温砂浆可用于屋面、墙壁或供热管道的绝热
保护。

6.4.5　吸声砂浆

由轻质多孔骨料制成的绝热砂浆，一般均具有良好的吸声
性能，所以也常用做吸声砂浆。同时，还可以用水泥、石膏、
砂、锯末配制吸声砂浆，或在石灰、石膏砂浆中掺入玻璃纤维、
矿物棉等松软纤维材料。吸声砂浆用于室内墙壁和吊顶的吸声
处理。

6.4.6　耐腐蚀砂浆

1. 耐碱砂浆

使用强度等级42.5级以上的普通硅酸盐水泥（水泥熟料中
铝酸三钙含量应小于9%），细骨料可采用耐碱、密实的石灰石
类（石灰石、白云石、大理石等）、火成石类（辉绿石、花岗石
等）制成的砂和粉料，也可采用石英质的普通砂。耐碱砂浆可
耐一定温度和浓度下的氢氧化钠和铝酸钠溶液的腐蚀，以及任
何浓度的氨水、碳酸钠、碱性气体和粉尘等的腐蚀。

2. 水玻璃类耐酸砂浆

在水玻璃和氟硅酸钠配制的耐酸胶结料中，掺入适量由石英
石、花岗石、铸石等制成的粉及细骨料可拌制成耐酸砂浆。耐酸
砂浆常用做内衬材料、耐酸地面和耐酸容器的内壁防护层。在某
些有酸雨腐蚀的地区，建筑物的外墙装修，也应采用耐酸砂浆。

3. 硫磺砂浆

硫磺砂浆是以硫磺为胶结料，加入填料、增韧剂，经加热
熬制而成。采用石英粉、辉绿岩粉、安山岩粉作为耐酸粉料和
细骨料。硫磺砂浆具有良好的耐腐蚀性能，几乎能耐大部分有
机酸、无机酸，中性和酸性盐的腐蚀，对乳酸亦有很强的耐腐
蚀能力。

6.4.7　防辐射砂浆

在水泥砂浆中掺入重晶石粉、重晶石砂可配制成具有防 X

射线和 γ 射线能力的砂浆。其配合比约为水泥：重晶石粉：重晶石砂＝1：0.25：（4～5）。在水泥浆中掺入硼砂、硼酸等可配制成具有防中子射线的砂浆。厚重密实、不易开裂的砂浆可阻止地基中土壤或岩石里的氡（具有放射性的惰性气体）向室内迁移扩散。

6.4.8 自流平砂浆

地面用水泥基自流平砂浆是由水泥基胶凝材料、细骨料、填料及添加剂等组成，与水（或乳液）搅拌后具有流动性或稍加辅助性摊铺就能流动找平的地面用材料。地坪和地面常采用自流平砂浆。

自流平砂浆的特点：（1）适用于各种不同基面。（2）快速硬化、快速干燥，可连续施工。（3）提高工作进度、缩短工期。（4）与基底粘结好，不分层、不开裂、不空鼓。（5）具有低收缩率、高抗压强度和良好的耐磨损性。

自流平砂浆的关键技术是：（1）掺用合适的外加剂。（2）严格控制砂的级配和颗粒形态。（3）选择具有合适的水泥和掺合料。

自流平砂浆施工简单、质量可靠、降低劳动强度。自流平地坪施工后，为快速交付使用，通常不做养护或养护时间极短。

良好的自流平砂浆可使地坪或地面平整细腻、无需打磨、无尘土污染，省料、省工、省时；施工方便、无需高技能工人，可快速、高效地施工。当自流平砂浆作为基层时，平整的基面确保地材施工的精准度及平整性。使用自流平砂浆后确保地材在使用时受力均匀，不会在某些部位产生局部受力造成过多磨损及拉扯，延长地材的使用寿命；可提供坚实基面，与地面面层材料有可靠的粘结。

第 7 章　建筑钢材及其他金属制品

　　建筑钢材通常可分为钢结构用钢和钢筋混凝土结构用钢。钢结构用钢主要有普通碳素结构钢和低合金结构钢。品种有型钢、钢管和钢筋。型钢中有角钢、工字钢和槽钢。钢筋混凝土结构用钢筋，按加工方法可分为：热轧钢筋、热处理钢筋、冷拉钢筋、冷拔低碳钢丝和钢绞线管；按表面形状可分为光面钢筋和螺纹；按钢材品种可分为低碳钢、中碳钢、高碳钢和合金钢等。我国钢筋按强度可分为Ⅰ、Ⅱ、Ⅲ、Ⅳ、Ⅴ五类级别。

　　建筑钢材的特点是强度高、自重轻、刚度大，特别适宜用于建造大跨度和超高、超重型的建筑物；材料匀质性和各向同性好，属理想弹性体，最符合一般工程力学的基本假定；材料塑性、韧性好，可有较大变形，能很好地承受动力荷载；易于加工和装配，建筑工期短（钢结构的施工速度约为混凝土结构施工速度的 2～3 倍）；工业化程度高，便于机械制造，集约化生产，可进行机械化程度高的专业化安装；加工精度高、安装方便，效率高、质量易于保证。可焊接和铆接，焊接组装后的整体性、密闭性好。其缺点是耐火性和耐腐性较差，维护费用高，为此现在已经研制和使用耐火钢、耐候钢以弥补其不足。

7.1　建筑钢材的生产与分类

7.1.1　钢材的生产

　　钢是由生铁冶炼而成。钢的主要原料是铁矿石和废钢铁。铁元素在地壳中占 4.7%，通常以化合物的形式存在于铁矿石中。铁矿石主要有赤铁矿（Fe_2O_3）、磁铁矿（Fe_3O_4）、菱铁矿（$FeCO_3$）、褐铁矿〔$Fe_2O_3 \cdot 2Fe(OH)_3$〕和黄铁矿（FeS_2）。钢和铁都是铁碳合金，生铁的含碳量在 2% 以上，且含杂质较多；含碳量在 2% 以下，且含少量其他元素的铁碳合金称为钢。

1. 炼铁

将铁矿石、焦炭、石灰石和少量锰矿石按一定比例装入高炉内，在高温条件下，焦炭中的碳与铁矿石中的铁化物发生还原反应生产出生铁。生铁性能硬而脆，塑性差，一般用来生产铸铁和作为钢材的生产原料。

2. 炼钢

钢是以铁水或生铁为主要原料，经冶炼、铸锭、轧制和热处理等工艺生产而成。通过高温氧化作用除去碳及部分杂质，从而提高钢材质量，改善性能。高炉炼铁是现代钢铁生产的主要方法，主要有平炉炼钢法、转炉炼钢法和电炉炼钢法 3 种。

（1）平炉炼钢法

平炉法炼钢以铁水或固体生铁、废钢铁和适量的铁矿石为原料，以煤气或重油为燃料，靠废钢铁、铁矿石中的氧和氧气氧化杂质。由于冶炼时间长（4～12h），容易调整和控制成分，钢材杂质少，质量好，但投资大，需用燃料，成本高。

（2）转炉炼钢法

转炉炼钢有空气转炉法和氧气转炉法两种，目前主要采用氧气转炉法。冶炼时在炉顶吹入高压纯氧（99.5％），将铁水中多余的碳和杂质迅速氧化除去，冶炼时间短，杂质含量少，钢材质量较好。

（3）电炉炼钢法

电炉法炼钢是利用电热冶炼，温度高，能严格控制钢材成分，钢的质量最好，但产量低，耗电量大，成本高，一般用于生产合金钢和优质碳素钢。

3. 钢的铸锭

为减少氧对钢材性能的影响，铸锭前需在钢水中加入脱氧剂。常用脱氧剂有锰铁、硅铁，以及高效的铝脱氧剂。根据脱氧程度不同，钢材分为沸腾钢、半镇静钢、镇静钢和特殊镇静钢。

沸腾钢脱氧不完全，铸锭时有气体外逸，引起钢水剧烈

"沸腾"，钢中残留有不少气泡，致密程度较低，质量较差，但成本较低，可用于一般结构。镇静钢脱氧较完全，铸锭时无"沸腾"现象，致密程度高，质量优于沸腾钢，但成本较高，用于承受冲击荷载和其他重要结构中。特殊镇静钢的脱氧程度充分彻底，钢的质量最好，适用于特别重要的结构。半镇静钢的脱氧程度和钢材质量介于沸腾钢和镇静钢之间。

某些元素在液相中的溶解度高于固相，在钢锭冷却过程中，它们会向钢锭中心集中导致化学偏析，对钢的质量有较大影响，其中以硫、磷的偏析最为严重。沸腾钢构偏析现象较严重，其冲击韧性和可焊性差，尤其是低温冲击韧性更差，但钢锭收缩孔较小，成品率较高。镇静钢质量好，但钢锭的收缩孔大，成品率低。

4. 钢材的生产

钢材是钢锭、钢坯或钢材通过压力加工制成所需要的各种形状、尺寸和性能的材料。钢材根据断面形状的不同，一般分为型材、板材、管材和金属制品4大类。为了便于组织钢材的生产、订货供应，钢材又分为大型型钢、中型型钢、小型型钢、冷弯型钢、优质型钢、线材、中厚钢板、薄钢板、电工用硅钢片、带钢、无缝钢管、焊接钢管、金属制品等品种。

钢材的生产方法：大部分钢材加工都是通过压力加工，使被加工的钢（坯、锭等）产生塑性变形。根据钢材加工温度不同，可以分冷加工和热加工两种。钢材的主要加工方法如下：

（1）轧制

将金属坯料通过一对旋转轧辊的间隙（各种形状），因受轧辊的压缩使材料截面减小，长度增加的压力加工方法，这是生产钢材最常用的生产方式，主要用来生产型材、板材、管材，分冷轧、热轧。

（2）锻造

利用锻锤的往复冲击力或压力机的压力，使坯料改变成所需的形状和尺寸的一种压力加工方法。一般分为自由锻和模锻，常用做生产截面尺寸较大的钢材。

（3）拉拔

拉拔是将已经轧制的金属坯料（型、管、制品等）通过模孔拉拔成截面减小、长度增加的加工方法，大多用做冷加工。

（4）挤压

挤压是将金属放在密闭的挤压筒内，一端施加压力，使金属从规定的模孔中挤出而得到同形状和尺寸的成品的加工方法，多用于生产有色金属材料。

压力加工可使钢材内部的气孔焊合，疏松组织密实，消除铸造显微缺陷，并细化晶粒，提高强度和质量。压力加工后的钢材，再经适当的热处理，可显著提高其强度，并保持良好的塑性和韧性。

钢材的产品一般有型材、板材、线材和管材等。型材包括钢结构用的角钢、工字钢、槽钢、方钢、H形钢、钢板桩等。板材包括用于建造房屋，桥梁的中、厚钢板，用于屋面、墙面、楼板等的薄钢板。线材包括钢筋混凝土和预应力混凝土用的钢筋、钢丝和钢绞线等。管材包括钢桁架和供水、供气（汽）管线等。

7.1.2　钢材的分类

钢材的种类很多，性质各异，为了便于选用，钢有以下分类方式：

（1）钢按化学成分可分为碳素钢和合金钢两类。

1）碳素钢根据含碳量可分为：低碳钢（含碳量小于0.25%）、中碳钢（含碳量为0.25%～0.60%）、高碳钢（含碳量大于0.60%）。

2）合金钢是在碳素钢中加入某些合金元素（锰、硅、钒等），用于改善钢的性能或使其获得某些特殊性能。按合金元素含量分为：低合金钢（合金元素含量小于5%）、中合金钢（合金元素含量为5%～10%）、高合金钢（合金元素含量大于10%）。

（2）按钢在熔炼过程中脱氧程度的不同分为：脱氧充分为

镇静钢和特殊镇静钢（代号为 Z 和 TZ），脱氧不充分为沸腾钢（代号为 F），介于二者之间为半镇静钢（代号为 b）。

（3）钢按用途可分为：结构用钢（钢结构用钢和混凝土结构用钢）、工具钢（制作刀具、量具、模具等）、特殊钢（不锈钢、耐酸钢、耐热钢、磁钢等）。

（4）钢按主要质量等级分为：普通质量钢、优质钢、特殊质量钢。

目前，在建筑工程中常用的钢种是普通碳素结构钢和普通低合金结构钢。

7.2 建筑钢材的性能

钢材的性能主要包括力学性能、工艺性能和化学性能等，其中力学性能是最主要的性能之一。

7.2.1 力学性能

力学性能又称机械性能，是钢材最重要的使用性能。在建筑结构中，对承受静荷载作用的钢材，要求具有一定的力学强度，并要求所产生的变形不致影响到结构的正常工作和安全使用。对承受动荷载作用的钢材，还要求具有较高的韧性而不致发生断裂。现主要介绍抗拉性能。

拉伸是建筑钢材的主要受力形式，所以抗拉性能是表示钢材性能和选用钢材的重要指标。

将低碳钢制成一定形状尺寸的试件，放在材料试验机上进行拉伸试验，可以绘出如图 7-1 所示的应力（σ)-应变（ε）关系曲线，其拉伸性能就可用此图来阐明。从图中可以看出，低碳钢受拉至拉断，全过程可划分为 4 个阶段：弹性阶段（OA）、屈服阶段（AB）、强化阶段（BC）和颈缩阶段（CD）。

1. 弹性阶段

曲线中 OA 段是一条直线，应力与应变成正比。如卸去外力，试件能恢复原来的形状，这种性质即为弹性，此阶段的变形为弹性变形。与 A 点对应的应力称为弹性极限，以 σ_p 表示。

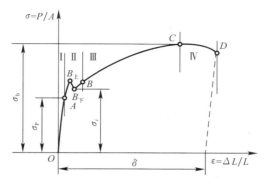

图 7-1　低碳钢受拉的应力—应变图

应力与应变的比值为常数，即弹性模量 E，$E = \sigma / \varepsilon$，单位为 MPa。弹性模量反映钢材的刚度，是钢材在受力条件下计算结构变形的重要指标，同种钢材的 E 是常量。常用钢材的弹性模量 $E = (2.0 \sim 2.1) \times 10^5 \, \mathrm{MPa}$。

2. 屈服阶段

应力超过 A 点后，应力、应变不再成正比关系，开始出现塑性变形。应力增长滞后于应变的增长，当应力达到 $B_\text{上}$ 点后（上屈服点），瞬时下降至 B_F 点（下屈服点），变形迅速增加，而此时外力则大致在恒定的位置上波动，直到 B 点。这就是所谓的"屈服现象"，似乎钢材不能承受外力而屈服，所以 AB 段称为屈服阶段。与 B_F 点（此点较稳定，易测定）对应的应力称为屈服点（屈服强度），用 σ_s 表示。

钢材受力大于屈服点后，会出现较大的塑性变形，已不能满足使用要求，因此屈服强度是设计中钢材强度取值的依据，是工程结构计算中非常重要的一个参数。某些合金钢或含高碳钢具有硬钢的特点，无明显的屈服阶段，按规定以产生 0.2% 残余应变时的应力作为名义屈服强度，用 $\sigma_{0.2}$ 表示。

3. 强化阶段

当应力超过屈服强度后，由于钢材内部组织中的晶格发生了畸变，阻止了晶格进一步滑移，钢材得到强化，所以钢材抵抗塑性变形的能力又重新提高，$B \rightarrow C$ 呈上升曲线，称为强化阶段。对应于最高点 C 的应力值（σ_b）称为极限抗拉强度，简称抗拉强度。

显然，σ_b 是钢材受拉时所能承受的最大应力值，屈服强度和抗拉强度之比（即屈强比＝σ_s / σ_b）能反映钢材的利用率和结构安全可靠程度。屈强比越小，其结构的安全可靠程度越高，但屈强比过小，又说明钢材强度的利用率偏低，造成钢材浪费。建筑结构合理的屈强比一般为 0.60～0.75。

《混凝土结构工程施工质量验收规范》（GB 50204—2015）规定：钢筋的抗拉强度实测值与屈服强度实测值的比值不应小于 1.25，钢筋的屈服强度实测值与强度标准值的比值不应大于 1.3。

4. 颈缩阶段

试件受力达到最高点 C 点后，其抵抗变形的能力明显降低，变形迅速发展，应力逐渐下降，试件被拉长，在有杂质或缺陷处，断面急剧缩小，直至断裂，如图 7-2 所示，故 CD 段称为颈缩阶段。

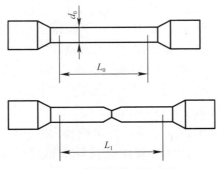

图 7-2　拉断前后的试件

试件标距间的伸长量 ΔL 与原标距长度 L_0 之比称为伸长率 σ，即

$$\delta = \frac{\Delta L}{L_0} = \frac{L_1 - L_0}{L_0} \times 100\% \tag{7-1}$$

塑性变形在试件标距内的分布是不均匀的，颈缩处的变形最大，离颈缩部位越远其变形越小。所以原标距与直径之比越小，则颈缩处伸长值在整个伸长值中的比例越大，计算出来的 σ 值越大。通常以 σ_5 和 σ_{10} 分别表示 $L_0 = 5d_0$ 和 $L_0 = 10d_0$ 时的伸长率。对于同一种钢材，其 $\sigma_5 > \sigma_{10}$。

伸长率 σ 是衡量钢材塑性的一个重要指标，反映了钢材在破坏前可承受永久变形的能力。σ 越大，说明钢材的塑性越好。而一定的塑性变形能力，可保证应力重新分布，避免应力集中，从而钢材用于结构的安全性越大。钢材的塑性变形能力还可用断面收缩率 ψ 表示，即：

$$\psi = \frac{A_0 - A_1}{A_0} \qquad (7\text{-}2)$$

式中　A_0——试件原始截面积（mm^2）；

　　　A_1——试件拉断后颈缩处的截面积（mm^2）。

尽管结构是在弹性范围内使用，但应力集中处的应力可能超过屈服点，良好的塑性变形能力可使应力重新分布，从而避免结构过早破坏。常用低碳钢的伸长率一般为 20%～30%，断面收缩率一般为 60%～70%。

7.2.2　冲击韧性

冲击韧性是指钢材抵抗冲击荷载而不被破坏的能力。冲击韧性指标是通过标准试件的弯曲冲击韧性试验确定的，如图 7-3 所示，以摆锤冲击试件刻槽的背面，使试件承受冲击弯曲而断裂。将试件冲断的缺口处单位截面积上所消耗的功作为钢材的冲击韧性指标。用 a_K 表示。a_K 值愈大，钢材的冲击韧性愈好。

钢材的化学成分、内在缺陷、加工工艺及环境温度都会影响钢材的冲击韧性。试验表明，冲击韧性随温度的降低而下降，其规律是开始时下降较平缓，当达到一定温度范围时，冲击韧性会突然下降很多而呈脆性，这种脆性称为钢材的冷脆性。此时的温度称为临界温度，其数值愈低，说明钢材的低温冲击性

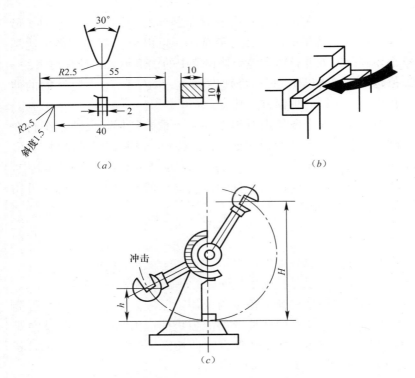

图 7-3 冲击韧性试验示意图

(a) 试件尺寸；(b) 试验装置；(c) 试验机

能愈好。所以在负温下使用的结构，应当选用脆性临界温度较工作温度低的钢材。

钢材随时间的延长，其强度提高，塑性和冲击韧性下降，这种现象称为时效。完成时效变化的过程可达数十年，但是钢材如经受冷加工变形，或使用中经受振动和反复荷载的作用，时效可迅速发展。因时效而导致性能改变的程度称为时效敏感性。对于承受动荷载的结构应该选用时效敏感性小的钢材。

因此，对于直接承受动荷载而且可能在负温下工作的重要结构必须进行钢材的冲击韧性检验。

7.2.3　耐疲劳性

钢材承受交变荷载的反复作用时，可能在远低于抗拉强度时突然发生破坏，这种破坏称为疲劳破坏。钢材疲劳破坏的指标用疲劳强度，或用疲劳极限表示。疲劳强度是试件在交变应力作用下，不发生疲劳破坏的最大应力值，一般把钢材承受交变荷载 100 万～1000 万次时不发生破坏的最大应力作为疲劳强度。在设计承受反复荷载且须进行疲劳验算时，应当了解所用钢材的疲劳强度。

测定疲劳强度时，应根据结构使用条件确定采用的循环类型（如拉—拉型、拉—压型等）、应力比值（最小与最大应力之比，又称应力特征值）和周期基数。例如，测定钢筋的疲劳极限时，通常采用的是承受大小改变的拉应力循环；应力比值通常是非预应力筋为 0.1～0.8，预应力筋为 0.7～0.85；周期基数为 200 万次或 400 万次。

研究表明，钢材的疲劳破坏是拉应力引起的，首先在局部开始形成微细裂纹，其后由于裂纹尖端处产生应力集中而使裂纹迅速扩展直至钢材断裂。因此，钢材的内部成分的偏析和夹杂物的多少以及最大应力处的表面光洁程度、加工损伤等，都是影响钢材疲劳强度的因素。疲劳破坏经常是突然发生的，因而具有很大的危险性，往往造成严重事故。

7.2.4　硬度

钢材的硬度是指其表面抵抗重物压入产生塑性变形的能力。测定硬度的方法有布氏法和洛氏法，较常用的方法是布氏法，如图 7-4 所示，其硬度指标为布氏硬度值（HB）。

布氏法是利用直径为 D（mm）的淬火钢球，以一定的荷载 F_p（N）将其压入试件表面，得到直径为 d（mm）的压痕，以压痕表面积 S 除荷载 F_p，所得的应力值即为试件的布氏硬度值（HB），以不带单位的数字表示。布氏法比较准确，但压痕较大，不适宜做成品检验。

洛氏法测定的原理与布氏法相似，但以压头压入试件深度来表示洛氏硬度值。洛氏法压痕很小，常用于判定工件的热处理效果。

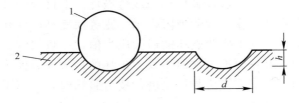

图 7-4　布氏硬度测定示意图

1—淬火钢球；2—试件

7.2.5　钢材的工艺性能

良好的工艺性能，可以保证钢材顺利通过各种加工，而使钢材制品的质量不受影响。冷弯、冷拉、冷拔及焊接性能均是建筑钢材的重要工艺性能。

1. 冷弯性能

冷弯性能是反映钢材在常温下受弯曲变形的能力。其指标是以试件弯曲的角度 α 和弯心直径对试件厚度（或直径）的比值（d/α）来表示，如图 7-5 所示。

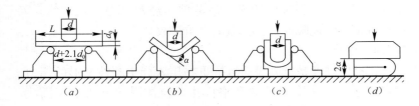

图 7-5　钢筋冷弯试验示意图

（a）安装试件；（b）弯曲 $90°$；（c）弯曲 $180°$；（d）弯曲至两面重合

试验时采用的弯曲角度越大，弯心直径对试件厚度（或直径）的比值越小，表示对冷弯性能的要求越高。冷弯检验是按规定的弯曲角度和弯心直径进行试验，试件的弯曲处不发生裂缝、裂断或起层，即认为冷弯性能合格。

相对于伸长率而言，冷弯是对钢材塑性更严格的检验，它能揭示钢材是否存在内部组织不均匀、内应力和夹杂物等缺陷。并且能揭示焊件在受弯表面存在未熔合、微裂纹及夹杂物等缺陷。

2. 焊接性能

焊接是各种型钢、钢板、钢筋的重要连接方式，建筑工程的钢结构有 90% 以上是焊接结构。焊接的质量取决于钢材与焊接材料的焊接性能及其焊接工艺。

钢材的可焊性是指焊接后在焊缝处的性质与母材性质的一致程度。影响钢材可焊性的主要因素是化学成分及含碳量。一般焊接结构用钢应注意选用含碳量较低的氧气转炉或平炉镇静钢。对于高碳钢及合金钢，为了改善焊接性能，焊接时一般要采用焊前预热及焊后热处理等措施。

钢材焊接应注意的问题为：冷拉钢筋的焊接应在冷拉之前进行；钢筋焊接之前，焊接部位应清除铁锈、熔渣、油污等；应尽量避免不同国家的进口钢筋之间或进口钢筋与国产钢筋之间的焊接。

7.3 常用建筑钢材

7.3.1 钢结构用钢材

我国钢结构采用的钢材品种主要由碳素结构钢和低合金钢加工而成的各种型钢、钢板、钢管等构件。构件之间可采用铆接、螺栓连接、焊接等方式进行连接。

1. 型钢

型钢有热轧和冷轧两种成型方式。

热轧型钢有 H 形钢、T 形钢、工字钢、槽钢、角钢、Z 形钢、T 形钢等。

钢结构用钢的钢种和钢号，主要根据结构与构件的重要性、荷载的性质（静载或动载）、连接方法（焊接、铆接或螺栓连接）、工作条件（环境温度及介质）等因素予以选择。对于承受动荷载的结构，处于低温环境的结构，应选择韧性好、脆性临界温度低、疲劳极限较高的钢材。对于焊接结构，应选择可焊性较好的钢材。

我国建筑用热轧型钢主要采用碳素结构钢和低合金钢。在钢结构设计规范中，推荐使用低合金钢，主要有两种：Q345（16Mn）及 Q390（15MnV），可用于大跨度、承受动荷载的钢结构中。在碳素钢中主要采用 Q235-A（含碳量约为 $0.14\%\sim 0.22\%$），其强度适中，塑性和可焊性较好，而且冶炼容易、成本低廉，适合土木工程使用。

热轧型钢的标记方式为一组符号，包括型钢名称、横断面主要尺寸、型钢标准号及钢号与钢种标准等。

冷轧型钢通常是用 $2\sim6mm$ 薄钢板冷弯或模压而成，主要有角钢、槽钢等开口薄壁型钢及方形、矩形等空心薄壁型钢，主要用于轻型钢结构。

2. 钢板

钢板亦有热轧和冷轧两种形式。用光面轧辊机轧制成的扁平钢材，以平板状态供货的称钢板；以卷状供货的称钢带。按厚度不同热轧钢板分为薄板（厚度小于 4mm）、中板（厚度为 $4\sim25mm$）和厚板（厚度大于 25mm） 3 种。冷轧钢板只有薄板一种。

建筑用钢板及钢带主要是碳素结构钢。一些重型结构、大跨度桥梁、高压容器等也采用低合金钢板。薄钢板经冷压或冷轧成波形、双曲形、W 形等形状，称为压形钢板。彩色钢板、镀锌薄钢板、防腐薄钢板等都可采用制作压型钢板。其特点是：质量轻、强度高、抗震性能好、施工快、外形美观等。主要用于围护结构、楼板、屋面等。

在这里简单介绍一下近几年大量使用的彩色钢板。彩色钢板又称彩涂板，是以冷轧钢板、镀锌钢板等为基板，经过表面预处理，用辊涂的方法，涂上一层或多层液态涂料，或经过烘烤和冷却所得的板材即为涂层钢板。由于涂层可以有各种不同的颜色，习惯上把涂层钢板叫做彩色涂层钢板，简称彩色钢板。又由于涂层是在钢板成型加工之前进行的，在国外这叫做预涂层钢板。建筑用彩涂板一般以热镀锌钢板和热镀铝锌钢板为基板，经辊压或冷弯加工成呈 V 形、U 形、梯形或类似形状的波纹瓦楞板，与聚氨酯复合成夹芯板（保温材料）后，用于建造钢结构厂房、机场、库房、冷冻库等工业和商业建筑的屋顶和墙面。

3. 钢管

钢管分为无缝钢管与焊接钢管两大类。钢管的规格用外形尺寸（如外径或边长）及壁厚表示，其尺寸范围很广，从直径很小的毛细管直到直径达数米的大口径管。按断面形状又可分为圆管和异型管，广泛应用的是圆形钢管，但也有一些方形、矩形、半圆形、六角形、等边三角形、八角形等异型钢管。按壁厚分为薄壁钢管和厚壁钢管。对于承受流体压力的钢管都要进行液压试验来检验其耐压能力和质量，在规定的压力下以不发生泄漏、浸湿或膨胀为合格。钢管在网架、桁架、高层建筑、高耸建筑及钢管混凝土中广泛使用。

（1）焊接钢管

焊接钢管也称焊管，是用钢板或钢带经过卷曲成型后焊接制成的钢管。焊接钢管生产工艺简单，生产效率高，品种规格多，但一般强度低于无缝钢管。随着优质带钢生产的迅速发展以及焊接和检验技术的进步，焊缝质量不断提高，焊接钢管的品种规格日益增多，并在越来越多的领域代替了无缝钢管。焊接钢管按焊缝的形式分为直缝焊管和螺旋焊管。螺旋焊管的强度一般比直缝焊管高，较小口径的焊管大都采用直缝焊，大口径焊管则大多采用螺旋焊。

（2）无缝钢管

无缝钢管多采用热轧—冷拔联合工艺生产，也可采用冷轧方式生产，但成本较高。热轧无缝钢管具有良好的力学性能与工艺性能。钢管按横截面形状的不同可分为圆管和异型管。圆管主要用于压力管道，异型无缝钢管广泛用于各种钢结构。和圆管相比，异型管一般都有较大的惯性矩和截面模数，有较大的抗弯抗扭能力，可以大大减轻结构重量，节约钢材。

（3）钢塑复合管、大口径涂敷钢管

钢塑复合管以热浸镀锌钢管作基体，经粉末熔融喷涂技术在内壁（需要时外壁亦可）涂敷塑料而成，性能优异。与镀锌钢管相比，具有抗腐蚀、不生锈、不积垢、光滑流畅、清洁无毒及使用寿命长等优点。据测试，钢塑复合管的使用寿命为镀锌管的 3 倍以上。与塑料管相比，具有机械强度高、耐压、耐热性好等优点。由于基体是钢管，所以不存在脆化、老化问题。可广泛应用于自来水、煤气、化工产品等流体输送及取暖工程，是镀锌管的升级换代产品。

涂敷钢管是在大口径螺旋焊管和高频焊管基础上涂敷塑料而成，最大管口直径达 1200mm，可根据不同的需要涂敷聚氯乙烯（PVC）、聚乙烯（PE）、环氧树脂（EPOZY）等各种不同性能的塑料涂层，附着力好，抗腐蚀性强，可耐强酸、强碱及其他化学腐蚀，无毒、不锈蚀、耐磨、耐冲击、耐渗透性强，管道表面光滑，不粘附任何物质，能降低输送时的阻力，提高流量及输送效率，减少输送压力损失。涂层中无溶剂，无可渗出物质，因而不会污染所输送的介质，从而保证流体的纯洁度和卫生性，在 $-40 \sim +80℃$ 范围可冷热循环交替使用，不老化、不龟裂，因而可以在寒冷地带等苛刻的环境下使用。大口径涂敷钢管广泛应用于自来水、天然气、石油、化工、电力、海洋等工程领域。

7.3.2 钢筋混凝土结构用钢材

钢筋混凝土结构用的钢材，主要有热轧钢筋、冷加工钢筋、预应力混凝土用钢丝、钢绞线和热处理钢筋，主要是由碳素结构钢和由低合金结构钢轧制而成。按直条或盘条供货。

1. 热轧钢筋

（1）牌号

《钢筋混凝土用钢　第 1 部分：热轧光圆钢筋》（GB 1499.1—

2008）和《钢筋混凝土用钢　第 2 部分：热轧带肋钢筋》（GB 1499.2—2007）规定，热轧钢筋分为 HPB 300、HRB 335、HRB 400、HRB 500 这 4 个牌号。牌号中 HPB 代表热轧光圆钢筋，HRB 代表热轧带肋钢筋，牌号中的数字表示热轧钢筋的屈服强度。其中热轧光圆钢筋由碳素结构钢轧制而成，表面光圆；热轧带肋钢筋由低合金钢轧制而成，外表带肋。带肋钢筋的几何形状如图 7-6 所示。

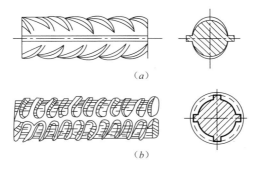

图 7-6　带肋钢筋
（a）月牙带肋钢筋；（b）等高肋钢筋

《钢筋混凝土用钢　第 2 部分：热轧带肋钢筋》（GB 1499.2—2007）实施，原标准《钢筋混凝土用　热轧带肋钢筋》（GB 1499—1998）同时废止，新标准增加细晶粒热轧钢筋 HRBF 335、HRBF 400、HRBF 500 这 3 个牌号。"F"是"细"的英文（Fine）首位字母。新标准在钢筋的标志（刻在钢筋上的标记）识别上作了改变，旧标准 HRB 335 用"2"表示；HRB 400 用"3"表示；HRB 500 用"4"表示。而新标准的标志作了变动：HRB 335 用"3"表示；HRB 400 用"4"表示；HRB 500 用"5"表示；HRBF 300 用"C3"表示；HRBF 400 用"C4"表示；HRBF 500 用"C5"表示。以后看到钢筋表面刻着"4"，就是 HRB 400，也就是现在说的Ⅲ级螺纹钢，不过今后Ⅲ级螺纹钢改称为 HRB 400 钢筋。

（2）技术要求

热轧钢筋的化学成分和碳含量应符合表 7-1 所列的规定，力学性能应符合表 7-2 所列的规定。

钢筋化学成分和碳含量的规定　　表 7-1

牌号	化学成分（％）不大于					
	C	Si	Mn	P	S	Ceq
HRB335 HRBF335	0.25	0.80	1.60	0.045	0.045	0.52
HRB400 HRBF400						0.54
HRB500 HRBF500						0.55

钢筋的力学性能特征值　　表 7-2

牌号	R_{eL}（MPa）	R_m（MPa）	A（％）	A_{gt}（％）
	不小于			
HRB335 HRBF335	335	455	17	7.5
HRB400 HRBF400	400	540	16	
HRB500 HRBF500	500	630	15	

注：新标准中 R_{eL}——钢筋的屈服强度；R_m——抗拉强度；A——断后伸长率；A_{gt}——最大力总伸长率。

《钢筋混凝土用钢　第 2 部分：热轧带肋钢筋》（GB 1499.2—2007）规定了钢筋的弯曲性能，按表 7-3 所列规定的弯芯直径弯曲 180°后，钢筋受弯曲部位表面不得产生裂纹。根据需方要求，钢筋可进行反向弯曲性能试验。经反向弯曲试验后，钢筋受弯曲部位表面不得产生裂纹。

钢筋弯曲性能的规定　　　　表 7-3

牌号	公称直径（mm）	弯芯直径
HRB335 HRBF335	6～25	3d
	28～40	4d
	＞40～50	5d
HRB400 HRBF400	6～25	4d
	28～40	5d
	＞40～50	6d
HRB500 HRBF500	6～25	6d
	28～40	7d
	＞40～50	8d

（3）钢筋的选用

光圆钢筋的强度较低，但塑性及焊接性好，便于冷加工，广泛用于普通钢筋混凝土；HRB335、HRB400 带肋钢筋的强度较高，塑性及焊接性也较好，广泛用做大、中型钢筋混凝土结构的受力钢筋；HRB500 带肋钢筋强度高，但塑性与焊接性较差，适宜作预应力钢筋。

前几年，HRB335（Ⅱ级）钢筋应用量很多，但含钒的 HRB400（Ⅲ级）螺纹钢筋（20MnSiV）在生产过程中加入了钒、铌、钛等合金，与Ⅱ级螺纹钢筋相比，具有强度高、韧性好、焊接性能和抗震性能良好的优点。在欧洲等发达国家建筑市场，Ⅲ级螺纹钢筋占整个螺纹钢总量的 80%，我国 1995 年原冶金部和建设部联合发文推广应用，建设部将新Ⅲ级螺纹钢技术条件纳入国家标准《混凝土结构设计规范》（GBJ 10—1989），自 1990 年 1 月 1 日起施行。现在 HRB400（新Ⅲ级）螺纹钢已在高层建筑、大型电站、桥梁、隧道、机场等工程项目中得到了成功的应用，使用量正逐年增加。

钢筋的公称直径范围为 6～50mm，有 6mm、8mm、10mm、12mm、16mm、20mm、25mm、32mm、40mm、50mm。带肋钢筋的公称直径相当于横截面相等的光圆钢筋的公称直径。

2. 冷拉热轧钢筋

为了提高强度以节约钢筋，工程中常按施工规程对热轧钢筋进行冷拉。冷拉后钢筋的力学性能应符合表 7-4 的规定。

冷拉钢筋的力学性能   表 7-4

钢筋级别	钢筋直径 (mm)	屈服强度 (MPa)	抗拉强度 (MPa)	伸长率 δ_{10} (%)	冷弯	
		$\geqslant$			弯曲角度	弯曲直径
Ⅰ级	$\leqslant$12	280	370	11	180°	$d=3a$
Ⅱ级	$\leqslant$25	450	510	10	90°	$d=3a$
	28～40	430	490	10	90°	$d=4a$
Ⅲ级	8～40	500	570	8	90°	$d=5a$
Ⅳ级	10～28	700	835	6	90°	$d=5a$

注：钢筋直径 $a>25$mm 的冷拉Ⅲ、Ⅳ级钢筋，冷弯弯芯直径应增加 $1a$。

冷拉Ⅰ级钢筋适于用做非预应力受拉钢筋，冷拉Ⅱ、Ⅲ、Ⅳ级钢筋强度较高，可用做预应力混凝土结构的预应力钢筋。由于冷拉钢筋的塑性、韧性较差，易发生脆断，因此冷拉钢筋不宜用于负温度、受冲击或重复荷载作用的结构。

3. 冷轧带肋钢筋

冷轧带肋钢筋是用低碳钢热轧圆盘条经冷轧或冷拔后，在其表面冷轧成三面有肋的钢筋。

《冷轧带肋钢筋》（GB 13788—2008）规定，冷轧带肋钢筋的牌号由 CRB 和钢筋的抗拉强度构成，分为 CRB550、CRB650、CRB800、CRB970、CRB1170 这 5 个牌号，其中 CRB550 为普通钢筋混凝土用钢筋，其他牌号为预应力钢筋混凝土用钢筋。C、R、B 分别为冷轧、带肋、钢筋 3 个词（Cold rolling ribbed steel bar）的英文首位字母，数值为抗拉强度的最小值。冷轧带肋钢筋的力学、工艺性质见表 7-5。

冷轧带肋钢筋的力学性能表

表 7-5

级别代码	屈服点 $\geqslant\sigma_a$ (MPa)	抗拉强度 $\geqslant\sigma_b$ (MPa)	伸长率 $\geqslant$ (%)		弯曲试验 (180°)	反复弯曲次数	应力松弛 $\sigma=0.7\sigma_b$	
			δ_{10}	δ_{100}			1000h$\leqslant$ (%)	100h$\leqslant$ (%)
CRB550	500	550	8.0	—	$D=3d$	—	—	—
CRB650	520	650	—	4.0	—	3	8	5
CRB800	640	800	—	4.0	—	3	8	5
CRB970		970	—	4.0	—	3	8	5
CRB1170		1170	—	4.0	—	3	8	5

冷轧带肋钢筋的公称直径范围为 4~12mm。

冷轧带肋钢筋提高了钢筋的握裹力，可广泛用于中、小预应力钢筋混凝土结构构件和普通钢筋混凝土结构构件，也可用于焊接钢筋网。

4. 冷轧扭钢筋

冷轧扭钢筋由低碳钢热轧圆盘条经专用钢筋冷轧扭机调直、冷轧并冷扭一次成型，具有规定截面形状和节距的连续螺旋状钢筋，代号为 LZN。按其截面形状不同分为两种类型：Ⅰ型（矩形截面）$\phi^t 6.5$、$\phi^t 8$、$\phi^t 10$、$\phi^t 12$、$\phi^t 14$ 和 Ⅱ 型（菱形截面）$\phi^t 12$，标记符号 ϕ^t 为原材料（母材）轧制前的公称直径（d）。

冷轧扭钢筋的型号标记由产品名称的代号、特性代号、主参数代号和改型代号 4 部分组成。

标记示例：LZN$\phi^t 10$（Ⅰ）冷轧扭钢筋，标志直径为 10mm，矩形截面。

冷轧扭钢筋的原材料宜优选低碳钢无扭控冷热轧盘条（高速线材），也可选用符合国家标准的低碳热轧圆盘条，即 Q235、Q215 系列，且含碳量控制在 0.12%~0.22% 之间。要重视热轧圆盘条中的硫、磷含量对轧制后性能的影响。力学性能见表 7-6。

冷轧扭钢筋力学性能   表 7-6

规格 (mm)	抗拉强度 (MPa)	弹性模量 (N/mm^2)	伸长率 δ_{10} (%)	抗压强度设 计值(MPa)	冷变 180° (弯心直径=3d)
$\phi^t6.5\sim\phi^t12$	≥580	1.9×10^5	≥4.5	360	受弯部位表面 不得产生裂纹

冷轧扭钢筋和混凝土的握裹力与其螺距大小有直接关系。螺距越小,握裹力越大,但加工难度也越大,因此应选择适宜的螺距。冷轧扭钢筋在拉伸时无明显屈服台阶,为安全起见,其抗拉设计强度采用 $0.8\sigma_b$。

5. 预应力混凝土用钢筋

预应力钢筋除了 CRB650、CRB800、CRB970、CRB1170 这4个牌号的冷轧带肋钢筋外,根据《混凝土结构工程施工质量验收规范》(GB 50204—2015)规定,常用的预应力钢筋还有钢丝、钢绞线、热处理钢筋等。

(1)预应力混凝土用钢丝

预应力混凝土用钢丝为高强度钢丝,是用 60~80 号的优质碳素结构钢经酸洗、冷拔或再经回火等工艺处理制成,力学性能应满足表 7-7 和表 7-8 所列的要求。其强度高,柔性好,适用于大跨度屋架、吊车梁等大型构件及 V 形折板等,可节省钢材,施工方便,安全可靠,但成本较高。

根据《预应力混凝土用钢丝》(GB/T 5223—2014)的规定,预应力混凝土用钢丝按加工状态分为冷拉钢丝(代号为 WCD)和消除应力钢丝两类。消除应力钢丝按松弛性能又分为低松弛级钢丝(代号为 WLR)和普通松弛级钢丝(代号为 WNR)。钢丝按外形分为光圆钢丝(代号为 P)、螺旋肋钢丝(代号为 H)、刻痕钢丝(代号为 I)3 种。经低温回火消除应力后钢丝的塑性比冷拉钢丝要高,刻痕钢丝经压痕轧制后与混凝土握裹力大,可减少混凝土裂纹。

预应力混凝土用冷拉钢丝的力学性能　　　表 7-7

公称直径 (mm)	抗拉强度 (MPa)	规定非比例伸长应力 (MPa)	最大力下总伸长率 $L_0=200mm$, δ_{gt} (%)	弯曲次数 (次/180°)	弯曲半径 R (mm)	断面收缩率 ψ (%)	210mm扭矩的扭转次数 n	初始应力相当于70%公称抗拉强度时，1000h后应力松弛率 r (%)
	≥	≥	≥	≥		≥	≥	≤
3.00	1470	1100		4	7.5	—	—	
4.00	1570	1180		4	10	35	8	
	1670	1250	1.5					8
5.00	1770	1330		4	15		8	
6.00	1470	1100		5	15		7	
7.00	1570	1180		5	20	30	6	
	1670	1250						
8.00	1770	1330		5	20		5	

预应力混凝土用消除应力钢丝的力学性能　　　表 7-8

名称代号	公称直径 (mm)	抗拉强度 σ_b (MPa)	屈服强度 σ_s (MPa)		伸长率 δ_{10} (%)	冷弯试验 180°		应力松弛性能 (%)	1000h后应力松弛率 (%)	
			WLR	WNR		弯曲次数	弯曲半径	初始应力	WLR	WNR
		≥			≥				≥	
PH	4.00	1470	1290	1250		3	10	$0.6\sigma_b$	1.0	4.5
		1570	1380	1330						
	4.80	1670	1470	1410			15			
		1770	1560	1500				$0.7\sigma_b$	2.0	3
	5.00	1860	1640	1580						
	6.00	1470	1290	1250			15	$0.8\sigma_b$	4.5	12
	6.25	1570	1380	1330	3.5	4				
		1670	1470	1410			20			
	7.00	1770	1560	1500						
	8.00	1470	1290	1250						
	9.00	1570	1380	1330			25			
	10.00									
		1470	1290	1250			30			
	12.00									

名称代号	公称直径（mm）	抗拉强度 σ_b（MPa）	屈服强度 σ_s（MPa） WLR	WNR	伸长率 δ_{10}（%）	冷弯试验 180° 弯曲次数	弯曲半径	应力松弛性能（%） 初始应力	1000h 后应力松弛率（%） WLR	WNR
		$\geqslant$			$\geqslant$				$\geqslant$	
PI	≤5.00	1470	1290	1250	3.5	3	15	0.6	1.5	1.5
		1570	1380	1330						
		1670	1470	1410						
		1770	1560	1500				0.7	2.5	8
		1860	1640	1580						
	>5.00	1470	1290	1250			20	0.8	4.5	12
		1570	1380	1330						
		1670	1470	1410						
		1770	1560	1500						

冷拉钢丝是用盘条通过拔丝模或轧辊经冷加工而成产品，以盘卷供货的钢丝。低松弛钢丝是指钢丝在塑性变形下（轴应变）进行短时热处理而得到的，普通松弛钢丝是指钢丝通过矫直工序后在适当温度下进行短时热处理而得到的。

（2）预应力混凝土用钢绞线

预应力混凝土用钢绞线由 2 根、3 根或 7 根 2.5～5mm 的高强碳素钢丝绞捻后消除内应力而制成，具有强度高、柔性好、无接头等优点，且质量稳定，安全可靠，施工时不需冷拉及焊接，用于大跨度桥梁、屋架、吊车梁、电杆、轨枕等大负荷的预应力结构。根据《预应力混凝土用钢绞线》（GB/T 5224—2014），其性能应符合表 7-9 所列的要求。

（3）预应力热处理钢筋

预应力热处理钢筋是用热轧螺纹钢筋经淬火和回火的调质处理而成的，代号为 RB150。按螺纹外形分为有纵肋和无纵肋两种。根据《预应力混凝土用钢棒》（GB/T 5223.3—2005）的规定，热处理钢筋有 40Si2Mn、48Si2Mn 和 45Si2Cr 这 3 个牌号，其性能要求见表 7-10。

预应力混凝土用钢绞线尺寸及拉伸性能　　表 7-9

钢绞线结构	钢绞线公称直径 (mm)		强度级别 (MPa)	整根钢绞线的最大负荷 (MPa)	屈服负荷 (kN)	伸长率 δ_{10} (%)	1000h 后应力松弛率（%）			
							Ⅰ级松弛		Ⅱ级松弛	
							初始应力			
				$\geqslant$			70%最大负荷	80%最大负荷	70%最大负荷	80%最大负荷
1×2	10.00		1720	67.9	57.7	3.5	8.0	12	2.5	4.5
	12.00			97.9	83.2					
1×3	10.80			102	86.7					
	12.90			147	125					
1×7	标准型	9.5	1680	102	86.6					
		11.10		183	117					
		12.70		184	156					
		15.20	1720	239	203					
			1860	259	220					
	模拔型	12.7	1860	209	178					
		15.20	1820	300	255					

预应力混凝土热处理钢筋的性能　　表 7-10

公称直径 (mm)	牌号	屈服强度 $\sigma_{0.2}$ (MPa)	抗拉强度 σ_b (MPa)	伸长率 δ_{10} (%)
		$\geqslant$		
6	40Si2Mn	1325	1470	6
8.2	48Si2Mn			
10	45Si2Cr			

　　热处理钢筋目前主要用于预应力混凝土轨枕，用以代替高强度钢丝，配筋根数减少，制作方便，锚固性能好，预应力稳定。也用于预应力混凝土板、梁和吊车梁，使用效果良好。热处理钢筋系成盘供应，开盘后能自然伸直，不需调直、焊接，故施工简单，并可节约钢材。

　　冷加工方法是提高钢材强度、节约钢材的权宜之计，随着我国钢铁工业生产技术水平和生产能力的提高，热轧钢筋的产量足以满足市场的需要，因此在最新的《混凝土结构设计规范》（GB 50010—2010）中未将冷加Ⅰ钢筋产品列入设计规范，推荐使用的钢筋种类是 HRB400、HRB335 和预应力钢绞线、钢丝。

7.4 型钢

钢结构构件一般应直接选用各种型钢。构件之间可直接或附连接钢板进行连接。连接方式有铆接、螺栓连接或焊接。所用母材主要是碳素结构钢及低合金高强度结构钢。

型钢有热轧和冷轧成型两种。钢板也有热轧（厚度为 0.35～200mm）和冷轧（厚度为 0.2～5mm）两种。

7.4.1 热轧普通型钢

普通型钢由碳素结构钢和低合金结构钢制成，是一种具有一定截面形状和尺寸的实心长条钢材。在我国，一般按截面尺寸大小分大、中和小型型钢。

大型型钢包括：直径或距离不小于 81mm 的圆钢、方钢、六角钢、八角钢；宽度不小于 101mm 的扁钢；高度不小于 180mm 的工字钢、槽钢；边宽不小于 150mm 的等边角钢；边宽不小于 100×150（mm）的不等边角钢。直径或对边距离为 38～80mm 的圆钢、方钢、六角钢。

中型型钢包括：宽度为 60～100mm 的扁钢；高度小于 180mm 的工字钢、槽钢；边宽为 50～149mm 的等边角钢；边宽为 40×40～99×149（mm）的不等边角钢。

小型型钢包括：直径或对边距离为 10～37mm 的圆钢、方钢、螺纹钢、六角钢、八角钢；宽度不大于 59mm 的扁钢；边宽为 20～49mm 的等边角钢；边宽为 20×30～39×59（mm）的不等边角钢；钢窗用料的异型断面钢。

热轧型钢的标记方式由一组符号组成，包括型钢名称、横断面主要尺寸、型钢标准及钢牌号与钢种标准等。例如，用碳素结构钢 Q235-A 轧制的，尺寸为 160mm×160mm×16mm 的等边角钢，其标示为：

$$热轧等边角钢 \frac{160 \times 160 \times 16 - GB9787 - 88}{Q235\text{-}A \quad GB700 - 88}$$

7.4.2 热轧工字钢

热轧普通工字钢是截面为工字形的长条钢材。其截面尺寸以腰高（h）×腰厚（d）的毫米数来表示。如腰高为 160mm，腿宽为 88mm，腰厚为 6mm 的工字钢标记为"工 160×88×6"；工字钢的另一种标记方法是用型号来表示，即用腰高的厘米数表示，如工 16。

热轧工字钢分普通工字钢和轻型工字钢两种，普通工字钢广泛用于各种建筑结构、桥梁、车辆、支架和机械等。热轧轻型工字钢与普通工字钢相比，当腰高相同时，腿较宽，腰和腿较薄，即宽腿薄壁。在保证承重能力的条件下，轻型工字钢较普通工字钢具有更好的稳定性，且节约金属，所以有较好的经济效果，主要用于厂房、桥梁等大型结构件及车船制造等。

7.4.3 热轧 H 形钢

热轧 H 形钢是一种截面面积分配更加优化、强重比更加合理的经济断面高效型材，因其断面与英文字母"H"相同而得名。常用于要求承载能力大，截面稳定性好的大型建筑（如高层建筑、厂房等）、桥梁、船舶、起重运输机械、机械基础、支架和基础桩等。

热轧 H 形钢分为宽翼缘 H 形钢（HK）、窄翼缘 H 形钢（HZ）、H 形钢桩（HU）三类。

H 形钢型号采用高度（H）×宽度（B）×腹板厚度（t_1）×翼板厚度（t_2）的毫米数表示，如 HK200×206×15.0×25.0。

轻型焊接 H 形钢一般采用高频电焊工艺或二氧化碳气体保护焊、手工焊等方法焊接而成。适用于轻型钢结构的柱、梁、檩条和支撑等。其型号以高度（H）×宽度（B）的毫米数表示，其规格范围从 100×50～454×300（mm）不等。

7.4.4 槽钢

槽钢是截面形状为凹槽形的长条钢材。槽钢的型号和规格的表示方法以腰高（h）×腿宽（h）×腰厚（c_D）的毫米数表示，如 120×53×5 槽钢，即腰高 124mm、腿宽 53mm、腰厚 5mm。

热轧普通槽钢主要用于建筑结构、车辆制造和其他工业结构，常与工字钢配合使用。热轧轻型槽钢是一种腿宽壁薄的钢材，比普通热轧槽钢有较好的经济性。主要用于建筑和钢架结构等用。

7.4.5 角钢

角钢俗称角铁，其截面是两边互相垂直成直角形的长条钢材。角钢有等边角钢和不等边角钢之分，两垂直边长度相同为等边角钢，一长一短的为不等边角钢，其规格以边宽×边宽×边厚的毫米数表示。

角钢可按结构的不同需要组成各种不同的受力构件，也可作构件之间的连接件。角钢广泛地用于各种建筑结构和工程结构，如用于厂房、桥梁、车辆等大型结构件；也用于建筑桁架、铁塔、井架等结构件。

7.4.6 L 形钢

热轧 L 形钢又称不等边不等厚角钢，是适应大型船舶建造的需要而生产的新型型材，其规格表示为：腹板高度（h）×面板宽度（b）×腹板厚度（t）×面板厚度（T）的毫米数。

L 形钢除用于大型船舶外，也可用于海洋工程结构和要求较高的建筑工程结构。

7.4.7 热轧扁钢

热轧扁钢系截面为矩形并稍带钝边的长条钢材，其规格以其厚度×宽度的毫米数表示。热轧扁钢的规格范围从 3×10～60×150（mm）不等。

热轧扁钢在建筑上用做房架结构件、扶梯、桥梁及栅栏等。

7.4.8 冷弯薄壁型钢

冷弯薄壁型钢是制作轻型钢结构的主要材料，采用 2～6mm 厚钢板或钢带冷弯成型制成。它的壁厚不仅可以制得很薄，而且大大简化了生产工艺，提高生产效率。可以生产用一般热轧方法难以生产的壁厚均匀但截面形状复杂的各种型材和不同材质的冷弯型钢。冷弯型钢除用于各种建筑结构外，还广泛用于车辆制造、农业机械制造等方面。

冷弯型钢品种很多，按截面分开口、半闭口、闭口。按形状有冷弯槽钢、角钢、Z 形钢、方管、矩形管、异型管、卷帘门等。

根据《冷弯型钢》（GB/T 6725—2008）规定，冷弯型钢采用普通碳素结构钢、优质碳素结构钢、低合金结构钢钢板或钢带冷弯制成，其标识方法与热轧型钢相同。

7.5 钢材的腐蚀与防护

钢材的锈蚀是指钢的表面与周围介质发生化学作用或电化学作用而表面遭到破坏的过程。

锈蚀不仅使钢结构有效断面减小，而且会形成程度不等的锈坑、锈斑，造成应力集中，加速结构破坏，若受到冲击荷载、循环交变荷载作用，将产生锈蚀疲劳现象。使钢材疲劳强度大为降低，甚至出现脆性断裂。

钢材在大气中的腐蚀是发生了化学腐蚀或电化学腐蚀，但以电化学腐蚀为主。

钢材锈蚀的主要影响因素有环境湿度、侵蚀性介质及数量、状况等。

根据锈蚀作用机理，可分为下述两类：

7.5.1 化学腐蚀

化学腐蚀指钢材表面与周围介质直接发生反应而产生锈蚀。这种腐蚀多数是氧气作用，在钢材的表面形成疏松的氧化物。在常温下，钢材表面被氧化，形成一层薄薄的、钝化能力很弱的氧化保护膜，在干燥环境下化学腐蚀进展缓慢，对保护钢筋是有利的。但在湿度和温度较高的条件下，这种腐蚀进展很快。

7.5.2 电化学腐蚀

建筑钢材在存放和使用中发生的锈蚀主要属于这一类。例如，存放在湿润空气中的钢材，表面被一层电解质水膜所覆盖。由于表面成分、晶体组织不同、受力变形、平整度差等的不均匀性，使邻近局部产生电极电位的差别，构成许多微电池，在阳极区，铁被氧化成 Fe^{2+} 离子进入水膜中。由于水中溶有来自空气的氧，故在阴极区氧将被还原为 OH^- 离子。两者结合成为不溶于水的 $Fe(OH)_2$，并进一步氧化成为疏松易剥落的红棕色铁锈 $Fe(OH)_3$。因为水膜离子浓度提高，阴极放电快，锈蚀进行较快，故在工业大气的条件下，钢材较容易锈蚀。如水膜中溶有酸，则阴极被还原成为 H^+ 离子。由于所形成的 H^+ 离子结合成水而使阴极去极化，故锈蚀能继续进行。钢材锈蚀时，伴随体积增大，最严重的可达原体积的 6 倍。在钢筋混凝土中，会使周围的混凝土胀裂。

埋于混凝土中的钢筋，因处于碱性介质的条件（新浇混凝土的 pH 值约为 12.5 或更高），而形成碱性氧化保护膜，故不致锈蚀。但应注意，当混凝土保护层受损后碱度降低，或锈蚀反应将强烈地为一些卤素离子，特别是氧离子所促进，对保护钢筋是不利的，它们能破坏保护膜，使锈蚀迅速发展。

7.5.3 钢材防护

1. 钢材在使用中锈蚀的防止

埋于混凝土中的钢筋，因处于碱性介质的条件而使钢筋表面形成氧化保护膜，故不致锈蚀。但应注意氯离子能破坏保护膜，使锈蚀迅速发展。

钢结构防止锈蚀的方法通常是采用表面刷漆，常用底漆有红丹、环氧富锌漆、铁红环氧底漆等，面漆有灰铅油、醇酸磁漆、酚醛磁漆等。薄壁钢材可采用热浸镀锌或镀锌后加涂塑料涂层，这种方法效果最好，但价格较高。

混凝土配筋的防锈措施，主要是根据结构的性质和所处环境条件等，考虑混凝土的质量要求，即限制水灰比和水泥用量，并加强施工管理，以保证混凝土的密实性，以及保证足够的保护层厚度和限制氯盐外加剂的掺用量。

对于预应力钢筋，一般含碳量较高，又多系经过变形加工或冷拉，因而对锈蚀破坏较敏感，特别是高强度热处理钢筋，容易产生应力锈蚀现象。故重要的预应力承重结构，除不能掺用氯盐外，还应对原材料进行严格检验。

对配筋的防锈措施，还有掺用防锈剂（如重铬酸盐等）的方法，国外也有采用钢筋镀锌、镀铬或镀镍等方法。

2. 仓储中钢材锈蚀的防止

（1）保护金属材料的防护与包装，不得损坏。金属材料入库时，在装卸搬运、码垛以及保管过程中，对其防护层和外包装必须加以保护。包装已损坏者应予以修复或更换。

（2）创造有利的保管环境。选择适宜的保管场所；妥善的地垫、码垛和密封；严格控制温湿度；保持金属材料表面和周围环境的清洁等。

（3）在金属表面涂敷一层防锈油（剂），就可以把金属表面与周围大气隔离，防止和降低了侵蚀性介质到达金属表面的能力，同时金属表面吸附了缓蚀剂分子团以后金属离子化倾向减少，降低了金属的活泼性，增加了电阻，从而起到防止金属锈蚀的作用。

（4）加强检查，经常维护保养。金属材料在保管期间，必须按照规定的检查制度，进行经常的和定期的、季节性的和重点的各种检查，以便及时掌握材料质量的变化情况，及时采取防锈措施，才能有效地防止金属材料的锈蚀。

3. 钢材的除锈

（1）钢丝刷除锈

可采用人工用钢丝刷或半自动钢丝刷将钢材表面的铁锈全

部刷去，直至露出金属表面为止。这种方法工作效率低，劳动条件差，除锈质量不易保证。

（2）酸洗除锈

将钢材放入酸洗槽内，分别除去油污、铁锈，直至构件表面全呈铁灰色，并清除干净，保证表面无残余酸液。这种方法较人工除锈彻底，工效高。若酸洗后做磷化处理，则效果更好。

（3）喷砂除锈

通过喷砂机将钢材表面的铁锈清除干净，直至金属表面呈现灰白色为止，不得存在黄色。这种方法除锈比较彻底，效率亦高，在较发达的国家已普及使用，是一种先进的除锈方法。

7.5.4 制成合金钢

钢材的组织及化学成分是引起腐蚀的内因。通过调整钢的基本组织或加入某些合金元素，可有效地提高钢材的抗腐蚀能力。例如，在钢中加入一定量的合金元素铬、镍、钛等，制成不锈钢，可以提高耐锈蚀能力。

铬是使不锈钢获得耐蚀性的基本元素，当钢中含铬量达到12%左右时，铬与腐蚀介质中的氧作用，在钢表面形成一层很薄的氧化膜（自钝化膜），可阻止钢的基体进一步腐蚀。除铬外，常用的合金元素还有镍、钼、钛、铌、铜、氮等，以满足各种用途对不锈钢组织和性能的要求。

目前，常使用的有耐候钢、耐腐蚀结构钢、耐酸钢等。耐候钢（即耐大气腐蚀钢）是介于普通钢和不锈钢之间的价廉物美的低合金钢，耐候钢由普碳钢添加少量铜、镍等耐腐蚀元素而成，具有优质钢的强韧、塑延、成型、焊割、磨蚀、高温、疲劳等特性；耐候性为普碳钢的2～8倍，能裸露使用或简化涂装使用，大大节约维护工本，具有良好的耐腐蚀性能，使钢结构使用寿命延长。

耐腐蚀结构钢是在钢中加入少量合金元素，如 Cu、P、Cr、Ni 等。使其在金属基体表面形成保护层，提高钢材的耐腐蚀性能。

7.6 铝合金材料

7.6.1 铝合金的组成及分类

铝为银白色轻金属，强度低，但塑性好，导热、电热性能强。铝的化学性质很活泼，在空气中易和空气反应，在金属表面生成一层氧化铝薄膜，可阻止其继续被腐蚀。

在纯铝中加入铜、镁、锰、锌、硅、铬等合金元素可制成为铝合金。铝合金有防锈铝合金（LF）、硬铝合金（LY）、超硬铝合金（LC）、锻铝合金（LD）、铸铝合金（LZ）。按应用范围又可将铝合金分为三类：

一类结构：以强度为主要因素的受力构件，如屋架等。

二类结构：系指不承力构件或承力不大的构件，如建筑工程的门、窗、卫生设备、管系、通风管、挡风板、支架、流线型罩壳、扶手等。

三类结构：主要是各种装饰品和绝热材料。

铝合金由于延伸性好，硬度低，易加工。因此，目前较广泛地用于各类房屋建筑中。

7.6.2 铝合金制品

在现代建筑中，常用的铝合金制品有：铝合金门窗、铝合金装饰板及吊顶、铝合金波纹板、压型板、冲孔平板、铝箔等，具有承重、耐用、装饰、保温、隔热等优良性能。

第8章 砌筑材料

砌体结构是建筑结构的主要形式之一，在建筑工程中最常见的砌体结构有房屋建筑工程的墙体、基础，其他建筑工程中的挡土墙、砌筑桥墩、涵洞及重力式码头等。

用于砌体结构的材料称为砌筑材料。常见的砌筑材料有传统的砖、石材及现代的各种砌块和板材。

砌筑材料中最主要的是墙体材料。墙体具有承重、围护和分隔作用，其重量占建筑物总重量的 50% 以上，合理选用墙体材料对建筑物的结构形式、高度、跨度、安全、使用功能及工程造价等均有重要意义。墙体材料一般以黏土、页岩、工业废渣或其他资源为主要原料，以一定工艺制成。此外，天然石材经加工也可作为墙体材料。我国传统的墙体材料是烧结黏土砖，使用历史悠久，素有"秦砖汉瓦"之称。但随着现代土木工程的发展，这些传统材料已远远不能满足要求，且自重大、浪费能源、破坏土地、施工效率低等缺点日益突出，已逐渐退出历史舞台。我国正在推行墙体材料革新，为适应节能减排，构建低碳社会和绿色建筑，禁止在广大城市和耕地资源紧缺的地区生产和使用黏土实心砖，限制其他黏土制品。因此，大力发展轻质、高强、大尺寸、节能、耐久、多功能的新型墙体材料尤为重要。

常用墙体材料的品种很多，根据外形和尺寸分为砌墙砖、砌块和板材三大类。本章主要介绍常用砌墙砖、砌块及砌筑石材。

8.1 砌墙砖

砌墙砖指建筑用的人造小型块材，外形多为直角六面体，其长度不超过 365mm，宽度不超过 240mm，高度不超过 115mm。

砌墙砖可从不同的角度分类：按外观和穿孔程度可分为实心砖、多孔砖和空心砖；按所用原料不同可分为黏土砖和工业废渣砖（煤矸石砖、页岩砖、粉煤灰砖、炉渣砖等）；按生产方式的不同有烧结砖和非烧结（免烧）砖之分。

8.1.1 烧结砖

1. 烧结普通砖

烧结普通砖是以黏土、页岩、粉煤灰、煤矸石等为主要原料，经焙烧制成的孔洞率小于15％的砖。用于清水墙和带有装饰面墙体装饰的砖，称为装饰砖。按主要原料分为烧结黏土砖（N）、烧结页岩（Y）、烧结粉煤灰砖（F）和烧结煤矸石砖（M）。烧结普通砖有青砖和红砖两种。制作黏土砖坯体时，为节约黏土和能耗，在坯体中间加入一些热值较高的页岩或粉煤灰，而烧制成的砖称为内燃砖。成品中往往出现的不合格品有过火砖和欠火砖两种。过火砖颜色深，敲击时声音清脆，强度高，吸水率小，耐久性好，易出现弯曲变形；欠火砖颜色浅，敲击时声音暗哑，强度低，吸水率大，耐久性差。

《烧结普通砖》（GB 5101—2003）规定：烧结普通砖的外形为直角六面体，主规格公称尺寸为240mm×110mm×53mm，常用配砖和装饰砖规格尺寸为170mm×110mm×53mm。按抗压强度划分为MU30、MU25、MU20、MU15、MU10五个强度等级。烧结普通砖的外观必须完整，其表面的裂纹长度、弯曲程度、杂质凸出的高度、缺棱掉角的尺寸都必须符合规定。

烧结普通砖需具有抗风化性能，在环境中的风吹日晒、干湿变化、温度变化、冻融作用等物理因素作用下，材料不破坏，仍保持其原有功能的能力，可以反映砖的耐久性的好坏。在我国的不同地区，风化破坏程度就不同，因此，把不同省份和直辖市划为严重风化区和非严重风化区。黑龙江、辽宁、吉林、内蒙古、新疆等地送的砖必须做冻融实验；其他地区的砖的抗风化性能符合规定时可不再做冻融试验，否则必须做冻融试验以保证砖的正常使用条件下的使用年限。

烧结普通砖的强度和抗风化性能和放射性物质合格的砖，按尺寸偏差、外观质量、泛霜和石灰爆裂划分为优等品（A）、一等品（B）、合格品（C）三个质量等级。泛霜和石灰爆裂都会使砖的耐久性降低，同时影响砖的受力面积，而降低其强度。

泛霜是指可溶性的盐类在砖的表面析出的现象一般呈白色粉末、絮团或絮片状。这些结晶的粉状物有损于建筑物的外观，而且结晶膨胀会使得砖的表面出现疏松、剥落。

石灰爆裂是指制作烧结普通砖坯体时，所用的砂质黏土原料中夹杂着石灰石，焙烧时煅烧而成生石灰，在使用时，吸水熟化成熟石灰而体积显著膨胀，使得砖块出现裂缝，强度降低，耐久性降低。

烧结普通砖具有较高的强度，耐久性好，保温、隔热、隔声性能好，价格低，生产工艺简单，原材料丰富，用于砌筑墙体、基础、柱、拱、烟囱，铺砌地面。优等品用于墙体装饰和清水墙，一等品和合格品可用于混水墙的砌筑，中等泛霜的砖不得用于潮湿部位。主要推广使用页岩、粉煤灰、煤矸石为主要原料的砖以节约耕地。

2. 烧结多孔砖

烧结多孔砖是以黏土、页岩、粉煤灰、煤矸石等为主要原材料，经混料、制坯、干燥、焙烧而制成的空洞率大于 15%，而且孔洞数量多，尺寸小，可用于承重墙体的砖。用于清水墙和带有装饰面墙体装饰的砖，称为装饰砖。

按主要原料分为烧结黏土多孔砖（N）、烧结页岩多孔砖（Y）、烧结粉煤灰多孔砖（F）和烧结煤矸石多孔砖（M）。

《烧结多孔砖和多孔砌块》（GB 13544—2011）规定：多孔砖的外形为直角六面体；长、宽、高应分别符合下列尺寸要求：290mm、240mm、180mm；190mm、175mm、140mm、115mm；90mm。圆孔洞的直径不大于 22mm，非圆孔内切圆的直径不大于15mm，手抓孔尺寸为（30～40）mm×（75～85）mm。强度等级划分为 MU30、MU25、MU20、MU15、MU10 五个强度等级。质量等级，根据强度和抗风化性能合格的砖，按尺寸偏差、外观质量、孔形及孔洞排列、泛霜和石灰爆裂分为优等品（A）、一等品（B）、合格品（C）三个等级。

烧结多孔砖代替烧结黏土砖，可以节省黏土，降低生产能耗，提高生产效率，改善墙体的保温隔热性能，有利于实现建筑节能。在砖混结构中用于±0.000m以上的承重墙体。其中优等品可以用于墙体装饰和清水墙砌筑，一等品和合格品可用于混水墙，中等泛霜的砖不得用于潮湿部位。

3. 烧结空心砖

烧结空心砖是以黏土、页岩、煤矸石等为主要原料，经混料、制坯、抽芯、干燥、焙烧制成的空洞率大于或等于35%，而且孔洞数量少，尺寸大，用于非承重墙或填充墙的砖。

烧结空心砖的外形为直角六面体，长、宽、高应符合以下要求：（1）290mm、190（140）mm、90m；（2）240mm、180（175）mm、115mm。在与砂浆的结合面上设有增加结合力1mm的凹槽。壁厚应大于10mm，肋厚应大于7mm；空洞采用矩形条孔或其他孔形，且平行于大面和条面，空洞形状及空心砖的外形如图8-1所示。

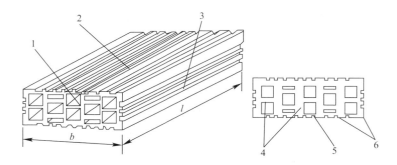

图 8-1 烧结空心砖的外形示意图

1—顶面；2—大面；3—条面；4—肋；5—凹线槽；6—外壁；

l—长度；b—宽度

烧结空心砖主要用于填充墙和隔断墙，只承受自身重量。因此，大面和条面的抗压强度要比实心砖和多孔砖低得多。根据密度不同划分为 800kg/m³、900kg/m³、1100kg/m³ 三个级别，各个密度等级对应的 5 块砖的密度平均值分别满足：不大于 800kg/m³、801～900kg/m³、901～1100kg/m³。按抗压强度分为 MU5.0、MU3.0、MU2.0 三个等级。每个密度级根据孔洞及其排数、尺寸偏差、外观质量、强度等级和物理性能分为优等品（A）、一等品（B）、合格品（C）三个等级。

烧结空心砖的孔数少，孔径大，具有良好的保温、隔热功能，可用于多层建筑的隔断墙和填充墙。因为具有良好的耐水性，尤其适用于耐水防潮的部位。

采用多孔砖和空心砖，可以节约燃料 10%～20%，节约黏土 25%以上，减轻墙体自重，提高工效 40%，降低造价 20%，改善墙体的热工性能，是当前墙体改革中取代黏土实心砖的重要品种。

8.1.2 非烧结（免烧）砖

非烧结砖（又称硅酸盐砖）是以硅质材料和石灰为主要原料，必要时加入骨料和适量石膏，经压制成型，湿热处理制成的建筑用砖，又称蒸压蒸养砖。根据所用硅质材料不同有灰砂砖、粉煤灰砖、炉渣砖、矿渣砖和尾矿砖等。

1. 蒸压（养）灰砂砖

蒸压灰砂砖（简称灰砂砖）是以石灰和砂为主要原料，经坯料制备、压制成型、蒸压养护而成的实心砖。

根据国家标准《蒸压灰砂砖》（GB 11945—1999）规定：蒸压灰砂砖根据灰砂砖的颜色分为彩色的（Co）和本色的（N）；根据抗压强度和抗折强度分为 MU25、MU20、MU15、MU10 这 4 个等级；根据尺寸偏差和外观质量分为优等品（A）（优等品的强度等级不得低于 MU15）、一等品（B）和合格品（C）。尺寸为 240mm×115mm×53mm。

灰砂砖呈灰青色，表观密度为 1800～1900kg/m³，热导率约为 0.61W/(m·K)，MU15、MU20、MU25 的砖可用于基础及其他建筑，MU10 的砖仅可用于防潮层以上的建筑。灰砂砖不得用于长期受热 200℃以上、受急冷急热和有酸性介质侵蚀的建筑部位。

灰砂砖的耐水性良好，在长期潮湿环境中，其强度变化不显著，但其抗流水冲刷的能力较弱，因此不能用于流水冲刷部位，如落水管出水处和水龙头下面等。

2. 蒸压（养）粉煤灰砖

蒸压（养）粉煤灰砖以粉煤灰、石灰为主要原料，掺加适量石膏和骨料经坯料制备、压制成型、高压或常压蒸汽养护而成的实心砖。

根据行业标准《蒸压粉煤灰砖》（JC/T 239—2014）规定：粉煤灰砖根据抗压强度和抗折强度分为 MU30、MU25、MU20、MU15、MU10 这 5 个强度等级。根据尺寸偏差、外观质量、强度等级和干燥收缩分为优等品（A）、一等品（B）和合格品（C）。尺寸为 240mm×115mm×53mm。

蒸压（养）粉煤灰砖呈深灰色，表观密度 1400～1500kg/m³，热导率约为 0.65W/(m·K)。干燥收缩大，因此规定优等品干燥收缩率应不大于 0.6mm/m；一等品应不大于 0.75mm/m；合格品应不大于 0.85mm/m。

粉煤灰砖可用于工业与民用建筑的墙体和基础，但用于基础或用于易受冻融和干湿交替作用的建筑部位，必须使用 MU15 及其以上强度等级的砖。粉煤灰砖不得用于长期受热（200℃以上）、受急冷急热交替作用或有酸性介质侵蚀的建筑部位。为避免或减少收缩裂缝的产生，用粉煤灰砖砌筑的建筑物，应适当增设圈梁及伸缩缝。

3. 蒸压（养）炉渣砖

炉渣是煤燃烧后的残渣，炉渣砖是以炉渣为主要原料，掺入适量（水泥、电石渣）石灰、石膏，经混合、压制成型、蒸养或蒸压养护而成的实心砖。

根据行业标准《炉渣砖》（JC/T 525—2007）规定：炉渣砖根据抗压强度分为 MU25、MU20、MU15 这 3 个强度等级。

炉渣砖有一定的放射性，其放射性应符合《建筑材料放射性核素限量》（GB 6566—2010）的规定。

炉渣砖呈黑灰色，表观密度为 1500～2000kg/m³，热导率约为 0.75W/(m·K)。炉渣砖可用于工业与民用建筑的墙体和基础。

8.2 砌块

砌块是指砌筑用的人造块材，多为直角六面体。砌块主规格尺寸中的长度、宽度和高度，至少有一项分别大于 365mm、240mm、115mm，但高度不大于长度或宽度的 6 倍，长度不超过高度的 3 倍。

按用途划分为承重砌块和非承重砌块；按产品规格可分为大型（主规格高度大于 980mm）、中型（主规格高度为 380～980mm）和小型（主规格高度为 115～380mm）砌块；按生产工艺可分为烧结砌块和蒸养蒸压砌块。按其主要原材料命名，主要品种有普通混凝土砌块、轻骨料混凝土砌块、硅酸盐混凝土砌块、石膏砌块等。

砌块的生产工艺简单，生产周期短；可以充分利用地方资源和工业废渣，有利于环境保护；而且尺寸大，砌筑效率高，可提高工效；通过空心化，可以改善墙体的保温隔热性能，是当前大力推广的墙体材料之一。

8.2.1 普通混凝土小型空心砌块

普通混凝土小型空心砌块是以水泥、砂、石子制成，空心率为 25%～50%，适宜于人工砌筑的混凝土建筑砌块系列制品。其主规格尺寸为 390mm×190mm×190mm，其他规格尺寸可由供需双方协商，最小外壁厚应不小于 30mm，最小肋厚应不小于 25mm。

根据国家标准《普通混凝土小型砌块》（GB/T 8239—2014）

规定：混凝土小型空心砌块根据抗压强度分为 MU3.5、MU5.0、MU7.5、MU10.0、MU15.0、MU20.0 这 6 个等级；按其尺寸偏差、外观质量分为优等品（A）、一等品（B）和合格品（C）质量等级。

普通混凝土小型空心砌块具有强度较高、自重较轻、耐久性好、外表尺寸规整等优点，部分类型的混凝土砌块还具有美观的饰面以及良好的保温隔热性能，适用于建造各种居住、公共、工业、教育、国防和安全性质的建筑，包括高层与大跨度的建筑，以及围墙、挡土墙、桥梁、花坛等市政设施，应用范围十分广泛。混凝土砌块施工方法与普通烧结砖相近，在产品生产方面还具有原材料来源广泛、不毁坏良田、能利用工业废渣、生产能耗较低、对环境的污染程度较小、产品质量容易控制等优点。

8.2.2　蒸压加气混凝土砌块

蒸压加气混凝土砌块是以钙质材料（水泥、石灰等）和硅质材料（矿渣和粉煤灰）为主要材料，并加入铝粉作加气剂，经磨细、计量配料、搅拌浇筑、发气膨胀、静停切割、蒸压养护等工序而制成的多孔轻质块体材料，简称加气混凝土砌块。

《蒸压加气混凝土砌块》（GB 11968—2006）规定：砌块长度为 600mm，宽度为 100mm、125mm、150mm、200mm、250mm、300mm 或 120mm、180mm、240mm，高度为 200mm、250mm、300mm。强度等级按抗压强度有 A1.0、A2.0、A2.5、A3.5、A5.0、A7.5、A10.0 七个级别；按体积密度划分为 B03、B04、B05、B06、B07、B08 六个级别。按尺寸偏差、外观质量、体积密度及抗压强度分为优等品（A）、一等品（B）、合格品（C）。

蒸压加气混凝土砌块的常用品种有加气粉煤灰砌块和蒸压矿渣砂加气混凝土砌块两种。这种砌块具有表观密度小，保温及耐火性好，易于加工，抗震性强，隔声性好，其耐火等级按厚度从 75mm、100mm、150mm、200mm 分别为 2.50h、3.75h、5.75h、

8.00h，施工方便。适用于低层建筑的承重墙，多层和高层建筑的非承重墙、隔断墙、填充墙及工业建筑物的围护墙体和绝热材料。这种砌块易干缩开裂，必须做好饰面层，同时其砌筑砂浆的技术性能应符合《蒸压加气混凝土用砌筑砂浆与抹面砂浆》（JC 890—2001）规定。

如无有效措施不得用于以下部位：建筑物标高±0.000以下；长期浸水或经常受干湿交替作用；受酸碱化学物质腐蚀；制品表面温度高于80℃。

8.2.3 轻骨料混凝土小型空心砌块

用轻骨料混凝土制成，空心率不小于25%的小型砌块称为轻骨料混凝土小型空心砌块。按其孔的排数分为实心、单排孔、双排孔、三排孔和四排孔5类。主规格尺寸为390mm×190mm×190mm。

根据国家标准《轻集料混凝土小型空心砌块》（GB/T 15229—2011）规定：混凝土小型空心砌块根据抗压强度分为1.5、2.5、3.5、5.0、7.5、10.0这6个等级；按其尺寸偏差和外观质量分为优等品（A）、一等品（B）和合格品（C）。

我国自20世纪70年代末开始利用浮石、火山渣、煤渣等研制并批量生产轻骨料混凝土小砌块。进入80年代以来，轻骨料混凝土小砌块的品种和应用发展很快，有天然轻骨料（如浮石、火山渣）混凝土小型砌块、工业废渣轻骨料（如煤渣、自燃煤矸石）混凝土小砌块、人造轻骨料（如黏土陶粒、页岩陶粒和粉煤灰陶粒等）混凝土小砌块。轻骨料混凝土小砌块以其轻质、高强、保温隔热性能好和抗震性能好等特点，在各种建筑的墙体中得到广泛应用，特别是在保温隔热要求较高的围护结构上的应用。

8.2.4 粉煤灰硅酸盐砌块

粉煤灰硅酸盐砌块是以粉煤灰、石灰、石膏和骨料为原料，加水搅拌，振动成型，蒸汽养护制成的一种密实砌块。

粉煤灰硅酸盐砌块的主规格尺寸：880mm × 380mm ×

240mm 和 880mm×430mm×240mm。端面应设灌浆槽,坐浆面应设抗剪槽。按立方体抗压强度分为 MU10、MU13;按外观质量、尺寸偏差分为一等品(B)、合格品(C)。

这类砌块主要用于工业与民用建筑的墙体和基础,但不适用于有酸性侵蚀介质的、密封性要求高的、易受较大震动的建筑物,以及受高温受潮湿的承重墙。粉煤灰小型空心砌块是一种新型材料,其性能应符合相关标准的规定,适用于非承重墙和填充墙。

8.2.5 石膏砌块

石膏砌块是以建筑石膏为原料,经料浆搅拌浇筑成型,自然干燥或烘干而制成的轻质块状材料。有时可加入各种轻骨料、填充料、辅助材料。也有用高强石膏粉或部分水泥代替建筑石膏,并掺加粉煤灰生产石膏。利用各种废料生产石膏砌块,其性能指标应符合《石膏砌块》(JC/T 698—2010)的规定。

石膏砌块的外形为平面长方体,纵横边沿分别设有凹凸企口,砌块的规格尺寸为 666mm×500mm×(60、80、90、100、110、120)mm;尺寸偏差要求:长度为±3mm,宽度为±2mm,厚度为±1.5mm;三块相拼正好为 1m² 的墙面。

按石膏特性分为天然石膏砌块(T)和工业副产石膏砌块(H);按其结构特性分为空心(K)和实心(S)砌块,国内以空心为主;按其防潮性能分为普通石膏砌块(P)和防潮石膏砌块(F)两种。实心砌块的密度应不大于 $1000kg/m^3$;空心砌块的密度应不大于 $700kg/m^3$。单块质量应不大于 30kg,砌块应有足够的机械强度,断裂荷载值应不小于 1.5kN,砌块表面应平整,棱边平直。防潮石膏砌块的软化系数应不低于 0.6。

石膏砌块具有特殊的"呼吸"功能。因为表观密度小,孔隙率高,具有的蓄热功能和保温隔热性能,有利于建筑节能,同时,因为石膏中含有结晶水,在遇火时可以释放结晶水,吸收大量热量,并形成水雾阻止火势蔓延。因此特别适用于框架结构和其他结构中的非承重墙体,一般做内隔墙用,尤其是高层建筑和有特殊防火要求的建筑。

石膏砌块产品要有产品质量合格证和发货清单，其中包括产品标记、商标、生产企业名称和详细地址、生产日期、数量及防潮标志。每 500 块同类型同规格的产品为一批，应检验的项目有外观、尺寸偏差、表观密度、单块质量、平整度、软化系数和断裂荷载。现场存放应轻拿轻放，严禁碰撞，存放于地面平整、坚实、干燥的仓库内，榫槽向下。运输时做好防雨措施。

8.3 砌筑用石材

自然界存在大量天然岩石，它是在地质作用下产生的、由一种或多种矿物按一定的规律组成的自然集合体。石材是指从天然岩石中采得的毛石，或经加工制成的石块、石板及其定型制品等的总称。石材具有抗压强度高、耐久性好、生产成本低等优点，是古今土木建筑工程的主要建筑材料之一。

石材就用途来看有砌筑工程用石材和装饰工程用石材两类。用于砌筑工程的石材称为砌筑用石材。

8.3.1 建筑工程对砌筑石材的要求

1. 抗压强度

根据边长 70mm 立方体试件的抗压强度，砌筑石材的强度等级分为 MU10、MU15、MU20、MU30、MU40、MU50、MU60、MU80、MU100 共 9 个等级。

2. 耐水性

石材的耐水性用软化系数 K 表示。高耐水性石材其软化系数为 $K > 0.90$，中耐水性石材其软化系数为 $K = 0.7 \sim 0.9$，低耐水性石材其软化系数为 $K = 0.6 \sim 0.7$。

3. 抗冻性

试件在规定的冻融循环次数内无（穿过试件两棱角的）贯穿裂纹，质量损失不超过 5%，强度降低不大于 25% 的石材方为合格。

石料的抗冻性，可以采用经过规定冻融循环后的质量损失百分率表示，见式（8-1），也可以采用未经冻融的石料试件抗压强度与冻融循环后石料试件抗压强度比值（称为耐冻系数）表示，见式（8-2）。

$$Q_{fr} = \frac{m_1 - m_2}{m_1} \times 100\%$$ （8-1）

式中　Q_{fr}——抗冻质量损失率（%）；

　　　m_1——试验前烘干试件的质量（g）；

　　　m_2——试验后烘干试件的质量（g）。

$$K_{fr} = \frac{f_{mo(fr)}}{f_{mo}}$$ （8-2）

式中　K_{fr}——石料的耐冻系数；

　　　$f_{mo(fr)}$——未经冻融循环试验的石料试件饱水抗压强度（MPa）；

　　　f_{mo}——经若干次冻融循环试验后的石料试件饱水抗压强度（MPa）。

4. 坚固性

石料的坚固性是采用硫酸钠侵蚀法来测定。该方法是将烘干并已称量过的规则试件，浸入饱和的硫酸钠溶液中20h，取出置于（105±5）℃的烘箱中烘4h。然后取出冷却至室温，这作为一个循环。如此重复若干循环，最后用蒸馏水沸煮洗净，烘干称量，与直接冻融法同样方法计算其质量损失值。

对于有特殊要求的工程，还可能要求石材的耐磨性、吸水性或抗冲击性。

决定石材上述技术性质的因素有矿物组成、结构特征、构造特点、受风化作用的程度等。

8.3.2　砌筑石材的种类及用途

常用的砌筑石材有花岗石、石灰石、砂岩和片麻岩等，就外形看有毛石和料石之分。

1. 毛石

毛石指在采石厂将岩石经爆破等方法直接得到的形状不规

则，中间厚度不小于15cm，至少有一个方向的长度不小于30cm的石块。毛石有乱毛石和平毛石之分。乱毛石就是一般形状不规则的毛石，平毛石则有两个大致平行的面。

2. 料石

料石（条石）指人工或机械加工而成的，形状比较规则的六面体形石材，一般宽度和厚度均不小于20cm，长度不大于厚度的4倍。料石按加工平整度有毛料石、粗料石、细料石之分。毛料石表面平整度差，表面凹凸深度较大，但不大于25mm。粗料石表面平整度一般，凹凸深度不大于20mm。细料石表面较平整，凹凸深度不大于10mm。

砌筑石材一般用来砌筑基础、勒角、墙身、挡土墙、护坡、堤坝及桥墩、涵洞等。

第 9 章　建筑功能材料

9.1　绝热材料

　　凡是对热传导具有显著阻抗作用的材料称为绝热材料。在建筑中，习惯上把用于控制室内热量外流的材料叫做保温材料；把防止室外热量进入室内的材料叫做隔热材料。保温、隔热材料统称为绝热材料。

　　建筑物中，冬天室内温度高于室外，热量从室内经围护结构向外传递，容易造成热量损失；夏天室外温度较高，热量的传递方向正好相反，经围护结构传向室内的热量将会使室内的温度升高。因此，工程使用过程中的能量损失主要取决于建筑物本身的绝热保温性能。在房屋建筑工程及各种热工构造物或设备中，特别是在寒冷地区和炎热地区的建筑工程中，科学选择和正确地使用绝热保温材料，对于改善建筑物使用功能和提高建筑物的质量水平、节约供热或制冷所需的能源具有重要的作用。

9.1.1　绝热材料的性能

　　1. 热导率

　　在自然界中，无论是在一种介质内部，还是在两种介质之间，只要有温差存在，就会出现热的传递，热能将由温度高的部分向温度低的部分转移，热能传递的数量和快慢，与材料本身的结构和尺寸有关。

　　传热的方式有 3 种：传导、对流和辐射。对于固体材料，对流与辐射所占比例极小，在建筑热工计算中，均不予考虑，仅考虑热的传导问题。在建筑材料中热量传导的性质用热导率表示，也可以说热导率是说明材料导热特性的重要指标，一般热导率越小，其绝热性能就越好。

影响材料热导率的主要因素有材料的化学组成及分子结构、孔隙构造、温度、湿度和热流方向等。

（1）材料的化学组成及分子结构

不同的材料其热导率是不同的，一般说来，热导率值以金属最大，非金属次之，液体较小，而气体更小。对于同一种材料，内部结构不同，热导率也差别很大。一般结晶结构的为最大，微晶体结构的次之，玻璃体结构的最小。但对于多孔的绝热材料来说，由于孔隙率高，气体（空气）对热导率的影响起着主要作用，而固体部分的结构无论是晶态或玻璃态对其影响都不大。

（2）孔隙构造

由于固体物质的热导率比空气的热导率大得多，故一般来说，材料的孔隙率越大，热导率越小。在孔隙率相近的情况下，孔径越大，孔隙相通将使材料热导率有所提高，这是由于孔内空气流通与对流的结果。对于纤维状材料，还与压实程度有关。当压实达某一表观密度时，其热导率最小，称该表观密度为最佳表观密度。当小于最佳表观密度时，材料内空隙过大，由于空气对流作用会使热导率有所提高。

（3）湿度

材料吸湿受潮后，其热导率就会增大，这在多孔材料中最为明显。这是由于当材料的孔隙中有了水分（包括水蒸气）后，则孔隙中蒸汽的扩散和水分子的热传导将起主要传热作用，而水的热导率 λ 为 $0.58W/(m \cdot K)$，比空气的 $\lambda = 0.029W/(m \cdot K)$ 大 20 倍左右。如果孔隙中的水结成了冰，则冰的 $A = 2.33W/(m \cdot K)$，其结果使材料的热导率更加增大。故绝热材料在应用时必须注意防水避潮。

因为固体导热最好、液体次之、气体导热最差，因此，材料受潮会使热导率增大。若水结冰热导率进一步增大，为了保证保温效果，对绝热材料要尽可能使其保持干燥状态，建筑物使用过程中也应防止水分浸入其内部。

（4）温度

材料的热导率随温度升高而增大，因此绝热材料在低温下的使用效果更佳。

（5）热流方向

对于各向异性的材料，如木材等纤维质的材料，当热流平行于纤维方向时，热流受到阻力小 $\lambda = 0.175\mathrm{W/(m \cdot K)}$，而热流垂直于纤维方向时，受到的阻力就大 $\lambda = 0.349\mathrm{W/(m \cdot K)}$。

2. 温度稳定性

材料在受热作用下保持原有性能不变的能力，称为绝热材料的稳度稳定性。通常用其不致丧失绝热性能的极限温度来表示。

3. 吸湿性

绝热材料从潮湿环境中吸收水分的能力称为吸湿性。一般吸湿性越大，对绝热效果越不利。

4. 强度

绝热材料的力学强度和其他材料一样，是用极限强度来表示的。通常采用抗压强度和抗折强度。由于绝热材料含有大量孔隙，故其强度一般均不大，因此不宜将绝热材料用于承受荷载部位。对于某些纤维材料，有时常用材料达到某一变形时的承载能力作为其强度代表值。

9.1.2 常用的绝热材料

常用的绝热材料按其成分可分为有机、无机、复合三大类。

无机绝热材料是用矿物质原料做成的呈松散状、纤维状或多孔状的材料，可加工成板、卷材或套管等型式的制品；有机保温材料是用有机原料（如各种树脂、软木、木丝、刨花等）制成。一般来说，无机绝热材料的表观密度大、耐腐蚀、耐高温；而有机绝热材料的耐久性、耐高温性都低于无机材料。

1. 无机绝热材料

（1）石棉及其制品

石棉为常见的保温隔热材料，是一种纤维状无机结晶材料，石棉纤维具有极高的抗拉强度，并具有耐高温、耐腐蚀、绝热、绝缘等优良特性，是一种优质绝热材料，通常将其加工成石棉粉、石棉板、石棉毡等制品。由于石棉中的粉尘对人体有害，因此民用建筑中已很少使用，目前主要用于工业建筑的隔热、保温及防火覆盖等。

（2）矿棉及其制品

岩棉和矿渣棉统称为矿棉。岩棉是由玄武岩、火山岩等矿物在冲天炉或电炉中熔化后，用压缩空气喷吹法或离心法制成；矿渣棉是以工业废料矿渣为主要原料，熔融后，用高速离心法或压缩空气喷吹法制成的一种棉丝状的纤维材料。矿棉具有质轻、不燃、耐火、绝热、消声和电绝缘等性能，价格较低，且具有优越的防火性能等特点，广泛应用于石油化工、电力、建筑、冶金等行业，是建筑围护结构和工业设备理想的保温建筑材料。由于用途广泛，发展迅速，目前作为石棉替代品之一。矿棉用于建筑保温，大体可包括墙体保温、屋面保温和地面保温等几个方面。可采用现场复合墙体和工厂预制复合墙体两种形式。矿棉复合墙体的推广对我国尤其三北地区的建筑节能具有重要的意义。

（3）玻璃棉及其制品

玻璃棉是以石灰石、萤石等天然矿物为主要原料，在玻璃窑炉中熔化后，通过不同技术（如拉丝、吹丝、离心等）制成的人造无机纤维。

玻璃棉作为一种新型的无机非金属材料，具有绝热、隔声、耐高温、抗腐蚀、强度高、密度小、柔软回弹性强、吸声强、防潮性好等性能，其应用范围逐步推广到建筑、航空、造船、石油化工、冶金等领域。建筑业中常用的玻璃棉分为两种，即普通玻璃棉和超细玻璃棉。普通棉的纤维长度一般长 $50 \sim 150\text{mm}$，纤维直径 $12\mu m$，而超细玻璃棉细得多，一般直径在 $4\mu m$ 以下，其外观洁白如棉，可用来制作玻璃棉毡、玻璃棉板、玻璃棉套管及一些异型制品。广泛用在温度较低的热力设备和房屋建筑中的保温隔热，同时它还是良好的吸声材料。

（4）膨胀蛭石及其制品

蛭石是一种天然矿物，经烘干、破碎、焙烧（850～1000℃），体积急剧膨胀（可膨胀 5～20 倍）而成为金黄色或灰白色松散颗粒，其表观密度为 80～200kg/m³，热导率 0.046～0.07W/(m·K)，具有防火、防腐、化学性能稳定、无毒无味等特点，用于填充墙壁、楼板及平屋顶，保温效果佳。可在 1000～1100℃下使用。

膨胀蛭石也可与水泥、水玻璃等胶凝材料配合，制成砖、板、管壳等用于围护结构及管道保温。

（5）膨胀珍珠岩及其制品

膨胀珍珠岩是由天然珍珠岩、黑耀岩或松脂岩为原料，经煅烧体积急剧膨胀（约 20 倍）并迅速冷却而得蜂窝状白色或灰白色松散颗料。其具有表观密度低，（40～300kg/m³）、导热率低 [$\lambda = 0.025 \sim 0.048$W/(m·K)]、防腐、耐热（800℃）、无毒、无味等特点，为高效能保温保冷填充材料。

膨胀珍珠岩制品是以膨胀珍珠岩为骨料，配以适量胶凝材料，经拌合、成型、养护（或干燥、或焙烧）后而制成的板、砖、管等产品。

（6）泡沫玻璃

泡沫玻璃是采用碎玻璃加入 1％～2％发泡剂（石灰石或碳化钙），经粉磨、混合、装模，在 800℃下煅烧后形成微孔结构，孔隙率高达 80％～90％，且大部分为封闭的气泡（直径 0.1～5mm）制品。它具有热导率小、抗压强度和抗冻性高、耐久性好等特点，且易于进行锯切、钻孔等机械加工，为高级保温材料，也常用于冷藏库隔热。大多数的绝热材料都具有吸透湿性，因此随着时间的增长，其绝热效果也会降低，而泡沫玻璃在使用 20 年后，其性能没有任何改变。其适应温度可在 -200～+430℃，这是其他材料无法替代的。

2. 有机绝热材料

（1）泡沫塑料

泡沫塑料是以合成树脂为基料，加入一定剂量的发泡剂、催化剂、稳定剂等辅助材料经加热发泡而制成的轻质保温、防震材料。目前我国生产的有聚苯乙烯、聚氯乙烯、聚氨酯及脲醛树脂等泡沫塑料。

（2）碳化软木

碳化软木板是以一种软木橡树的外皮为原料，经适当破碎后再在模型中成型，在300℃左右热处理而成。由于软木树皮层中含有无数树脂包含的气泡，所以成为理想的保温、绝热、吸声材料，且具有不透水、无味、无毒等特性，并且有弹性，柔和耐用，不起火焰只能阴燃。

（3）蜂窝板

蜂窝板是由两块较薄的面板，牢固地粘结在一层较厚的蜂窝状芯材两面而制成的板材，亦称蜂窝夹层结构。蜂窝状芯材是用浸渍过合成树脂（酚醛、聚酯等）的牛皮纸、玻璃布和铝片等，经加工粘合成六角形空腹（蜂窝状）的整块芯材。常用的面板为浸渍过树脂的牛皮纸、玻璃布或不经树脂浸渍的胶合板、纤维板、石膏板等。面板必须采用合适的胶粘剂与芯材牢固地粘合在一起，才能显示出蜂窝板的优异特性，即具有强度大、导热性低和抗震性好等多种功能。

（4）植物纤维复合板

植物纤维复合板是以植物纤维为主要材料加入胶结料和填料而制成。如木丝板是以木材下脚料制成的木丝，加入硅酸钠溶液及普通硅酸盐水泥混合，经成型、冷压、养护、干燥而制成。甘蔗板是以甘蔗渣为原料，经过蒸制、加压、干燥等工序制成的一种轻质、吸声、保温材料。

3. 反射型绝热材料

我国建筑工程的保温绝热，目前普遍采用的是利用多孔保温材料和在围护结构中设置普通空气层的方法来解决。但在围护结构较薄的情况下，仅利用上述方法来解决保温隔热问题是较为困难的，反射型保温绝热材料为解决上述问题提供了一条新途径。

（1）铝箔波形纸保温隔热板

铝箔波形纸保温隔热板是以波形纸板为基层，铝箔作为面层经加工而制成的，具有保温隔热、防潮、吸声效果，且质量轻、成本低，可固定在钢筋混凝土屋面板下及屋架下作保温隔热顶棚用，也可以设置在复合墙体内，作为冷藏室、恒温室及其他类似房间的保温隔热墙体使用。

（2）窗用绝热薄膜

这种薄膜是以聚酯薄膜经紫外线吸收剂处理后，在真空中进行蒸镀金属粒子沉积层，然后与一层有色透明的塑料薄膜压制而成。其厚度为 12～50mm，用于建筑物窗玻璃的绝热。其作用原理是将透过玻璃的大部分阳光反射出去，反射率最高可达80%，从而起到了遮蔽阳光、防止室内陈设物褪色等作用，同时还可有效避免玻璃碎片伤人。

4. 绝热材料的选用及基本要求

选用绝热材料应满足的基本要求是：热导率不宜大于 0.23W/(m·K)，表观密度不宜大于 600kg/m³，抗压强度大于 0.3MPa。由于绝热材料的强度一般都很低，因此，除了能单独承重的少数材料外，在围护结构中，通常把绝热材料层与承重结构材料层复合使用。如建筑外墙的保温层通常做在内侧，以免受大气的侵蚀，同时应选用不易碎的材料，如软木板、木丝板等；如果外墙为砖砌空斗墙或混凝土空心制品，则保温材料可填充在墙体的空隙内，此时可采用散粒材料，如矿渣、膨胀珍珠岩等；而高层建筑通常采用外保温，如在外墙的外面粘贴聚苯板保温层。屋顶保温层则以在屋面板上为宜，这样可以防止钢筋混凝土屋面板由于冬夏温差而裂缝，但保温层上必须加做效率良好的防水层。

总之，在选用绝热材料时，应结合建筑物的用途、围护结构的构造、施工难易、材料来源及经济性等因素综合考虑。对于一些特殊建筑物，还必须考虑绝热材料的使用温度条件、不燃性、化学稳定性及耐久性等。

9.2 吸声材料

9.2.1 材料吸声的原理及技术指标

声音起源于物体的振动，它迫使邻近的空气跟着振动而成为声波，并在空气介质中向四周传播。当声波遇到材料表面时，一部分被反射，另一部分穿透材料，其余的部分则传递给材料，在材料的孔隙中引起空气分子与孔壁的摩擦和黏滞阻力，其间相当一部分声能转化为热能而被吸收掉。这些被吸收的能量（E）（包括部分穿透材料的声能在内）与传递给材料的全部声能（E_0）之比，是评定材料吸声性能好坏的主要指标，称为吸声系数，用 α 表示。

材料的吸声系数与声音的频率及声音的入射方向有关。因此吸声系数用声音从各方向入射的吸收平均值表示，并应指出是对哪一频率的吸收。通常规定的六个频率有：125Hz、250Hz、500Hz、1000Hz、2000Hz、4000Hz。任何材料对声音都能吸收，只是吸收程度不同而已。通常是将对上述六个频率的平均吸声系数大于 0.2 的材料，列为吸声材料。

吸声材料大多为疏松多孔的材料，如矿渣棉、毯子等，其吸声机理是声波深入材料的孔隙，且孔隙多为内部互相贯通的开口孔，受到空气分子摩擦和黏滞阻力，以及使细小纤维做机械振动，从而使声能转变为热能。这类多孔性吸声材料的吸声系数，一般从低频到高频逐渐增大，故对高频和中频的声音吸收效果较好。

9.2.2 吸声材料的类型及其结构形式

1. 多孔性吸声材料

多孔性吸声材料是一种常用的吸声材料，它具有良好的中、高频吸声性能。

多孔吸声材料从表到里具有大量内外连通的微小间隙和连续孔隙，有一定的通气性。当声波入射到多孔材料表面时，声波顺着微孔进入材料内部，引起孔隙内的空气振动，由于空气与孔壁的摩擦，空气的黏滞阻力，使振动空气的动能不断转化成微孔热能，从而使声能衰减；在空气绝热压缩时，空气与孔壁间不断发生热交换，由于热传导的作用，也会使声能转化为热能。

凡是符合多孔吸声材料构造特征的，都可以当成多孔吸声材料来利用。目前，市场上出售的多孔吸声材料品种很多。有呈松散状的超细玻璃棉、矿棉、海草、麻绒等，有的已加工成毡状或板状材料，如玻璃棉毡、半穿孔吸声装饰纤维板、软质木纤维板、木丝板；另外还有微孔吸声砖、矿渣膨胀珍珠岩吸声砖、泡沫玻璃等。

多孔性吸声材料的吸声性能与材料的表观密度和内部构造有关。在建筑装修中，吸声材料的厚度、材料背后的空气层及材料孔隙特征等，都对其吸声性能有影响。

（1）材料内部孔隙率及孔隙特征

一般说来，相互连通的细小的开放性的孔隙其吸声效果好，而粗大孔、封闭的微孔对吸声性能是不利的，这与保温绝热材料有着完全不同的要求，同样都是多孔材料，保温绝热材料要求必须是封闭的不相连通的孔。

（2）材料的厚度

增加材料的厚度，可提高材料的吸声系数，但厚度对高频声波系数的影响并不显著，因而为提高材料的吸声能力盲目增加材料的厚度是不可取的。

（3）材料背后的空气层

大部分吸声材料都是周边固定在龙骨上，安装在离墙面5～15mm处。材料背后的空气层相当于增加了材料的有效厚度，因此它的吸声性能一般来说随空气层厚度增加而提高，特别是改善对低频的吸收，它比增加材料厚度来提高低频的吸声效果更有效。当空气层厚度等于1/4波长的奇数倍时，可获得最大的吸声系数。

（4）温度和湿度的影响

温度对材料的吸声性能影响并不很显著，温度的影响主要改变入射声波的波长，使材料的吸声系数产生相应的改变。湿度对多孔材料的影响主要表现在多孔材料容易吸湿变形，滋生泡沫状结构微生物，从而堵塞孔洞，使材料的吸声性能降低。

2. 薄膜、薄板共振吸声结构

薄膜、薄板共振吸声结构是将皮革、人造革、塑料薄膜等材料固定在框架上，背后留有一定的空气层而构成的一种吸声结构，建筑中常用胶合板、薄木板、硬质纤维板、石膏板、石棉水泥板或金属板等固定在墙或顶棚的龙骨上，并在背后留有空气层而形成薄板振动吸声结构。

当声波入射到薄膜、薄板结构时，声波的频率与薄膜、薄板的固有频率接近时，膜、板产生剧烈振动，由于膜、板内部和龙骨间摩擦损耗，使声能转变为机械运动，最后转变为热能，从而达到吸声的目的。由于低频声波比高频声波容易使薄膜、薄板产生振动，所以薄膜、薄板吸声结构是一种很有效的低频吸声结构。土木工程中常用的薄板共振吸声结构的共振频率在80～300Hz之间，在此共振频率附近的吸声系数最大，为0.2～0.5，而在其他共振频率附近的吸声系数就低。

3. 共振吸声结构

共振吸声结构又称共振器，它形似一个瓶子，结构中间具有一定体积的密闭空腔，并通过有一定深度的小孔与声场相联系。受外力激荡时，空腔内的空气会按一定的共振频率振动，此时开口颈部的空气分子在声波作用下，像活塞一样往复振动，因摩擦而消耗声能，起到吸声的效果。如腔口蒙一层细布或疏松的棉絮，可有助于加宽吸声频率范围和提高吸声量。也可同时用几种不同共振频率的共振器，加宽和提高共振频率范围内的吸声量。共振吸声结构在厅堂建筑中应用极广泛。

4. 穿孔板组合共振吸声结构

在各种穿孔板、狭缝板背后设置空气层形成吸声结构，其实也属于空腔共振吸声结构，其原理与共振器相似，它们相当于若干个共振器并列在一起。这类结构取材方便，并有较好的装饰效果，所以使用广泛。穿孔板具有适合于中频的吸声特性。穿孔板还受其板厚、孔径、穿孔率、孔距、背后空气层厚度的影响，它们会改变穿孔板的主要吸声频率范围和共振频率；若穿孔板背后空气层还填有多孔吸声材料，则吸声效果更好。建筑上常用的穿孔板有胶合板、薄木板、硬质纤维板、石膏板、石棉水泥板、铝合金板、薄钢板等。

5. 帘幕

纺织品中除了帆布一类因流阻很大、透气性差而具有膜状材料的性质以外，大都具有多孔材料的吸声性能，只是由于它的厚度一般较薄，仅靠纺织品本身作为吸声材料使用得不到大的吸声效果。如果帘幕、窗帘等离开墙面和窗玻璃有一定的距离，恰如多孔材料背后设置了空气层，尽管没有完全封闭，对中、高频甚至低频的声波具有一定的吸声作用。帘幕的吸声效果与所有材料的种类有关。帘幕吸声体安装、拆卸方便，兼具装饰作用，应用价值极高。

6. 空间吸声体

空间吸声体是一种悬挂于室内的吸声结构。它与一般吸声结构的区别在于它不是与顶棚、墙体等壁面组成吸声结构，而是自成体系。由于声波与悬挂于空间的吸声体的两个或两个以上的面接触，增加了有效的吸声面积，产生边缘效应，加上声波的衍射作用，大大提高吸声效果。空间吸声体常用形式有平板状、圆柱状、圆锥状等，它可以根据不同的使用场合和具体条件，因地制宜地设计成各种形状，既能获得良好的声学效果，又能获得建筑艺术效果。

9.2.3 吸声材料的选用及安装注意事项

在室内采用吸声材料可以抑制噪声，保持良好的音质，故在教室、礼堂和剧院等室内应当采用吸声材料。吸声材料的选用和安装必须注意以下各点：

（1）为使吸声材料充分发挥作用，应将其安装在最容易接触声波和反射次数最多的表面上，而不应把它集中在顶棚上或某一面的墙壁上，并应比较均匀地分布在室内各表面上。

（2）吸声材料强度一般都比较低，应设置在护壁线以上，以免碰撞破损。

（3）多孔吸声材料往往易于吸湿，安装时应考虑到湿胀干缩的影响。

（4）选用的吸声材料应不易虫蛀、腐朽，且不易燃烧。

（5）应尽可能选用吸声系数较高的材料，以便节约材料用量，降低成本。

（6）安装吸声材料时应注意勿使材料的表面被油漆的漆膜堵塞而影响其吸声效果。

虽然有些吸声材料的名称与绝热材料相同，都属于多孔性材料，但在材料的孔隙特征上有着完全不同的要求。绝热材料要求具有封闭的互不连通的气孔，这种气孔越多其绝热性能越好；而吸声材料要求具有开放的互相连通的气孔，这种气孔越多其吸声性能越好，在选用时要注意辨别。

9.3 灌浆材料

灌浆材料是指为达到确定的工程目的所选用的，能够以液态形式存在，且便于利用液压、气压或电化学原理注入相应介质的裂缝、裂隙、孔隙等内部空间并具有胶结固化能力，使介质的泄露通道得到堵塞、物理性状及力学性能得到改善的一类工程材料的总称。在某些工程领域，灌浆材料又经常被称之为注浆材料。灌浆材料可分为固粒灌浆材料、化学灌浆材料和精细矿物灌浆材料。

9.3.1 固粒灌浆材料

固粒灌浆材料是由固体颗粒和水组成的悬浮液。它取材方便，造价低，施工简单，并具有较好的防渗或固结能力，但其所能灌填的缝隙宽度却受其固体颗粒的细度限制。固粒灌浆材料有黏土浆、水泥浆、水泥黏土浆和水泥粉煤灰浆 4 种。

1. 黏土浆

使用最早的灌浆材料。黏土的颗粒细，透水性小，制成的浆液稳定性好，价格低廉，但其结石强度和粘结力都很低，抗渗压的能力也弱，仅用于低水头的临时性防渗工程中。

2. 水泥浆

目前使用最多的灌浆材料。它的胶结性能好，结石强度高，施工也比较方便，适于灌填宽度大于 0.15mm 的缝隙或渗透系数大于 1m/d 的岩层。对具有宽大缝隙的岩石或构筑物、地下水流速或耗浆量很大的岩层灌浆时，常在水泥浆中掺入砂子，以减少浆体结硬时的收缩变形，增加粘结力和减少流失。

水泥浆在各种灌浆材料中使用最广，多用于岩石、基础或构筑物的加固及防渗堵漏、堤坝的接缝处理、后张法预应力混凝土的孔道灌浆以及制作压浆混凝土等。

3. 水泥黏土浆

综合了水泥浆的结石强度高和黏土浆的浆液稳定性好、价格便宜等优点，使用范围比较广，并可根据不同要求选择不同的水泥-黏土配合比。

4. 水泥粉煤灰浆

粉煤灰的颗粒细，与水泥等胶凝材料共同制成的浆液稳定性和流动性都较好，在灌浆工程中的应用日趋广泛。

为了改善固粒灌浆材料的性能，有时还掺用塑化剂、促凝剂等外加剂。

9.3.2 化学灌浆材料

化学灌浆材料是由化学药剂制成的流动性好的液体。用它能灌入比较细微的缝隙，还能根据需要调节凝结时间。化学灌浆材料分无机及有机两种：无机灌浆材料以硅酸钠为主要原料，称硅化用灌浆材料；有机灌浆材料以各种高分子材料为主要原料，目前常用的有硅酸钠、环氧树脂、甲基丙烯酸甲酯、丙烯酰胺及聚氨酯等几种。

1. 硅化用灌浆材料

硅化用灌浆材料是以硅酸钠（水玻璃）为主要原料的化学浆液。有双液法和单液法两种灌注方法：双液法是将硅酸钠和氯化钙两种溶液先后压入，化合后结石强度较高，但由于所用硅酸盐溶液的黏度比较大，一般用于渗透系数为 $2\sim80\mathrm{m/d}$ 的砂质土的加固及防渗；单液法采用比较稀的硅酸钠溶液，其黏度和强度都较低，一般用于黄土或黄土类砂质土的加固。

2. 环氧树脂灌浆材料

环氧树脂灌浆材料以环氧树脂为主体，加入一定比例的固化剂、稀释剂、增韧剂等混合而成。环氧树脂硬化后粘结力强，收缩小，稳定性好，是结构混凝土的主要补强材料。一些强度要求高的重要结构物，多采用环氧树脂灌浆。近年来，也能用于漏水裂缝的处理。

3. 甲基丙烯酸甲酯堵漏浆液

甲基丙烯酸甲酯堵漏浆液简称甲凝，是以甲基丙烯酸甲酯、甲基丙烯酸丁酯为主要原料，加入过氧化苯甲酰、二甲基苯胺和对甲苯亚磺酸等组成的一种低黏度灌浆材料。其黏度比水低，渗透力很强，可灌入 $0.05\sim0.1\mathrm{mm}$ 的细微裂隙，聚合后强度和粘结力都很高，可用于大坝、油管、船坞和基础等混凝土的补强和堵漏。

4. 丙烯酰胺堵漏浆液

丙烯酰胺堵漏浆液简称丙凝。它以丙烯酰胺为基料，以甲醛、过硫酸铵、三乙醇胺、硫酸亚铁、铁氰化钾等为助剂。使用时，将氧化剂和其他材料分别配制成两种溶液，按一定比例同时进行灌注。丙凝浆液的黏度很低，能灌到水泥浆所不能到达的缝隙，然后在缝隙中聚合，变成凝胶体而堵塞渗漏通道。但是，丙凝聚合体的强度很低，可以掺加一定量的脲醛树脂，配成强度较高的丙凝灌浆材料。主要用于防渗堵漏工程。

5. 聚氨酯灌浆材料

聚氨酯灌浆材料简称氰凝，是由异氰酸酯、聚醚和促进剂等配制而成。采用单液灌注，遇水后立即生成不溶于水的凝胶体并同时放出气体，使浆液膨胀，再次向四周渗透，即具有二次渗透的能力。氰凝最后形成的聚合体的抗渗性强，结石强度高，目前用于地下工程的渗漏缝处理。

9.3.3　精细矿物灌浆材料

精细矿物浆材是当代新发展起来的一类灌浆材料。在组分设计上更注重基于不同的天然矿物、人造矿物和特种功能材料的组合，实现浆液性能、固结性能、长期耐久性等方面关键性能的突破。某些精细矿物浆的浆液性能，如浆液稳定性、浆液黏度、可注性、凝胶时间的可调整性、固结强度和固结体占容等重要性能已接近或超过性能优越的化学浆液。

9.4　装饰材料

凡用于建筑装饰装修工程的建筑材料统称为建筑装饰材料。建筑装饰工程的总体效果及功能的实现，是由装饰材料及其配套产品的色彩、光泽、质地、质感、纹理、图案、形体和性能等实现的。

装饰材料敷设在建筑物的表面，用以美化建筑物及其环境、保护建筑物、延长建筑物使用寿命。现代装饰材料还兼有其他功能，如防火、防霉、保温隔热、隔声等。建筑部位的不同，所选用装饰材料的功能也不尽相同。

9.4.1　装饰材料的分类

装饰材料的具体品种繁多且换代速度异常迅速，有许多不同的分类方法，常见的分类方法如下。

1. 按材料的材质分类

按装饰材料的材质可分为无机材料、有机材料和有机—无机复合材料。无机材料，如石材、陶瓷、玻璃、不锈钢、铝型材、水泥等；有机材料，如木材、塑料、有机涂料等；有机—无机复合材料，如人造大理石、彩色涂层钢板、铝塑板、铝合金—石材复合板等。

2. 按材料在建筑物中的装饰部位分类

外墙装饰材料，如天然石材、人造石材、建筑陶瓷、玻璃制品、水泥、装饰混凝土、外墙涂料、铝合金蜂窝板、铝塑板、铝合金二石材复合板等；内墙装饰材料，如石材、内墙涂料、墙纸、墙布、玻璃制品、木制品等；地面装饰材料，如地毯、塑料地板、陶瓷地砖、石材、木地板、地面材料、抗静电板等；顶棚装饰材料，如石膏板、矿棉吸声板、铝合金板、玻璃、塑料装饰板及各类顶棚龙骨材料等；屋面装饰材料，如聚氨酯防水涂料、玻璃、玻璃砖、陶瓷、彩色涂层钢板、阳光板、玻璃钢板等。

9.4.2 装饰材料的基本要求

1. 材料的颜色、光泽、透明性

颜色是材料对光谱选择性反射的结果。不同的颜色给人以不同的心理感受，如红色给人一种温暖、热烈的感觉，有刺激和兴奋的作用；绿色、蓝色给人一种宁静、清凉、寂静的感觉，能消除精神紧张和视觉疲劳。装饰选择的颜色合适、协调，就会创造出美好的工作环境和居住环境。

光泽是材料表面方向性反射光线的性质，用光泽度表示。材料表面越光滑，光泽度越高。当为定向反射时，材料表面具有镜面特征。光泽度对物体形象的清晰程度有决定性影射时，材料表面具有镜面特性，又称镜面反射。不同的光泽度，可改变材料表面的明暗程度并可扩大视野或造成不同的虚实对比。

透明性是光线透过材料的性质。分为透明体（可透光、透视）、半透明体（透光，但不透视）、不透明体（不透光、不透视）。利用不同的透明度可隔断或调整光线的明暗，造成特殊的光学效果，也可使物像清晰或朦胧。

2. 材料的质感

质感是材料的表面组织结构、花纹图案、颜色、光泽和透明性等给人的一种综合感觉，如钢材、陶瓷、木材、玻璃等材料在人的感官中的软硬、轻重、粗细、冷暖等感觉。材料的质感能引起人的心理反应和联想，可加强情感上的气氛。一般而言，粗糙不平的表面能给人以粗犷豪迈的感觉，而光滑细致的表面则给人带来细腻精美的装饰效果。

3. 形状、尺寸、线型

材料的形状和尺寸能给人带来空间尺寸的大小和使用上是否舒适的感觉。在进行装饰设计时，一般要考虑到人体尺寸的需要，对装饰材料的形状和尺寸作出合理的规定。同时，有些表面具有一定色彩或花纹图案的材料在进行拼花施工时，也需考虑其形状和尺寸，如拼花的大理石墙面和花岗石地面等。在装饰设计和施工时，只有精心考虑材料的形状和尺寸，才能取得较好的装饰效果。一定的格缝、凸凹线条也是体现饰面装饰效果的因素。抹灰、水刷石、天然石材、加气混凝土条板等设置分块、分格缝，既是防止开裂、施工接槎的需要，也是装饰立面的比例、尺度感上的需要。门窗口、预制壁板四周、镜边等也是这样，既便于磕碰后的修补和施工，又装饰了立面。饰面的这种线型在某种程度上也可看做是整体质感的一个组成部分，其装饰作用是不容忽视的，应在工艺合理条件下充分加以利用。

4. 功能性

装饰材料不仅要求表面的美观，而且还应具有一定功能。除了外观要求外，还应通过自身的强度、耐久性、防火性及耐腐蚀性等保护主体结构和延长使用寿命。同时，装饰材料的绝热、吸声、防护等功能可以改善使用环境。

5. 耐久性

建筑外部装饰材料要经受日晒、雨淋、冰冻、霜雪、风化和介质侵蚀作用，建筑内部装饰材料要经受摩擦、冲击、洗刷、玷污等作用，因此，建筑装饰材料还要满足耐久性要求。

6. 环保性

装饰材料的生产、施工、使用中，要求能耗少、施工方便、污染低，满足环保要求。近些年的研究结果表明，现代建筑装饰材料的大量使用是引起室内外空气污染的主要因素之一。主要表现为材料表面释放出的甲醛、芳香族化合物、氨和放射性氡超标，通过呼吸和皮肤接触对人体造成危害。建筑装饰材料中的环境污染问题及相应的污染控制需要得到重视，建筑材料放射性元素限量，胶粘剂、涂料等材料中的有害物质限量应符合国家相关标准。

9.4.3 常用材料

1. 天然石材

天然石材是指采自天然岩体经加工而成的块状或板状材料的总称。建筑装饰所用的石材主要是大理石和花岗石两大类。

(1) 大理石

大理石是沉积或其变质的碳酸盐类岩石的商品名称。它包括下列岩石：大理岩、白云岩、石灰岩、砂岩、页岩和板岩。这类岩石构造致密，强度也较高，但硬度不大，易于加工和磨光。因所含杂质不同，而有不同颜色和花纹，这是评价其装饰性的主要指标。大理石多磨成光面以板材形式用做室内的饰面材料，如墙裙、柱面、栏杆、楼梯和地面等。大理石不宜用做室外饰面材料，因为在空气中的酸性气体腐蚀作用下，生成易溶于水的盐类，使表面失去光泽，变得粗糙，降低装饰效果。

大理石装饰板材的板面尺寸有标准和非标准规格两大类，其形状可分为普通板材和异型板材两类。按《天然大理石建筑板材》（GB/T 19766—2005）的规定，普通板材为正方形或矩形，其他的为异型板材。大理石板材产品按质量又分为优等品 (A)、一等品 (B) 和合格品 (C) 3 个等级。

(2) 花岗石

花岗石属于酸性结晶生成岩，是火成岩中分布最广泛的一种，其主要矿物组成为长石、石英和少量主要化学成分为 SiO_2，含量在 65% 以上。建筑装饰工程上所指的花岗石是泛称，指各种以石英、长石为主要成分的组成矿物，并含有少量云母和暗色矿物的火成岩及与之有关的变质岩，如花岗岩、辉绿岩、辉长石、玄武岩、橄榄岩、片麻岩等。

花岗石构造致密、强度高、密度大、吸水率低、材质坚硬、耐磨，属于硬质石材。化学成分中 SiO_2 含量高，因此其耐酸性、抗风化能力及耐久性好，使用年限长。从外观来看，花岗石常呈整体均粒状结构，称为花岗结构，纹理呈斑点状，有深浅层次，构成这类石材的独特效果，这也是从外观上区别花岗石和大理石的主要特征。花岗石的颜色主要由正长石的颜色和云母、暗色矿物的分布情况而定。其颜色有黑白、黄麻、灰色、红黑、红色等。

天然花岗石板材根据国家标准《天然花岗石建筑板材》（GB/T 18601—2009），分为优等品（A）、一等品（B）和合格品（C）三个等级。

2. 人造石材

人造石材是使用无机或有机胶凝材料作为胶粘剂，以天然砂、碎石、石粉等为粗、细填充料，经成型、固化、表面处理而成的一种人造材料。常见的有人造大理石和人造花岗石。人造石材是模仿天然石板材的表面纹理和色彩人工合成的，因此具有大理石、花岗石的机理特征，且色泽均匀、结构致密、重量轻、耐磨、耐水、耐腐、耐污染，可锯切、钻孔，还可以制作成弧形、曲面等天然石材难以加工的复杂形状。人造石材可用于立面、柱面、室内地面、卫生间台面、楼面板、窗台板、茶几等。人造石材不仅有类似于天然大理石、花岗石的性质，而且有天然材料不具备的性能，高质量的人造石材的物理、力学性能可等于或优于天然石材。与天然石材相比，人造石材是一种经济的饰面材料。人造石材的缺点是色泽、纹理不及天然石材美丽、自然、柔和，有的品种表面耐刻划能力差，有的板材在使用中易发生翘曲变形等。

随生产材料和制造工艺的不同，可把人造石材分成以下几类。

（1）水泥型人造石材

水泥型人造石材是以各种水泥为胶凝材料，天然石英砂为细骨料，碎大理石、碎花岗石等为粗骨料，经配料、搅拌混合、浇筑成型、养护、磨光和抛光而制成的。该类人造石材中，以铝酸盐水泥作为胶凝材料的性能最为优良。水泥型人造石材成本低，但耐腐蚀能力较差，若养护不好，易产生龟裂，表面易返碱，不宜用于卫生洁具和外墙装饰。

（2）树脂型人造石材

树脂型人造石材多以不饱和树脂为胶凝材料，配以天然大理石、花岗石、石英砂或氢氧化铝等无机粉状、粒状材料，经配料、搅拌和浇筑成型，在固化剂、催化剂作用下发生固化，再经脱模、抛光等工序制成。树脂型人造石材的主要特点是光泽度高、质地高雅、强度硬度较高、耐水、耐污染、基色浅、花色可设计性强。缺点是如果填料级配不合理，产品易出现翘曲。

（3）复合型人造石材

复合型人造石材的胶凝材料既有有机胶凝材料，又有无机胶凝材料。它是先用水泥、石粉等制成水泥砂浆的坯体，再将坯体浸于有机单体中，使其在一定条件下聚合而成。若为板材，则底层采用性能稳定而价廉的无机材料，面层采用树脂和大理石粉制作。复合型人造石材制品的造价较低，但它受温差影响后聚合面易产生剥落或开裂。

（4）烧结型人造石材

烧结型人造石材的生产工艺与陶瓷相似，它是将长石、石英、辉绿石、方解石等粉料和赤铁矿粉以及一定量高岭土混合，制备坯料，用半干压法成型，经窑炉 1000℃ 左右的高温焙烧而成。该种人造石材因采用高温焙烧，能耗大，造价较高，实际应用得较少。

3. 陶瓷

凡以黏土、长石和石英为基本原料，经配料、制坯、干燥和焙烧而制得的成品，统称为陶瓷制品。陶瓷制品按其致密程度分为陶质、瓷质和炻质。

陶质多为多孔结构，吸水率大，表面粗糙无光，敲击时声音粗哑，有无釉和施釉两种制品。根据其原料土杂质含量的不同，又可分为粗陶和精陶两种。建筑上常用的烧结黏土砖、瓦为粗陶制品，釉面砖以及卫生陶瓷和彩陶属于精陶。瓷器的坯体致密，基本上不吸水，半透明性，通常都施有釉层。瓷器制品多为日用品、美术用品等。炻器介于陶器与瓷器之间，炻器与陶器的区别在于陶器坯体是多孔的，而炻器坯体的孔隙率却很低，吸水率通常小于2%。炻器与瓷器的区别主要是炻器坯体多数带有颜色且无半透明性。建筑饰面用的外墙面砖、地面砖和陶瓷锦砖等均属炻器。常用建筑陶瓷制品介绍如下。

（1）外墙面砖

外墙面砖也称外墙贴面砖或面砖。它是以焙烧后为白色的耐火黏土为主要原料，加入适量非可塑性掺料及助熔剂所制成的。外墙面砖表面有光滑、粗糙或凹凸花纹的，上釉或不上釉的。上釉的外墙面砖也称彩釉砖。使用最多的是光平的无釉面砖。面砖背面有纹路，便于与墙面粘结。未加着色剂的砖呈白色，加入着色剂可获得由浅至深的各种颜色，色调柔和。作为外墙饰面材料，应该有较小的吸水率、较高的抗冻性和大气稳定性。外墙面砖耐久性高，对建筑物有良好的装饰和保护作用，广泛用于各种建筑中。

（2）内墙面砖

内墙面砖一般都上釉，所以有釉面砖、瓷砖或釉面瓷砖之称。釉面砖所用原料与外墙面砖基本相同。釉面砖有各种颜色，而以浅色居多，表面的釉层有不同类型：光亮釉、花釉、珠光釉、结晶釉等。釉面砖分为亮光釉面砖和亚光釉面砖。亮光釉面砖：砖体的釉面光洁干净，光的放射性良好。这种砖比较适合于铺贴在厨房的墙面；亚光釉面砖：砖体表面光洁度差，对光的反射效果差，给人的感觉比较柔和舒适。釉面砖按形状分为正方形、长方形及配件砖（圆边、阴角、阳角、压顶等）。釉面砖多用于卫生间、厨房、实验室、医院、精密仪器车间等墙面。由釉面砖组成的瓷砖壁画，以及一些彩色釉面砖可用做大型公共建筑的内部装饰。

（3）陶瓷地板砖

陶瓷地板砖的品种按铺贴位置分为室内地板砖和室外地板砖。

室内地板砖有釉面砖、抛光砖、玻化砖、印花砖、防滑砖和特种防酸地砖等。其中玻化砖（通体砖）是将岩石碎屑经过高压压制而成，表面抛光后坚硬度可与石材相比，吸水率更低，性能优于釉面砖。地板砖选用时除考虑色泽、质感外，还应检查吸水率、耐磨度、耐酸性和耐污染指标，以及放射性物质含量指标。

室外地板砖包括地坪砖、草坪砖、广场砖等，一般不上釉，颜色多为暗红、淡黄或彩色图案。有的地砖表面带有凹凸花纹，既美观又防滑，形状有方形、长方形和六边形。室外地板砖应具有较高的抗冻性。

（4）陶瓷锦砖

陶瓷锦砖俗称马赛克（Mosaic），是由各种颜色、多种几何形状的小块瓷片（长边一般不大于50mm）铺贴在牛皮纸上的陶瓷制品（又称纸皮砖）。

陶瓷锦砖有有釉和无釉两类，目前各地产品多是无釉的。按砖联分为单色、拼花两种。陶瓷锦砖质地坚实，经久耐用，色泽图案多样，耐酸、耐碱、耐火、耐磨，吸水率小，不渗水，易清洗，热稳定性好。陶瓷锦砖的技术要求应满足建材行业标准《陶瓷马赛克》（JC/T 456—2015）的规定，主要有以下几个方面：单块锦砖的尺寸允许偏差、每联锦砖的线路和联长的尺寸偏差、外观质量（夹层、釉裂、开裂、斑点、缺角、缺边、变形等）、物理性能和成联质量等。

陶瓷锦砖具有色泽明净、图案美观、质地坚硬、抗压强度高、耐污染、耐酸碱、耐磨、耐水、易清洗等优点，且造价便宜。主要用于车间、化验室、门厅、走廊、厨房、盥洗室等的地面和墙面装饰。用于外墙饰面，具有一定的自洁作用。还可用于镶拼壁画、文字及花边等。

（5）琉璃制品

建筑琉璃制品是一种极具中华民族文化特色和风格的传统建筑材料，它不仅适用于传统建筑物，也适用于具有民族风格的现代建筑物。琉璃制品是用难熔黏土经制坯、干燥、素烧、施釉、釉烧而成。建筑琉璃分为瓦类（板瓦、滴水瓦、筒瓦、沟头等）、脊类（正脊筒瓦等）和饰件类（吻、兽、博古等）三类。

建筑琉璃制品的技术要求应满足《建筑琉璃制品》（JC/T 765—2015）的规定，包括以下几方面：尺寸偏差、外观质量、吸水率、抗冻性、弯曲破坏荷载、耐急冷急热性、光泽度等。

建筑琉璃制品质地致密、表面光滑、不易玷污、坚实耐久、色彩绚丽、造型古朴、富有民族特点。常见的颜色有金黄、翠绿、宝蓝、青、黑、紫色等。主要用于体现我国传统建筑风格的宫殿式建筑及纪念性建筑上，还常用于建造园林建筑中的亭台楼阁。琉璃制品还常用做建筑的高级屋面材料，用于各类坡屋顶，可体现现代与传统的完美结合。

（6）卫生陶瓷

卫生陶瓷是用于卫生设施上的有釉炻质产品，是用耐火黏土或难熔黏土经配料制浆、灌浆成型、上釉焙烧而成。卫生陶瓷颜色为白色或彩色。卫生陶瓷制品有洗面器、大便器、小便器、水箱、洗涤槽等。

卫生陶瓷制品要求达到规定的尺寸精度、冲洗功能和外观质量，一件产品或全套产品之间无明显色差。卫生陶瓷制品具有表面光亮、结构致密、气孔率小、强度较高、热稳定性好、不易玷污、便于清洗、耐化学腐蚀等特点。

4. 玻璃

玻璃是各种建筑材料中唯一能用透光性来控制和隔断空间的材料。建筑玻璃正向多品种多功能方向发展，兼具装饰性与适用性的玻璃新品种不断问世，从而为现代建筑设计提供了更大的选择性，如平板玻璃已由过去单纯作为采光材料，而向控制光线，节约能源，控制噪声，提高装饰效果等多功能方向发展。在现代建筑中，越来越多地运用玻璃门窗、玻璃幕墙及玻璃制品，因而减轻了建筑结构的自重。

建筑玻璃按其功能一般分为以下几类。

（1）平板玻璃

这一类玻璃制品主要包括普通平板玻璃、磨砂平板玻璃、磨光平板玻璃、花纹平板玻璃和浮法平板玻璃，厚度通常为2mm、3mm、5mm、6mm、8mm、10mm、12mm 直至 19mm等，建筑中主要利用其透光性和透视性，用做建筑物的门窗、橱窗及屏风等装饰。

（2）饰面玻璃

饰面玻璃包括毛玻璃、彩色玻璃、花纹玻璃、激光玻璃、玻璃锦砖等，建筑中主要利用其表面色彩图案花纹及光学效果等特性，用于立面装饰和地坪装饰。

（3）安全玻璃

安全玻璃是指具有良好安全性能的玻璃。主要特性为力学强度比较高，抗冲击能力较好，被击碎时碎块不会飞溅伤人，并兼有防火的功能。安全玻璃有钢化玻璃和夹层玻璃，另外，夹丝玻璃也有一定的安全性。

（4）功能玻璃

功能玻璃是指具有保温绝热、防紫外线、光控或电控变色等特性的玻璃。吸热玻璃和热反射玻璃可克服温、热带建筑物普通玻璃窗的暖房效应，减少空调能耗，取得较好的节能效果，同时，能吸收紫外线，使刺目耀眼的阳光变得柔和，起到防眩的作用。

（5）玻璃砖

玻璃砖是块状玻璃制品，包括特厚玻璃、玻璃空心砖、玻璃锦砖、泡沫玻璃等，主要用于屋面和墙面装饰。玻璃空心砖一般是由两块压铸成凹形的玻璃经熔接或胶接成整块的空心砖。砖面可为平光，也可在内、外压铸多种花纹，砖内腔可为空气，也可填充玻璃棉等，其形状有方形、圆形等。玻璃空心砖绝热、隔声，光线柔和，可用来砌筑透光墙壁、隔断、门厅、通道等。

5. 金属材料

金属是建筑装饰工程中不可缺少的重要材料之一。金属装饰制品坚固耐用，装饰表面具有独特的质感，同时还可翻成各种颜色，表面光泽度高，庄重华贵，且安装方便。目前，建筑装饰工程中常用的金属制品主要有不锈钢板与钢管、彩色不锈钢板、彩色涂层钢板和彩色压型钢板以及镀锌钢卷帘门窗及轻钢龙骨、铝合金门窗等。

建筑装饰中常用的不锈钢制品主要是薄钢板，其中厚度小于2mm的薄钢板用得最多。不锈钢的主要特征是耐腐蚀，光泽度高。不锈钢可以加工成幕墙、隔墙、门、窗、内外墙饰面、栏杆扶手等。目前，不锈钢包柱被广泛用于大型商场、宾馆和餐馆的入口、门厅、中厅等处，在通高大厅和四季厅之中，也常被采用。

彩色不锈钢板是在不锈钢板上进行技术性和艺术性加工，使其表面成为具有各种绚丽色彩的不锈钢装饰板。彩色不锈钢板可用在厅堂墙板、顶棚、电梯箱板、车厢板、招牌等的装饰之用。

彩色压型钢板是以镀锌钢板为基材，经成型机轧制，并涂敷各种耐腐蚀涂层与彩色烤漆而制成的轻型围护结构材料。这种钢板具有质量轻、抗震性好、耐久性强、色彩鲜艳、易加工及施工方便等优点，适用于工业与民用及公共建筑的屋盖、墙板及墙壁装饰等。

轻钢龙骨是用冷轧钢板（带）、镀锌钢板（带）或彩色涂层钢板（带）作原料，采用冷弯工艺生产的薄壁型钢，具有强度高、通用性强、安装方便、防火等特点，可与水泥压力板、岩棉板、纸面石膏板、石膏板、胶合板等板材配套使用，可适用于各类场所的隔断和吊顶的装饰。

铝合金门窗是将经过表面处理的铝合金型材，经加工制成的门窗框构件，再经与连接件、密封件、开闭五金件一起组合装配而成。铝合金门窗框料型材表面经过氧化着色处理，可着银白色、古铜色、暗红色等柔和的颜色，表面光洁，色泽牢固。铝合金门窗的主要特点是重量轻、密封性能好、色调美观、耐腐蚀、坚固耐用。目前，多采用隔热断桥铝合金，它是在铝型材中间穿入塑料隔热条，将铝型材断开形成断桥，有效阻止热量的传导。并显著提高了门窗的气密性和水密性，采用中空玻璃，提高了保温性能和隔声效果，是第五代新型门窗。

6. 木材与竹材

木材具有美丽的天然纹理，柔和温暖的视觉触觉特性，给人以古朴、雅致、亲切的质感，因此，木材作为装饰与装修材料，有其独特的魅力和价值。装饰用木材的树种包括杉木、红松、水曲柳、柞木、栎木、楠木和黄杨木等。常见的木制装饰品有木板、木线、木花格等。木制装饰板的种类很多，常用的有薄木贴面板、胶合板、纤维板、刨花板、细木工板、木地板等。

木装饰线条简称木线，其种类繁多，主要有楼梯扶手、压边线、墙腰线、天花角线、弯线、挂镜线、门窗镶边和家具装饰等。各类木线立体造型各异，每类木线又有多种断面形状，如平线、半圆线、麻花线、鸠尾形线、半圆饰、齿形饰、浮饰、粘附饰、钳齿饰、十字花饰、梅花饰、叶形饰及雕饰等多种。采用木线装饰可增加高雅、古朴和自然亲切之感。

竹材也可用于某些特色装修。竹地板采用天然原竹，经锯片、干燥、四面修平、上胶、拼板、开槽、砂光、涂漆等工艺，同时经过防霉、防蛀和防水处理而得。产品表面光洁、耐磨，花纹与色泽自然，不变形、防水、脚感舒适、易于维护和清理。适用于宾馆、住宅和办公室的地面装饰。

第 10 章　建筑防水材料

　　建筑物的围护结构要防止雨水、雪水和地下水的渗透；要防止空气中的湿气、蒸汽和其他有害气体与液体的侵蚀；分隔结构要防止给水排水的渗翻。这些防渗透、渗漏和侵蚀的材料统称为防水材料。

　　防水材料目前已广泛应用于工业与民用建筑、水利工程、市政建设、地下水工程、道路桥梁、隧道涵洞、国防军工等领域。防水工程的质量在很大程度上取决于防水材料的性能和质量。防水材料的主要特征是本身致密、孔隙率很小，或具憎水性，能够填塞、封闭阻断其他材料内部孔隙，从而达到防止渗漏的目的。防水材料应具有良好的耐候性、抗水渗透和耐酸碱性能、能承受温差变化以及各种外力与基层伸缩、开裂所引起的变形以及整体性好等特点。

　　建筑防水材料种类繁多，特别是近年来，我国新型防水材料飞速发展，新品种不断问世。防水材料有多种分类方法。

　　按形态和功能可分为防水卷材、防水涂料、防水密封材料等几类。

　　按材料组分可分为有机防水材料和无机防水材料两大类。有机防水材料又可分为沥青基防水材料、合成高分子防水材料及复合防水材料等。无机防水材料又可分为非金属防水材料（如防水混凝土、防水砂浆等）和金属防水材料（镀锌薄钢板、不锈钢薄板、紫铜止水片等）两大类。

　　建筑防水材料可分为柔性防水材料和刚性防水材料两类。柔性防水材料是指具有一定柔的防水材料，如防水涂料、防水卷材、防水密封材料，它们构成柔性防水材料是指强度较高、无延伸能力的防水材料，如防水砂浆、防水混凝土等。

10.1 防水卷材

防水卷材是指可卷曲成卷状的柔性防水材料。

防水卷材主要是用于建筑墙体、屋面，以及隧道、公路、垃圾填埋场等处，起到抵御外界雨水、地下水渗漏的一种可卷曲成卷状的柔性建材产品，作为工程基础与建筑物之间无渗漏连接，是整个工程防水的第一道屏障，对整个工程起着至关重要的作用。

防水卷材按卷材的结构不同可分为有胎卷材和无胎卷材。有胎卷材是一种用玻璃布、石棉布、棉麻织品、厚纸等增强材料作胎体，浸渍或涂敷沥青、合成高分子材料，表面撒布粉状、粒状或片状防粘材料制成的卷材，也称为浸渍卷材。无胎卷材是将沥青、塑料或橡胶与填充料、添加剂等经配料、混炼、压延而成的防水材料，也称辊压卷材。

为了满足防水工程的要求，防水卷材必须具备以下性能：

（1）耐水性。即在水的作用和被水浸润后其性能基本不变，在水的压力下具有不透水性。

（2）温度稳定性。即在高温下不流淌、不起泡、不滑动，低温下不脆裂的性能，亦可理解为是在一定温度变化条件下保持原有性能的能力。

（3）机械强度、延伸性和抗断裂性。即在承受建筑结构允许范围内荷载和变形条件下不断裂的性能。

（4）柔韧性。在低温下保持柔韧的性能。对于防水材料特别要求具有低温柔性，保证易于施工、不脆裂。

（5）大气稳定性。即在阳光、热、氧气及其他化学侵蚀介质、微生物侵蚀介质等因素的长期综合作用下抵抗老化、侵蚀的性能。

现介绍沥青防水卷材。

沥青防水卷材是传统的防水材料（俗称油毡）。沥青防水卷材是在基胎（如原纸、纤维织物等）上浸涂沥青后，再在表面撒布粉状或片状的隔离材料而制成的可卷曲的片状防水材料，是目前用量最大的防水卷材品种。它价格低廉、货源充足、结构致密、防水性能良好，对腐蚀性液体、气体抵抗力强，粘附性好，有塑性，对基材的变形有较好的适应性。

1. 石油沥青纸胎油毡、油纸

石油沥青纸胎油毡系用低软化点石油沥青浸渍原纸，然后用高软化点石油沥青涂盖油纸两面，再撒以隔离材料所制成的一种纸胎防水卷材。油毡按其原纸纸胎每平方米质量克数分别为 200、350 和 500 号 3 个等级。

纸胎油毡易腐蚀、耐久性差、抗拉强度较低，且消耗大量优质纸源。目前，已大量用玻璃布及玻纤毡等为胎基生产沥青卷材。

2. 石油沥青玻璃布油毡

石油沥青玻璃布油毡是用玻璃纤维布为胎基涂盖石油沥青，并在两面撒布粉状隔离材料所制成的。

玻璃布油毡的柔度大大优于纸胎油毡，且能耐霉菌腐蚀。适用于铺设地下防水、防腐层，并用于屋面作防水层及金属管道（热管道除外）的防腐保护层。

3. 石油沥青玻璃纤维胎油毡

采用玻璃纤维薄毡为胎基，浸涂石油沥青，在其表面涂撒以矿物材料或覆盖聚乙烯膜等隔离材料所制成的一种防水卷材。

15 号玻纤胎油毡用于一般工业与民用建筑的多层防水，并用于包扎管道（热管道除外），作防腐保护层。25 号、35 号玻纤胎油毡适用于屋面、地下、水利等工程多层防水，其中 35 号可采用热熔法施工用于多层（或单层）防水。彩砂面玻纤胎油毡适用于防水屋面层和不再做表面处理的斜屋面。

4. 铝箔面油毡

铝箔面油毡是采用玻纤毡为胎基，浸涂氧化沥青，在其表面用压纹铝箔贴面，底面撒以细颗粒矿物材料或覆盖聚乙烯（PE）膜，所制成的一种具有热反射和装饰功能的防水卷材。30

号油毡适用于多层防水工程的面层。40 号油毡适用于单层或多层防水工程的面层。

5. 其他石油沥青油毡

如石油沥青麻布油毡采用麻织品为底胎，先浸渍低软化点石油沥青，然后涂以含有矿物质填充料的软化点石油沥青，再撒布一层矿物质石粉而制成。该卷材抗拉强度高，抗酸碱性强，柔韧性好，但耐热度较低。适用于要求比较严格的防水层及地下防水工程，尤其适用于要求具有高强度的多层防水层及基层结构有变形和结构复杂的防水工程和工业管道的包扎等。

10.2 高聚物改性沥青防水卷材

以高聚物改性沥青为涂盖层，纤维毡、纤维织物或其他材料为体，表面覆以矿物质粉粒或薄膜为覆盖材料，制成的防水卷材，总称为高聚物改性沥青防水卷材。高聚物改性沥青防水卷材不但具有良好的高、低温特性，而且还具有良好的弹塑性、憎水性和粘结性等。同时，使用新型胎体代替原纸作增强材料，大大提高了卷材的强度和延伸率，克服了纸胎油毡强度低、延伸率差、易吸水、易腐烂等缺点。

高聚物改性沥青防水卷材为有胎卷材，属中高档防水卷材。常用的改性沥青防水卷材主要有弹性体 SBS 改性沥青卷材、塑性体 APP 改性沥青卷材、改性沥青聚乙烯胎卷材和自粘聚合物改性沥青防水卷材等。

10.2.1 弹性体改性沥青防水卷材

弹性体改性沥青防水卷材是以沥青或热塑性弹性体（如SBS）改性沥青浸渍胎基，两面涂以弹性体改性沥青，上表面撒以细砂、矿物粒（片）或覆盖聚乙烯膜，下表面撒以细砂或覆盖聚乙烯膜所制成的一类防水卷材。

SBS 改性沥青油毡：SBS 是对沥青改性效果最好的高聚物，它是一种热塑性弹性体，是塑料、沥青等脆性材料的增韧剂，加入到沥青中的 SBS（添加量一般为沥青的 $10\%\sim15\%$）与沥青相互作用，使沥青产生吸收、膨胀，形成分子键牢固的沥青混合物，从而显著改善了沥青的弹性、延伸率、高温稳定性和低温柔韧性、耐疲劳性和耐老化等性能。

SBS改性沥青油毡是以玻纤毡、聚酯毡等增强材料为胎体，以SBS改性石油沥青为浸渍涂盖层，以塑料薄膜为防粘隔离层，经过选材、配料、共熔、浸渍、复合成型、收卷曲等工序加工而成的一种柔性防水卷材。

SBS改性沥青油毡的延伸率高，可达150%，大大优于普通纸胎油毡，对结构变形有很高的适应性；有效使用范围广，为－38～119℃；耐疲劳性能优异，疲劳循环1万次以上仍无异常。

SBS改性沥青油毡通常采用冷贴法施工，可用于屋面及地下室等防水工程，其主要配套材料有氯丁胶粘剂（卷材间及与基层粘结用），有时为加强粘结还在氯丁胶粘剂中掺入适量401胶；另一种配套材料为二甲苯（或甲苯），主要用做基层处理剂和稀释剂。

SBS改性沥青油毡除用于一般工业与民用建筑防水外，尤其适用于高级和高层建筑物的屋面、地下室、卫生间等的防水防潮，以及桥梁、停车场、屋顶花园、游泳池、蓄水池、隧道等建筑的防水。又由于该卷材具有良好的低温柔韧性和极高的弹性延伸性，更适合于北方寒冷地区和结构易变形的建筑物的防水。

10.2.2 塑性体改性沥青防水卷材

塑性体改性沥青防水卷材是用沥青或热塑性弹性体（如无规聚丙烯APP或聚烯烃类聚合物APAO、APO）改性沥青浸渍胎基，两面涂以塑性体沥青形成涂盖层，上表面撒以细砂、矿物粒（片）或覆盖聚乙烯膜，下表面撒以细砂或覆盖聚乙烯膜所制成的一类防水卷材。

APP改性沥青油毡：石油沥青中加入2%～35%APP（无规聚丙烯）可以大幅度提高沥青的软化点，并能明显改善其低温柔韧性。

APP 改性沥青油毡是以玻纤毡或聚酯毡为胎体，以 APP 改性沥青为预浸涂盖层，然后上层撒上隔离材料，下层覆盖聚乙烯薄膜或撒布细砂而成的沥青防水卷材。该类卷材的特点是良好的弹塑性、耐热性和耐紫外老化性能，其软化点在 150℃ 以上，温度适应范围为 －15～130℃，耐腐蚀性好，自燃点较高（265℃）。与 SBS 改性沥青油毡相比，除在一般工程中使用外，APP 改性沥青防水卷材由于耐热度更好而且有着良好的耐紫外老化性能，故更加适应于高温或有太阳辐照地区的建筑物的防水。

10.2.3 改性沥青聚乙烯胎防水卷材

用改性沥青为基料，以高密度聚乙烯膜为胎体和覆面材料，经辊压、水冷、成型而制成的防水卷材。

《改性沥青聚乙烯胎防水卷材》（GB 18967—2009）规定：按基料分有氧化改性沥青、丁苯橡胶改性氧化沥青和高聚物改性沥青（SBS 或 APP）3 类。

改性沥青聚乙烯胎防水卷材具有防水、隔热、保温、装饰、耐老化、耐低温的多重功能，其抗拉强度高、延伸率大、施工方便、价格较低。适用于工业与民用建筑工程地下工程防水、非暴露型屋面防水工程及隧道、水池、水坝等隐蔽工程的防水。

10.2.4 自粘聚合物改性沥青防水卷材

自粘聚合物改性沥青防水卷材，是以高聚物、优质重交沥青、增塑剂、增黏剂、抗老化剂等为基料，以高弹高强高分子树脂膜、铝箔等为表面材料的无胎防水材料。它采用防粘纸作为隔离层，简称自粘卷材。

自粘聚合物改性沥青防水卷材，具有较高的不透水性、抗变形性、自愈性和低温柔性等。由于它施工简单、铺设速度快，已成为当今防水材料的"新宠"。这种防水材料在国内外均属于起步阶段，无论在原材料、配方、工艺、应用和施工等方面，都在不断研究和探索之中。是一种很有发展前景的新型防水材料。

目前的卷材基料主要有橡胶 SBS 等弹性体，表面材料主要有聚乙烯膜（非外露防水工程）、铝箔（外露防水工程）和无膜（辅助防水工程）等。

自粘聚合物改性沥青防水卷材适用于屋面、墙体、地下室、卫生间、水池、地铁、水库等防水防漏工程。特别适用于油库、化工厂、纺织厂、粮库的防水，对构件变形部位、木结构、金属结构的防水有独到之处。

自粘聚合物改性沥青防水卷材施工要求较高，基层表面应该坚固、平整、干燥、无灰无油污；基层面要均匀涂刷专用处理剂；铺粘前要弹线定位，转角处应做成圆角；收头和四周末端，应采用密封膏封头；基层处理剂和密封膏要密封保存。

10.3　合成高分子防水卷材

合成高分子防水卷材是除沥青基防水卷材外，近年来大力发展的防水卷材。合成高分子防水卷材是以合成橡胶、合成树脂或者两者共混体为基料，加入适量的化学助剂、填充料等，经混炼、压延或挤出成型、硫化、定型等加工工艺制成的防水卷材。

合成高分子防水卷材耐热性和低温柔韧性好，拉伸强度、抗撕裂强度高，断裂伸长率大，耐老化、耐腐蚀、耐候性好，适应冷施工，属高中档防水卷材。

合成高分子防水卷材品种较多，一般基于原料组成和性能，分为橡胶类、树脂类和橡塑共混类 3 类；目前最具代表性的有三元乙丙橡胶防水卷材、聚氯乙烯防水卷材和氯化聚乙烯—橡胶共混防水卷材。

第 11 章 沥青和沥青混合料

沥青是高分子碳氢化合物及其非金属（氧、氮、硫等）衍生物组成的极其复杂的混合物，在常温下呈现黑色或黑褐色的固体、半固体或液体状态。

沥青作为一种有机胶凝材料，具有良好的黏性、塑性、耐腐蚀性和憎水性，在建筑工程中主要用做防潮、防水、防腐蚀材料，用于屋面、地下防水工程以及其他防水工程和防腐工程，沥青还大量用于道路工程。

沥青按产源不同分类如下：

1. 地沥青

（1）天然沥青：由沥青湖或含有沥青的砂岩、砂等提炼而得。

（2）石油沥青：由石油蒸馏后的残留物经加工而得。

2. 焦油沥青

（1）煤沥青：由煤焦油蒸馏后的残留物经加工而得。

（2）页岩沥青：由油页岩炼油工业的副产品加工而得。

建筑工程和道路工程主要应用石油沥青，另外还使用少量的煤沥青。

11.1 石油沥青及煤沥青

石油沥青是石油原油经蒸馏提炼出各种轻质油（如汽油、煤油、柴油等）及润滑油以后的残留物，或再经加工而得的产品。煤沥青是炼焦厂或煤气厂生产的副产品。本节主要介绍石油沥青的组分、性质、技术标准和石油沥青的选用、掺配及改性。此外，也简单介绍煤沥青的特点及应用。

11.1.1 石油沥青的组分与结构

1. 石油沥青的组分

沥青的化学组成极为复杂，对其进行化学成分分析十分困难。从工程使用的角度出发，通常沥青中化学成分和物理性质相近，并且具有某些共同特征的部分，划分为一个组分。一般将石油沥青划分为油分、树脂和地沥青质3个主要组分，这3个组分可利用沥青在不同有机溶剂中的选择性溶解分离出来。

不同组分对石油沥青性能的影响不同。油分赋予沥青流动性；树脂使沥青具有良好的塑性和粘结性；地沥青质则决定沥青的耐热性、黏性和脆性，其含量越多，软化点越高，黏性越大，越硬脆。

2. 石油沥青的结构

（1）胶体结构的形成

现代胶体学说认为，在沥青中，油分与树脂互溶，树脂浸润地沥青质。因此，石油沥青的结构是以地沥青质为核心，周围吸附部分树脂和油分，构成胶团，无数胶团分散在油分中而形成胶体结构。

（2）胶体结构类型

1）溶胶结构

当地沥青质含量相对较少，油分和树脂含量相对较高时，胶团外膜较厚，胶团之间相对运动较自由，这时沥青形成溶胶结构。具有溶胶结构的石油沥青黏性小而流动性大，温度稳定性较差。

2）凝胶结构

当地沥青质含量较多而油分和树脂较少时，胶团外膜较薄，胶团靠近聚集，移动比较困难，这时沥青形成凝胶结构。具有凝胶结构的石油沥青弹性和粘结性较高，温度稳定性较好，但塑性较差。

3）溶胶—凝胶结构

当地沥青质含量适当，并有较多的树脂作为保护膜层时，胶团之间保持一定的吸引力，这时沥青形成溶胶—凝胶结构。溶胶—凝胶型石油沥青的性质介于溶胶型和凝胶型两者之间。

11.1.2　石油沥青的主要技术性质

1. 黏滞性

石油沥青的黏滞性（简称黏性）是反映沥青材料内部阻碍其相对流动的一种特性。也可以说，它反映了沥青软硬、稀稠的程度，是划分沥青牌号的主要技术指标。

工程上，液体石油沥青的黏滞性用黏滞度（也称标准黏度）指标表示，它表征了液体沥青在流动时的内部阻力；对于半固体或固体的石油沥青则用针入度指标表示，它反映了石油沥青抵抗剪切变形的能力。

黏滞度是在规定温度 t（通常为 20℃、25℃、30℃ 或 60℃），规定直径 d（为 3mm、5mm 或 10mm）的孔流出 $50cm^3$ 沥青所需的时间秒数 T。常用符号"$C_t^d T$"表示。

针入度是在规定温度 25℃ 条件下，以规定质量 100g 的标准针，在规定时间 5s 内贯入试样中的深度（1/10mm 为 1 度）表示。针入度越大，表示沥青越软，黏度越小。地沥青质含量高，有适量的树脂和较少的油分时，石油沥青黏滞性大。温度升高，其黏性降低。

2. 塑性

塑性是指石油沥青材料在外力作用时产生变形而不被破坏，除去外力后仍保持变形后的形状不变的性质。它是石油沥青的主要性能之一。

石油沥青的塑性用延度指标表示。沥青延度是把沥青试样制成∞字形标准试件（中间最小截面积为 $1cm^2$），在规定的拉伸速度（5cm/min）和规定温度（25℃）下拉断时的伸长长度，以 cm 为单位。延度值越大，表示沥青塑性越好。

沥青中油分和地沥青质适量，树脂含量越多，延度越大，塑性越好。温度升高，沥青的塑性随之增大。

3. 温度敏感性

温度敏感性是指石油沥青的黏滞性和塑性随温度升降而变化的性能，是沥青的重要指标之一。

温度敏感性用软化点指标衡量。软化点是指沥青由固态转变为具有一定流动性膏体的温度，可采用环球法测定。它是把沥青试样装入规定尺寸（直径 $15.9\pm0.1mm$，高 $6.4\pm0.1mm$）的铜环内。试样上放置一标准钢球（直径 $9.53mm$，质量 $3.5\pm0.05g$），浸入水中或甘油中，以规定的升温速度（$5\pm0.5℃/min$）加热，使沥青软化下垂。当沥青下垂量达 $25.4mm$ 时的温度（℃），即为沥青软化点。软化点越高，表明沥青的耐热性越好，即温度稳定性越好。

沥青软化点不能太低，否则夏季易融化发软；但也不能太高，否则不易施工，并且质地太硬，冬季易发生脆裂现象。石油沥青温度敏感性与地沥青质含量和蜡含量密切相关。地沥青质增多，温度敏感性降低。工程上往往用加入滑石粉、石灰石粉或其他矿物填料的方法来减小沥青的温度敏感性。沥青中含蜡量多时，其温度敏感性大。

4. 大气稳定性

大气稳定性是指石油沥青在热、阳光、氧气和潮湿等因素长期综合作用下抵抗老化的性能。

在大气因素的综合作用下，沥青中的低分子量组分会向高分子量组分转化递变，即油分和树脂逐渐减少，而沥青质逐渐增多。由于树脂向地沥青质转化的速度要比油分变为树脂的速度快得多，因此石油沥青会随时间进展而变硬变脆，亦即"老化"。

石油沥青的大气稳定性以沥青试样在加热蒸发前后的"蒸发损失百分率"和"蒸发后针入度比"来评定。其测定方法是：先测定沥青试样的质量及其针入度，然后将试样置于烘箱中，在 $163℃$ 下加热蒸发 $5h$，待冷却后再测定其质量和针入度。

蒸发损失百分率越小，蒸发后针入度比越大，则表示沥青大气稳定性越好，亦即"老化"越慢。

对于重交通量用道路黏稠石油沥青的大气稳定性采用沥青薄膜加热试验，对于液体石油沥青采用沥青的蒸馏试验。

以上 4 种性质是石油沥青的主要性质，是鉴定建筑工程中常用石油沥青品质的依据。

此外，为全面评定石油沥青质量和保证安全，还需了解石油沥青的溶解度、闪点等性质。溶解度是指石油沥青在三氯乙烯、四氯化碳或苯中溶解的百分率，用以限制有害的不溶物（如沥青碳或似碳物）含量。不溶物会降低沥青的粘结性。

闪点也称闪火点，是指加热沥青产生的气体和空气的混合物，在规定的条件下与火焰接触，初次产生蓝色闪光时的沥青温度。闪点的高低，关系到运输、储存和加热使用等方面的安全。

11.1.3 石油沥青的技术标准

根据石油沥青的性质不同，选择适当的技术标准，将沥青划分成不同的种类和强度等级以便于沥青材料的选用。目前石油沥青按用途主要划分为 3 大类：道路石油沥青、建筑石油沥青和普通石油沥青。

1. 道路石油沥青的技术标准

为适应高等级公路建设的需要，《公路沥青路面施工技术规范》（JTG F40—2004）中，对沥青的技术指标作了较大的改动。取消了原有的中、轻交通道路石油沥青品种，取而代之的就是道路石油沥青。另一方面修订了沥青等级划分方法，并增补了新的沥青技术指标，以求更全面、充分地反映沥青技术性能。在这个标准中，沥青等级划分除了根据针入度的大小外，还要以沥青路面使用的气候条件为依据，在同一气候分区内根据道路等级和交通特点将沥青划分为 1～3 个不同的针入度等级；同时，在技术指标中增加了反映沥青感温性的指标——针入度指数 PI，沥青高温性能指标——60℃动力黏度等，并选择较低温度时的延度指标评价沥青的低温性能。

2. 建筑石油沥青的技术标准

建筑石油沥青的牌号主要根据针入度、延度和软化点等指标划分，并以针入度值表示。

同一品种的石油沥青材料，牌号越高，则黏性越小（即针入度越大），塑性越好（即延度越大），温度敏感性越大（即软化点越低）。

11.1.4　石油沥青的选用

选用石油沥青的原则是根据工程类别（房屋、道路或防腐）及当地气候条件、所处工程部位（屋面、地下）等具体情况，合理选用不同品种和强度等级的沥青。在满足使用要求的前提下，尽量选用较高强度等级的石油沥青，以保证较长的使用年限。

建筑石油沥青黏性大，耐热性较好，但塑性较差，多用来制作防水卷材、防水涂料、沥青胶和沥青嵌缝膏，用于建筑屋面和地下防水、沟槽防水防腐，以及管道防腐等工程。

道路石油沥青的塑性较好，黏性较小，主要用于各类道路路面或车间地面等工程，还可用于地下防水工程。

防水防潮石油沥青的温度稳定性较好，适用于寒冷地区的防水防潮工程。

普通石油沥青含蜡量较大，一般含量大于 5%，有的高达 20% 以上，因而温度敏感性大，达到液态时的温度与其软化点相差很小，并且黏度较小，塑性较差，故不宜在建筑工程上直接使用。可用于掺配或在改性处理后使用。

一般屋面用的沥青，软化点应比当地屋面可能达到的最高温度高出 20～25℃，亦即比当地最高气温高出 50℃ 左右。一般地区可选用 30 号的石油沥青，夏季炎热地区宜选用 10 号石油沥青，但严寒地区一般不宜使用 10 号石油沥青，以防冬季出现脆裂现象。地下防水防潮层，可选用 60 号或 100 号石油沥青。

11.1.5　沥青的掺配和改性

工程中使用的沥青材料必须具有其特定的性能，而通常石油加工厂制备的沥青不一定能全面满足这些要求，因此常常需要对沥青进行掺配和改性。

1. 沥青的掺配

施工中，若采用一种沥青不能满足配制沥青胶所要求的软化点时，可用 2 种或 3 种沥青进行掺配。掺配要注意遵循同源原则，即同属石油沥青或同属煤沥青（或煤焦油）的才可掺配。

2. 氧化改性

氧化也称吹制，是在 $250 \sim 300℃$ 高温下向残留沥青或渣油吹入空气，通过氧化作用和聚合作用，使沥青分子变大，提高沥青的黏度和软化点，从而改善沥青的性能。

工程使用的道路石油沥青、建筑石油沥青和普通石油沥青均为氧化沥青。

3. 矿物填充料改性

为提高沥青的粘结能力和耐热性，降低沥青的温度敏感性，经常在石油沥青中加入一定数量的矿物填充料进行改性。常用的改性矿物填充料大多是粉状和纤维状的，主要有滑石粉、石灰石粉和石棉等。

滑石粉主要化学成分是含水硅酸镁（$3MgO \cdot SiO_2 \cdot H_2O$），属亲油性矿物，易被沥青湿润，是很好的矿物填充料。石灰石粉主要成分为碳酸钙，属亲水性矿物。但由于石灰石粉与沥青中的酸性树脂有较强的物理吸附力和化学吸附力，故石灰石粉与沥青也可形成稳定的混合物。石棉绒或石棉粉主要成分为钠钙镁铁的硅酸盐，呈纤维状，富有弹性，内部有很多微孔，吸油（沥青）量大，掺入后可提高沥青的抗拉强度和热稳定性。

矿物填充料之所以能对沥青进行改性，是由于沥青对矿物填充料的湿润和吸附作用。沥青呈单分子状排列在矿物颗粒（或纤维）表面，形成结合力牢固的沥青薄膜。这部分沥青称为"结构沥青"，具有较高的黏性和耐热性。为形成恰当的结构沥青薄膜，掺入的矿物填充料数量要恰当。一般填充料的数量不宜少于 15%。

4. 聚合物改性

聚合物（包括橡胶和树脂）同石油沥青具有较好的相溶性，可赋予石油沥青某些橡胶的特性，从而改善石油沥青的性能。聚合物改性的机理复杂，一般认为聚合物改变了体系的胶体结构，当聚合物的掺量达到一定的限度，便形成聚合物的网络结构，将沥青胶团包裹。用于沥青改性的聚合物很多，目前使用最普遍的是 SBS 橡胶和 APP 树脂。

（1）SBS 改性沥青

SBS 是丁苯橡胶的一种。丁苯橡胶由丁二烯和苯乙烯共聚制成，品种很多。如果将丁二烯与苯乙烯嵌段共聚，形成具有苯乙烯（S）-丁二烯（B）-苯乙烯（S）的结构，则得到一种热塑性的弹性体（简称 SBS）。SBS 具有橡胶和塑料的优点，常温下具有橡胶的弹性，高温下又能像橡胶那样熔融流动，成为可塑性材料。

SBS 对沥青的改性十分明显。它在沥青内部形成一个高分子量的凝胶网络，大大提高了沥青的性能。与沥青相比，SBS 改性沥青具有以下特点：

1）弹性好、延伸率大，延度可达 2000%。

2）低温柔性大大改善，冷脆点降至 $-40℃$。

3）热稳定性提高，耐热度达 $90 \sim 100℃$。

4）耐候性好。

SBS 改性沥青是目前最成功和用量最大的一种改性沥青，在国内外已得到普遍使用，主要用途是 SBS 改性沥青防水卷材。

（2）APP 改性沥青

APP 是聚丙烯（polypropylene，缩写 PP）的一种，根据甲基的不同排列，聚丙烯分无规聚丙烯、等规聚丙烯和间规聚丙烯 3 种。APP 即无规聚丙烯，其甲基无规则地分布在主链两侧。

无规聚丙烯为黄白色塑料，无明显熔点，加热到 150℃后才开始变软。它在 250℃左右熔化，并可以与石油沥青均匀混合。研究表明，改性沥青中，APP 也形成了网络结构。

APP 改性石油沥青与石油沥青相比，其软化点高，延度大，冷脆点降低，黏度增大，具有优异的耐热性和抗老化性，尤其适用于气温较高的地区。主要用于制造防水卷材。

11.1.6 煤沥青简介

煤沥青是炼焦厂或煤气厂的副产品。烟煤在干馏过程中的挥发物质经冷凝而成的黑色黏性流体,称为煤焦油。将煤焦油进行分馏加工提取轻油、中油、重油及蒽油后所得的残渣,即为煤沥青。根据蒸馏温度不同,煤沥青可分为低温煤沥青、中温煤沥青和高温煤沥青 3 种。建筑上所采用的煤沥青多为黏稠或半固体的低温煤沥青。

煤沥青与石油沥青同是复杂的高分子碳氢化合物。它们的外观相似,具有不少共同点,但由于组分不同,故存在某些差别,主要有以下几点:

(1)煤沥青中含挥发性成分和化学稳定性差的成分较多,在热、阳光、氧气等长期综合作用下,煤沥青的组成变化较大,易硬脆,故大气稳定性差。

(2)含可溶性树脂较多,受热易软化,冬季易硬脆,故温度敏感性大。

(3)含有较多的游离碳,塑性差,容易因变形而开裂。

(4)因含蒽、酚等物质,故有毒性和臭味,但防腐能力强,适用于木材的防腐处理。

(5)因含酸、碱等表面活性物质较多,故与矿物材料表面的粘附力好。

由上可见,煤沥青的主要技术性质都比石油沥青差,所以建筑工程上较少使用。但它抗腐性能好,故用于地下防水层或做防腐材料等。

煤沥青的有关技术指标可参阅标准《煤沥青》(GB/T 2290—2012)的规定。煤沥青与石油沥青掺混时,将发生沉渣变质现象而失去胶凝性,故一般不宜混掺使用。

11.2 沥青基防水材料

11.2.1 冷底子油

冷底子油是用有机溶剂(汽油、柴油、煤油、苯等)与沥青融合后制得的一种沥青溶液。它黏度小,具有良好的流动性。冷底子油涂刷在混凝土、砂浆或木材等基面上,能很快渗入基层孔隙中，待溶剂挥发后，便与基面牢固结合。一方面使基面呈憎水性，另一方面为粘结同类防水材料创造了有利条件。它在常温下使用，作为防水工程的底层，故称为冷底子油。

冷底子油形成的涂膜较薄，一般不单独做防水材料使用，只做某些防水材料的配套材料。施工时在基层上先涂刷一道冷底子油，再刷沥青防水涂料或铺油毡。

冷底子油随配随用，配制时应采用与沥青相同产源的溶剂。参考的配合比（质量比）如下：

快挥发性冷底子油：石油沥青：汽油＝30：70

慢挥发性冷底子油：石油沥青：煤油或轻柴油＝40：60

冷底子油配制方法有热配法和冷配法两种。热配法是先将沥青加热熔化脱水后，待冷却至一定温度（约70℃）时再缓慢加入溶剂，搅拌均匀即成。冷配法是将沥青打碎成小块后，按质量比加入溶剂中，不停搅拌至沥青全部溶化为止。

冷底子油应涂刷于干燥的基面上，通常要求水泥砂浆找平层的含水率不大于10%。

11.2.2 沥青胶

沥青胶是在沥青中掺入适量的矿物质粉料或再掺入部分纤维状填料配制而成的材料。与纯沥青相比，沥青胶具有较好的黏性、耐热性、柔韧性和抗老化性，主要用于粘贴卷材、嵌缝、接头、补漏及做防水层的底层。

常用的矿物填充料主要有滑石粉、石灰石粉和石棉等。

沥青胶分为热用和冷用两种。热沥青胶因其粘结效果好，是普遍使用的一种胶结材料。但它有明显不足，需现场加热，造成环境污染。冷沥青胶可在常温下使用，施工方便，但耗费溶剂成本高。

热沥青胶的配制是将沥青加热至180～200℃，使其脱水后，加入20%～30%已预热的干燥填料，热拌混合均匀，热用（加热至200℃以上）施工。

冷沥青胶是将约50%的沥青熔化脱水后，缓慢加入25%～

30％的溶剂（如绿油、柴油、蒽油等），再掺入 10％～30％的填料，混合拌匀而成。

沥青胶的强度等级以耐热度表示，分为 S-60、S-65、S-70、S-75、S-80、S-85 这 6 个强度等级。每一强度等级的沥青胶除满足耐热度指标要求外，还要满足柔韧性和粘结力指标。

沥青胶的性质主要取决于沥青的性质，其耐热度与沥青的软化点、用量有关，还与填料种类、用量及催化剂有关。

在屋面防水工程中，沥青胶强度等级的选择，应根据屋面的使用条件、屋面坡度及当地历年极端最高气温，按《屋面工程技术规范》（GB 500345—2012）有关规定选用。施工时应注意同源原则，即所采用的沥青应与被粘贴的卷材的沥青种类一致。炎热地区屋面使用的沥青胶，可选用 10 号或 30 号的建筑石油沥青配制。地下防水工程使用的沥青胶，可选用 60 号或100 号沥青。若采用一种沥青不能满足配制沥青胶所要求的软化点，可采用 2 种或 3 种沥青进行掺配。

施工时应注意以下几点：

（1）要求基层清洁干燥，并应涂刷 1～2 遍冷底子油。

（2）用沥青胶粘贴油毡时，厚度应控制在 1～2mm，薄了则油毡不能很好地粘牢；厚了则油毡容易产生流淌现象。

（3）直接用沥青胶做构筑物防水层时，一般应涂刷 2～3 遍以上，要求涂刷均匀，没有凹凸不平、起鼓或脱落现象。

11.3 沥青混合料

11.3.1 特点

沥青混合料是指由矿料（粗集料、细集料、矿粉）与沥青拌合而成的混合料，是高等级公路最主要的路面材料。

作为路面材料，它具有许多其他材料无法比拟的优越性：

（1）沥青混合料是一种弹—塑—黏性材料，具有良好的力学性能和一定的高温稳定性和低温抗裂性。它不需设置施工缝和伸缩缝。

（2）路面平整且有一定的粗糙度，即使雨天也有较好的抗滑性；黑色路面无强烈反光，行车比较安全；路面平整且有弹性，能减振降噪，行车较为舒适。

（3）施工方便快速，能及时开放交通。

（4）经济耐久，并可分期改造和再生利用。

沥青混合料也存在着一些问题，如温度敏感性和老化现象等。

11.3.2 分类

剩余空隙率大于10%的沥青混合料，称为沥青碎石混合料，简称沥青碎石，适用于公路的过渡层及整平层；剩余空隙率小于10%的沥青混合料，称为沥青混凝土混合料，简称沥青混凝土，适用于各种等级公路的沥青面层。沥青混合料还可用下述方法分类：

（1）按胶结材料的种类不同，可分为石油沥青混合料和煤沥青混合料。

（2）按集料的最大粒径，可分为特粗式、粗粒式、中粒式、细粒式、砂粒式几种。

（3）按沥青混合料摊铺压实后的密实程度，可分为Ⅰ密实式沥青混合料（剩余空隙率为3%～6%）、Ⅱ型半密实式沥青混合料（剩余空隙率为6%～10%）、半开式沥青混合料（剩余空隙率为10%～15%）、开式沥青混合料（剩余空隙率大于15%）。

（4）按施工温度，可分为热拌热铺沥青混合料、热拌冷铺沥青混合料和冷拌冷铺沥青混合料。

（5）按集料级配类型，可分为连续级配沥青混合料、间断级配沥青混合料。

（6）按用途，可分为路用沥青混合料、机场道面用沥青混合料、桥面铺装用沥青混合料等。

（7）按特性，可分为防滑式沥青混合料、排水性沥青混合料、高强沥青混合料、彩色沥青混合料等。

目前，我国公路和城市道路大多采用连续级配密实式热拌热铺沥青混合料，因此下面主要针对该类沥青混合料进行讨论。

11.3.3 沥青混合料的组成材料

1. 沥青

沥青强度等级的选择，应考虑道路所在地区的气候条件、交通量及混合料的类型。在气温常年较高的南方地区，沥青路面热稳定性是设计必须考虑的主要方面，宜采用针入度较小、黏度较高的沥青，如 50 号沥青；对于交通量较大的道路也同样如此；对于北方严寒地区，为防止和减少路面开裂，面层宜采用针入度较大的沥青，如 110 号沥青；对于气候较为温和的地区，如长江流域可以用 70 号沥青，黄河流域可以采用 90 号沥青。

2. 粗集料

粒径大于 2.36mm 的集料为粗集料。用做沥青路面的粗集料应清洁、干燥、无风化，符合一定的级配要求，具有足够的力学性能，与沥青有较好的粘结性。

粗集料的力学性能，通常用压碎值、磨光值、磨耗值和冲击值等指标来衡量。压碎值反映集料抵抗压碎的能力；磨光值反映集料抵抗轮胎磨光作用的能力，它关系到路表面的抗滑性；磨耗值反映集料抵抗表面磨耗的能力；冲击值反映集料抵抗冲击荷载的能力，它对道路表层用集料非常重要。

粗集料的颗粒形状和表面构造，对路面的使用性能有很大的影响。针片状颗粒较多，不利于沥青混合料的和易性与稳定性。使用表面粗糙的集料，有利于提高沥青混合料的稳定性。

沥青对矿料的粘附力与其矿物成分的关系密切，粘附力大小的规律为：碱性矿料（SiO_2 含量小于 52%）＞中性矿料（SiO_2 含量为 52%～56%）＞酸性矿料（SiO_2 含量大于 56%）。因此，碱性岩石如石灰石、大理石与沥青粘结牢固；酸性岩石如花岗石、石英石与沥青的粘结较差。为了保证沥青混合料的强度，应优先选用碱性集料。酸性岩石的集料用于高等级公路时，应采取抗剥离措施：

（1）在沥青中掺抗剥离剂。

（2）用石灰粉、水泥作为填料的一部分。

（3）将粗集料用石灰浆处理后使用。

3. 细集料

粒径小于 2.36mm 的集料为细集料。细集料通常是石屑、天然砂、人工机制砂。用做沥青路面的细集料应清洁、干燥、无风化，符合一定的级配要求，与沥青有较好的粘结性。

细集料也要富有棱角，应尽可能采用机制砂。天然砂的棱角已被磨去，如果用量过多，会引起混合料稳定性明显下降。天然砂以及用酸性岩石破碎的机制砂或石屑与沥青的粘结性能较差，不宜用于主干路沥青面层。

4. 矿粉

矿粉是粒径小于 0.075mm 的矿质粉末，在沥青混合料中起填充作用，所以又称为矿粉填料。在沥青混合料中，矿粉与沥青形成胶浆，它对混合料的强度有很大影响。用于沥青混合料的矿粉应使用碱性石料，如石灰石、白云石磨细的粉料。也可以用高钙粉煤灰部分代替矿粉，用做填料。为了提高沥青混合料的水稳性，采用消石灰粉或水泥部分代替矿粉，有很好的效果。

11.3.4 沥青混合料的组成结构

沥青混合料是由沥青和粗、细集料及矿粉，按一定比例拌合而成的一种复合材料。根据粗集料的级配和粗、细集料的比例不同，可形成以下 3 种结构形式，如图 11-1 所示。

1. 悬浮密实结构

对于连续级配密实式沥青混合料，因粗集料数量相对较少，细集料数量较多，使粗集料悬浮在细集料之中。这种结构的沥青混合料的密实度和强度较高，且连续级配不易离析而便于施工，但由于粗集料不能形成骨架，所以稳定性较差。这是目前我国沥青混凝土主要采用的结构。

2. 骨架空隙结构

间断级配开式或半开式沥青混合料含粗集料较多，彼此紧密相接形成骨架，细集料的数量较少，不足以充分填充空隙，形成骨架空隙结构。由于集料之间的嵌挤力和内摩擦力较大，因此这种沥青混合料受沥青材料性质的变化影响较小，热稳定性较好。但沥青与矿料的粘结力较小，耐久性较差。

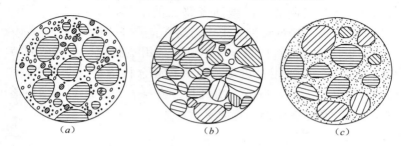

图 11-1　沥青混合料组成结构示意图

（a）悬浮密实结构；（b）骨架空隙结构；（c）骨架密实结构

3. 骨架密实结构

间断级配密实式沥青混合料既有一定数量的粗集料形成骨架，又有足够的细集料填充到粗集料之间的空隙，而形成骨架密实结构。这种结构综合了以上两种结构之长，其密实度、强度和稳定性都较好，是一种较理想的结构类型。但是，由于间断级配粗、细集料易分离，对施工技术要求较高，目前我国应用还不多。

11.3.5　沥青混合料的技术性质

沥青混合料作为路面材料，要承受车辆行驶反复荷载和气候因素的作用，所以它应具有较好的高温稳定性、低温抗裂性、抗滑性、耐久性等技术性质，以及良好的施工和易性。

1. 高温稳定性

沥青混合料的高温稳定性是指在高温条件下，沥青混合料承受外力不断作用，抵抗永久变形的能力。沥青是热塑性材料，在夏季高温下沥青混合料因沥青软化而稳定性变差，路面易在行车荷载作用下出现车辙现象，在经常加速或减速的路段出现波浪现象。通常，采用马歇尔试验法和车辙试验来测定沥青混合料的高温稳定性。

马歇尔试验法比较简便，因而得到了广泛应用。但该方法仅反映沥青混合料的静态稳定度，也只适用于热拌沥青混合料。马歇尔试验通常测定的是马歇尔稳定度和流值。

车辙试验测定的是动态稳定度，在试验温度（60℃）条件下，用车辙试验机的试验轮对沥青混合料试件进行往返碾压至1h或最大变形达25mm为止，测定其在变形稳定期每增加变形1mm的碾压次数，即动态稳定度。对高速公路，此值应不小于800次/mm，对一级公路，应不小于600次/mm。

使用黏度较高的沥青，适当减少沥青的用量，选用形状好、富棱角的集料，以及采用骨架密实结构，都有助于提高沥青混合料的高温稳定性。

2. 低温抗裂性

冬季气温急剧下降时，沥青混合料的柔韧性大大降低，在行车荷载产生的应力和温度下降引起的材料收缩应力联合作用下，沥青路面会产生横向裂缝，降低使用寿命。

选用黏度相对较低的沥青或橡胶改性沥青，适当增加沥青用量；可增强沥青混合料的柔韧性，防止或减少沥青路面的低温开裂。

3. 耐久性

沥青混合料的耐久性，是指在长期受自然因素（阳光、温度、水分等）的作用下抗老化的能力，抗水损害的能力，以及在长期行车荷载作用下抗疲劳破坏的能力。水损害是指沥青混合料在水的侵蚀作用下，沥青从集料表面发生剥落，使集料颗粒失去粘结作用，从而导致沥青路面出现脱粒、松散，进而形成坑洞。选用耐老化性能好的沥青，适当增加沥青用量，采用密实结构，有利于提高沥青路面的耐久性。

4. 抗滑性

雨天路滑是交通事故的主要原因之一，对于快速干道，路面的抗滑性显得尤为重要。沥青路面的抗滑性能与集料的表面结构（粗糙度）、级配组成、沥青用量等因素有关。选用质地坚硬具有棱角的碎石集料，适当增大集料粒径，减少沥青用量等措施，有助于提高路面的抗滑性。

5. 施工和易性

要获得符合设计性能的沥青路面，沥青混合料应具备良好的施工和易性，使混合料易于拌合、摊铺和碾压施工。影响和易性的主要因素是集料级配和沥青用量。采用连续级配集料，沥青混合料易于拌合均匀，不产生离析。细集料用量太少，沥青层不容易均匀地包裹在粗颗粒表面；如细集料过多，则使拌合困难。沥青用量过少，混合料容易出现疏松，不易压实；沥青用量过多，则混合料容易粘结成块，不易摊铺。

11.3.6 沥青混合料的技术指标

1. 稳定度与残留稳定度

稳定度是评价沥青混合料高温稳定性的指标。其测定方法是：先将圆柱形沥青混合料试件置于 $60^{\circ}C$ 的水槽中保温 $30\sim40min$，然后把试件置于马歇尔试验仪上，以 $50mm/min$ 的速度加荷至试件破坏，测得的最大荷载即为稳定度（MS），以 kN 计。

残留稳定度反映沥青混合料受水损害时抵抗剥落的能力，即水稳定性。浸水马歇尔稳定度试验方法与马歇尔试验基本相同，只是将试件在恒温水槽中保温 48h 后测定其稳定度，浸水后的稳定度与标准稳定度的百分比即为残留稳定度（MS_0）。

2. 流值

流值是评价沥青混合料抗塑性变形能力的指标。在马歇尔稳定度试验时，当达到最大荷载时试件的垂直压缩变形值，也就是此时流值表上的读数，即为流值（FL），以 0.1mm 计。

3. 空隙率

空隙率是评价沥青混合料密实程度的指标，指压实沥青混合料中空隙的体积占沥青混合料总体积的百分率，由理论密度（绝对密度）和实测密度（容积密度）计算而得。空隙率大的沥青混合料，其抗滑性和高温稳定性都比较好，但其抗渗性和耐久性明显降低，对强度也有不利影响，所以沥青混合料应有合理的空隙率。

4. 饱和度

饱和度也称沥青填隙度，即压实沥青混合料中沥青体积占矿料以外体积的百分率。饱和度过小，沥青难以充分裹覆矿料，影响沥青混合料的黏聚性，降低沥青混凝土的耐久性；饱和度过大，减少了沥青混凝土的空隙率，妨碍夏季沥青体积膨胀，引起路面泛油，降低沥青混凝土的高温稳定性。因此，沥青混合料应有适当的饱和度。

11.3.7 热拌沥青混合料的配合比设计

矿料配合比设计就是将粗集料、细集料、矿粉等矿料按一定比例配合，使合成的级配符合预定的级配。设计步骤如下：

1. 确定沥青混合料类型和集料最大粒径

根据道路等级、所处路面结构的层次及气候条件等，选定沥青混合料的类型和集料最大粒径。

2. 矿质混合料级配范围的确定

根据已确定的沥青混合料类型，确定矿质混合料级配范围。

3. 矿料配合比的计算

根据粗集料、细集料和矿粉筛析试验结果，计算出符合级配要求范围的各矿料用量比例。计算可以采用试算法，即先估计一个各矿料用量比例，然后按该比例计算出合成级配；如果不符合要求，调整后再计算，直到符合预定的级配为止。用计算机能极大地提高计算的效率，如果没有专业的软件，推荐使用 MS Excel。在 Excel 中使用公式或 VBA 可以方便快速地算出符合要求的矿料配合比。

通常情况下，合成级配曲线宜尽量接近设计级配范围的中值，尤其应使 0.075mm、2.36mm 和 4.75mm 筛孔的通过量：对交通量大、车载重的公路，宜偏向级配范围的下（粗）限；对中小交通量或人行道路等宜偏向级配范围的上（细）限。

第 12 章　合成高分子材料

合成高分子材料是由人工合成的有机高分子化合物为基础组成的材料，又称聚合物或高聚物。在土木工程中所涉及的主要有塑料、橡胶、合成纤维、胶粘剂等。与传统建筑材料相比，高分子材料具有体积密度小、比强度高、耐水及耐化学侵蚀性强、电绝缘性优良、装饰性好等优点，因而在土木工程中的应用日益广泛。

12.1　高分子材料的基本知识

以石油、煤、天然气、水、空气等为原料制得的低分子材料单体（如乙烯、氯乙烯、甲醛等），经合成反应即可得到合成高分子材料，这些材料的分子量一般都在几千以上，甚至可达到数万、数十万或更大。从结构上看，高分子材料是由许多结构相同的小单元（称为链节）重复构成的长链材料。例如，乙烯（$CH_2=CH_2$）的相对分子质量为 28，而由乙烯为单体聚合而成的高分子材料聚乙烯（$-CH_2-CH_2-$）$_n$ 的相对分子质量则在 $1000\sim35000$ 之间或更大。其中每一个"$-CH_2-CH_2-$"为一个链节，n 称为聚合度，表示一个高分子中的链节数目。

12.1.1　高分子材料的分类

1. 按分子结构分类

（1）线型聚合物

线型聚合物分子结构中碳原子（有时可能有氧、硫等原子）彼此连接成长链，有时带有支链，如聚氯乙烯。一般来说，具有线型结构的树脂，强度较低，弹性模量较小，变形较大，耐热、耐腐蚀性较差，加热可熔化，并能溶于适当溶剂中。支链型聚合物因分子排列较松，分子间作用力弱，因而密度、熔点及强度等低于线型聚合物。

（2）体型聚合物

体型聚合物分子结构中长链之间通过原子或短链连接起来而构成三维网状结构，又称为体型结构，如酚醛树脂。由于体型结构中化学键的结合力强，且交联形成一个"巨大分子"，因此强度较高，弹性模量较大，变形较小，较硬脆，耐热性、耐腐蚀性较好；交联程度浅的网状结构，受热时可以软化，加入适当溶剂可使其溶胀；交联程度深的体型结构，加热时不软化，也不易被溶剂所溶胀，但在高温下会发生降解。

2. 按对热的性质分类

（1）热塑性树脂

热塑性树脂在加热时呈现出可塑性甚至熔化，冷却后又凝固硬化。这种变化是可逆的，可以重复多次。这类高分子材料其分子间的作用力较弱，为线型及带支链的树脂。

（2）热固性树脂

热固性树脂是一些支链型高分子材料，加热时转变成黏稠状态，发生化学变化，相邻的分子相互连接，转变成体型结构而逐渐固化，其相对分子质量也随之增大，最终成为不能熔化、不能溶解的物质。这种变化是不可逆的，大部分缩合树脂属于此类。

3. 按高分子材料的结晶分类

高分子材料按它们的结晶性能，分为晶态高分子材料和非晶态高分子材料。

由于线型高分子材料的分子链难免没有弯曲，其结晶为部分结晶。结晶所占的百分比称为结晶度。通常，高分子材料结晶度越高，其密度、弹性模量、强度、硬度、耐热性等越大，而冲击韧性、粘附力、断裂伸长率、溶解度等越小。晶态高分子材料一般为不透明或半透明的，非晶态高分子材料则一般为透明的。

体型高分子材料只有非晶态一种。

4. 按高分子材料的温度与形变分类

非晶态高分子材料的物理状态随温度而转变，T_g 为玻璃态温度，T_f 为黏流态温度。

在温度较低时（低于 T_g），高分子材料处于玻璃态，质硬无弹性。当温度超过 T_g 时，高分子材料进入高弹态，质软有弹性。当温度继续升至黏流态温度 T_f 时，聚合物产生塑性变形进入黏流态。

对于晶态高分子材料，只有到了熔点晶格才被破坏，晶区熔融，高分子材料或直接进入黏流态，或先进入高弹态，然后进入黏流态。

玻璃态温度和熔点是高分子材料使用时耐热性的重要指标。塑料的玻璃态温度高于室温，而橡胶的玻璃态温度低于室温，即在正常使用时，塑料一般处于玻璃态，橡胶则处于高弹态。玻璃态温度是塑料的最高使用温度，却是橡胶的最低使用温度。

12.1.2 高分子材料的合成方法及命名

将低分子单体经化学方法聚合成高分子材料，常用方法有加成聚合和缩合聚合两种。

1. 加成聚合

加成聚合又叫加聚反应。它是由许多相同的。或不相同的不饱和（具有双键或三键的碳原子）单体在加热或催化剂的作用下，不饱和键被打开，各单体分子相互连接起来而成为高聚物，如乙烯、聚乙烯、聚氯乙烯等。加聚反应得到的高聚物一般为线型分子，其组成与单体的组成基本相同，反应过程中不产生副产物。

由加聚反应生成的树脂称为聚合树脂，命名一般是在其原料名称前面冠以"聚"字，如聚乙烯、聚苯乙烯、聚氯乙烯等。

2. 缩合聚合

缩合聚合又叫缩聚反应，它是由一种或数种带有官能团的单体在加热或催化剂的作用下，逐步相互结合而成为高聚物。同时，单体中的官能团脱落并化合生成副产物（水、醇、氨等）。缩聚反应生成物的组成与原始单体完全不同，得到的高聚物可以是线型的或是体型的。

缩聚反应生成的树脂称为缩合树脂，命名一般是在原料名称后加上"树脂"两字，如酚醛树脂、环氧树脂、聚酯树脂等。

12.1.3　高分子材料的性能特点

1. 高分子材料的性能优点

（1）优良的加工性能

如塑料可以采用比较简便的方法加工成多种形状的产品。

（2）质轻

高分子材料的密度一般为 $0.90 \sim 2.20 \mathrm{g/cm^3}$，平均约为铝的 $1/2$，钢的 $1/5$，混凝土的 $1/3$，与木材相近。

（3）绝缘性好

高分子材料中的化学键是共价键，不能电离出电子，因此不能传递电流；又因为其分子细长而卷曲，在受热或声波作用时，分子不容易振动。所以，高分子材料对于热、声也具有良好的隔绝性能。

（4）化学稳定性好

一般塑料对酸、碱、盐及油脂均有较好的耐腐蚀能力。多数高分子材料憎水性很强，有很好的防水和防潮性。

（5）功能的可设计性强

可通过改变组成与生产工艺，在相当大的范围内制成具有特殊性能的工程材料。如强度超过钢材的碳纤维复合材料、密封材料、防水材料等。

（6）出色的装饰性能

各种塑料制品不仅可以着色，而且色彩鲜艳耐久，并可通过照相制版印刷，模仿天然材料的纹理（如木纹、花岗石、大理石等）可达到以假乱真的程度。

2. 高分子材料的性能缺点

（1）易老化

老化是指高分子化合物在阳光、空气、热以及环境介质中的酸、碱、盐等作用下，分子组成和结构发生变化，致使其性质变化，如失去弹性、出现裂纹、变硬、变脆或变软、发黏失去原有使用功能的现象。塑料、有机涂料和有机胶粘剂都会出现老化。目前采用的防老化措施主要有改变聚合物的结构，加入防老化剂的化学方法和涂防护层的物理方法。

（2）可燃性及毒性

高分子材料一般属于可燃的材料，但可燃性受组成和结构的影响有很大差别。如聚苯乙烯遇火会很快燃烧起来，聚氯乙烯则有自熄性，离开火焰会自动熄灭。部分高分子材料燃烧时释放烟，产生有毒气体。一般可通过改进配方制成自熄或难燃甚至不燃的产品。不过其防火性仍比无机材料差，在工程应用中应予以注意。

（3）耐热性差

高分子材料的耐热性能普遍较差，如使用温度偏高会加速老化，甚至分解；塑料受热会发生变形，在使用中要注意其使用温度的限制。

12.2 建筑塑料

塑料是以合成树脂为主要成分（单组分塑料仅含塑料中必不可少的合成树脂），加入适量的填料和添加剂，经一定温度、压力塑化成型的有机合成材料。塑料的名称通常以合成树脂的种类来确定。

建筑塑料具有轻质、高强、多功能等特点，符合现代材料发展的趋势，是一种理想的可用于替代木材、部分钢材和混凝土等传统建筑材料的新型材料。世界各国都非常重视塑料在建筑工程中的应用和发展，随着塑料资源的不断开发及工艺的不断完善，塑料性能更加优异，成本不断下降，因而有着非常广阔的发展前景。

12.2.1 塑料的组成

1. 合成树脂

合成树脂是塑料的基本组成材料，约占塑料总质量的 $30\%\sim60\%$，在塑料中起胶结作用。它是由低分子量的化合物经过各种化学反应而制得的高分子量的树脂状物质，一般在常温常压下是固体，也有的是黏稠状液体。

按生产时化学反应的不同，合成树脂分为加聚树脂（如聚乙烯、聚氯乙烯等）和缩聚树脂（如酚醛、环氧聚酯）；按受热时性能变化的不同，又分为热固性树脂和热塑性树脂。热固性的塑料的共同点是加热冷却成型后，不会再变软；而热塑性塑料，在热作用下会逐渐变软、塑化甚至熔融，冷却后则凝固成型，这一过程可反复进行。

2. 填料

填料也称填充剂，是塑料中另一个重要组成部分。在合成树脂中掺入填料可降低其链间的流动性，提高塑料的强度、硬度及耐热性，减少塑料制品的收缩，并能有效地降低塑料的成本。常用的无机填料有滑石粉、硅藻土、石灰石粉、石棉、炭黑和玻璃纤维等；有机填料有木粉、棉布及纸屑等。

3. 添加剂

为使塑料制品的性能更好、用途更广，通常还掺入一定量的添加剂，包括增塑剂、稳定剂、着色剂等。

（1）增塑剂

在塑料中掺入增塑剂，可以提高流动性和加工时的可塑性，使其在较低的温度和压力下能够成型，有利于塑料的加工塑制，并使塑料制品具有要求的韧性、抗冲击性及耐低温性，减少硬脆性。

常用的增塑剂有邻苯二甲酸酯类、磷酸酯类等。

（2）稳定剂

在塑料中掺入稳定剂，能够防止塑料过早老化，稳定塑料制品质量，延长使用寿命。常用的稳定剂有热稳定剂、光稳定剂和抗氧剂。

所谓老化，是指塑料等高分子化合物在加工和应用过程中，由于环境因素的影响，本身使用性能降低甚至破坏的现象。导致塑料等高分子化合物老化的主要因素有光、热、氧气、水、霉菌以及其他化学物质的作用。其中，影响最大的是热氧老化和光氧老化。

热氧老化是热和氧综合作用于高分子化合物的结果，热氧效应将导致材料的机械性能下降。光氧老化是指高分子化合物在空气、水和氧的参与下，光化学裂解（或放射线化学裂解）的复杂过程。

（3）着色剂

在塑料中掺入着色剂，可得到不同色泽的塑料制品。着色剂一般为有机染料或无机颜料。

此外，根据建筑塑料使用和成型加工中的需要，还可掺入发泡剂、阻燃剂、荧光剂、磁性剂等其他添加剂。

12.2.2 塑料的特点

塑料品种繁多，性能各异，与传统建筑材料相比，具有以下特点：

1. 轻质、比强度高

塑料的密度通常在 $800 \sim 2200 kg/m^3$ 之间，约为钢材的 $1/5$、混凝土的 $1/3$，而比强度（单位质量的强度）却高于钢材和混凝土，这正符合现代高层建筑的要求。

2. 装饰性好

掺入不同颜料，可得到各种色彩的塑料制品，色泽美观、经久不退。

3. 耐水性好

大部分塑料是耐水材料，吸水率很小，一般不超过 1%。

4. 隔热保温性好

塑料的导热系数只有金属的 $1/600 \sim 1/500$，泡沫塑料的导热系数则更低。

5. 耐腐蚀性好

大多数塑料对酸、碱、盐等腐蚀性物质的作用都具有较高的化学稳定性，但有些塑料在有机溶剂中会溶解或溶胀，使用时应注意。

6. 加工性能优良

可用挤压、吹塑、模压、浇铸以及机械切削等方法加工成型。

7. 易老化

塑料长期暴露于大气中，会出现老化、变色现象。在建筑塑料中，可掺入适当的稳定剂和优质颜料，并加强防护。

8. 易燃烧

塑料属于可燃性材料，在建筑工程中使用时，应注意采用阻燃塑料。

12.2.3 建筑中常用的塑料

1. 聚氯乙烯塑料（PVC）

聚氯乙烯是由氯乙烯单体加聚合而得的热塑性线型树脂，经成塑加工后制成聚氯乙烯塑料。聚氯乙烯塑料具有较高的粘结力和良好的化学稳定性，也有一定的弹性和韧性，但耐热性和大气稳定性较差。

聚氯乙烯塑料按加入增塑剂用量的不同，分为硬质塑料和软质塑料两种。

硬质 PVC 具有良好的耐化学腐蚀性和电绝缘性，且抗拉、抗压、抗弯强度以及冲击韧性都较好，但其柔韧性不如其他塑料。硬质 PVC 常被用来制作房屋建筑中的落水管、给水排水管、门窗塑料型材、外墙护面板及中小型水利工程中的塑料闸门等。

软质 PVC 有较好的柔韧性和弹性、较大的伸长率和低温韧性，但拉伸强度、弯曲强度、冲击韧性等均较硬质 PVC 低。软质 PVC 可制成管材、板材、薄膜、装饰材料、防水材料等。

2. 聚乙烯塑料（PE）

聚乙烯是由乙烯单体加聚得到的聚合物。按聚乙烯生产方法分有高压、中压和低压三种。高压聚乙烯中含有较多短链分支，具有较低的密度、分子量和结晶度，因此质地柔韧。低压聚乙烯分子中只含有很少的短链分支，于是就有较高的分子量、密度和结晶度，因此质地坚硬。

聚乙烯塑料具有优良的耐低温性（-70℃）和耐化学药剂侵蚀性，有突出的电绝缘性和耐辐射性，但强度不高，易燃烧，易吸收油类引起膨胀、变色、破裂。适用于制作薄膜、防水及防潮材料、给水排水管道、建筑板材等。

3. 聚苯乙烯塑料（PS）

聚苯乙烯塑料是以苯乙烯为单体制得的聚合物，是合成树脂中最轻的树脂之一。具有良好的耐化学腐蚀性、耐水性和电绝缘性，透光性好，吸湿性低，易于加工和染色。主要缺点为脆性大、抗冲击性差，耐热性低（＜80℃）。适用于制作透明装饰用品、模压制品以及泡沫塑料等。

4. 酚醛塑料（PF）

酚醛树脂是由酚类和醛类在酸或碱催化剂作用下合成的缩聚物，通常采用苯酚与甲醛。根据苯酚与甲醛的配合比和催化剂类型不同，酚醛树脂可为热固性酚醛树脂和热塑性酚醛树脂。以酚醛树脂为基础的塑料是一种最通用、最古老的塑料，应用很广。

酚醛树脂密度为 $1.4g/cm^3$，呈暗灰色，刚度、强度较大，耐热性、抗溶剂性及抗酸性良好，难燃且具有自熄性。由于酚醛树脂中含有极性羟基，故甲基酚醛树脂在熔融或溶解状态时，对纤维材料的胶合能力很强。未热固的酚醛树脂经磨细与木粉和颜料混合可配制"电木粉"用来压塑成各种电工器材。

酚醛树脂在建筑上的用途主要是：与纤维质填料复合制作层压板、胶合板及各种玻璃钢制品；生产模压制品，如电器配件和盥洗间马桶盖等。

12.2.4 建筑塑料制品简介

建筑塑料制品种类很多，应用范围也很广。下面重点介绍几种常用塑料制品。

1. 塑料门窗

塑料门窗是国家重点推广的节能化学建材，并且以它色彩多样、耐久、美观等特点越来越备受关注。塑料门窗主要采用改性硬质聚氯乙烯（PVC-U）塑料型材加工制作，有复合型和全塑型两种。复合型的空腔里填加钢衬（加强筋），一般型材壁厚应在 2.5mm 以上。

多腔式结构的塑料门窗，隔热性能良好，传热系数小（仅为钢材的 1/357，铝材 1/1250），能有效减少冬季室内热量散失。另外，塑料门窗具有优良的物理化学性能，可广泛使用于风大、雨水多、高热、高寒及有腐蚀性气体等环境恶劣的场所。

塑料门窗的广泛使用也节省了大量的木材、铝材和钢材，据统计生产同样重量的 PVC 型材的能耗是钢材的 1/45，铝材的 1/8。因此，其经济效益和社会效益都是巨大的。

2. 塑料管材

塑料管材的品种有给水管、排水管、雨水管、电线穿线管、燃气管等，和传统金属管相比，它们具有重量轻、耐腐蚀、安装方便等特点。塑料给水管还具有卫生安全、水流阻力小、对水质不构成二次污染的特点。

塑料管材分为硬管与软管。常用的塑料管按主要原料可分为：硬质聚氯乙烯（UPVC）塑料管、聚乙烯（PE）塑料管、聚丙烯（PP-R）塑料管、ABS 塑料管、聚丁烯（PB）塑料管、玻璃钢（FRP）管和复合塑料管等。

3. 塑料扶手、装饰扣板

这些塑料制品都是以聚氯乙烯树脂为主要原料，加入适量的辅助材料，挤压成型的。产品色彩鲜艳、耐老化、手感好，适用于各种民用建筑。

4. 塑料地板

塑料地板是发展最早的塑料类装修材料。与传统的地面材料相比，塑料地板具有轻质、美观、耐磨、耐腐蚀、防潮、防火、吸声、有弹性、施工简便、易于清洗与保养等特点，使用广泛。

塑料地板种类繁多，按所用树脂可分为聚氯乙烯塑料地板、氯乙烯—醋酸乙烯塑料地板、聚乙烯塑料地板、聚丙烯塑料地板等，目前绝大部分的塑料地板属于第一种；按质地可分为硬质地板、半硬质地板与软质地板；按形状可分为块状与卷状，其中块状占的比例大。块状塑料地板可以拼成不同色彩和图案，装饰效果好，也便于局部修补；卷状塑料地板铺设速度快，施工效率高。

5. 泡沫塑料

泡沫塑料是以各种树脂为基料，加入一定量的发泡剂、催化剂、稳定剂等辅助材料，经加热发泡而成的一种轻质、保温、隔热、吸声、隔声材料。由于其孔隙尺寸小于 1.0mm，孔隙率高达 95%～98%，因而具有非常优良的隔热保温性能，故建筑上常被用做轻质隔墙及屋面保温材料。泡沫塑料的种类主要有聚苯乙烯泡沫塑料、聚氯乙烯泡沫塑料、聚氨酯泡沫塑料等。

12.3　建筑涂料

涂料是涂饰于物体表面，能与基体材料很好粘结并形成完整而坚韧保护膜的物料的统称。通常将涂饰于建筑物表面的涂料称为建筑涂料。早期涂料大多以植物油为主要原料，故称之为油漆。事实上除油脂漆和天然树脂漆外，其他涂料都不是用植物油脂制造的。因此，20 世纪 60 年代正式定名为涂料。

12.3.1　涂料的分类

涂料的种类繁多，分类方法也不尽相同。

按成膜物质分为油性涂料、有机高分子涂料、无机高分子涂料、有机无机复合涂料等；按涂料状态分为溶剂型涂料、水性涂料、乳液型涂料等；按建筑物涂刷部位分为外墙涂料、内墙涂料、地面涂料、顶棚涂料及屋面防水涂料等。

12.3.2　涂料的组成

涂料主要由成膜物质、颜料、填料、溶剂和助剂组成。涂料的组成中没有颜料和填料的透明体称为清漆；加入颜料和填料的不透明体称为色漆；加入大量填料的稠厚状浆体称为腻子。

1. 成膜物质

成膜物质是涂料的基料，具有独立成膜的能力，可以粘结次要成膜物质，使涂料在干燥或固化后能共同形成连续的涂膜。成膜物质决定了涂膜的技术性质（硬度、柔性、耐水性、耐腐蚀性）以及涂料的施工性质和使用范围。

常用的主要成膜物质有聚乙烯醇及其共聚物、聚醋酸乙烯及其共聚物、环氧树脂、醋酸乙烯—丙烯酸酯共聚乳液、聚氨酯树脂等。

2. 颜料和填料

颜料和填料是次要成膜物质，其特点是不具备单独成膜能力，需要与成膜物质配合使用构成涂膜。且二者配合比例与混合的均匀性在很大程度上决定着涂料性能的优劣。

颜料可以使涂料呈现出丰富的颜色，使涂料具有一定的遮盖力，并且具有增强涂膜机械性能和耐久性的作用。

填料也称为体质颜料，大部分为白色或无色，特点是基本不具有遮盖力，不能阻止光线透过涂膜，也不具备着色能力，在涂料中主要起填充作用。但是填料可以降低涂料成本，增加涂膜的厚度，增强涂膜的机械性能和耐久性。

防锈颜料的作用是使涂膜具有良好的防锈能力，以防止被涂覆的金属表面发生锈蚀。

3. 溶剂

涂料中使用的溶剂有两类：一类是有机溶剂，它们不是构成涂膜的材料，但却是溶剂型涂料的重要组成部分。它能溶解油料、树脂，又易于挥发，其主要作用是：将油料、树脂稀释并将颜料和填料均匀分散；调节涂料的黏度，使涂料便于涂刷、喷涂在物体表面，形成连续薄层；增加涂料的渗透力；改善涂料和基层之间的粘结能力，节约涂料等。

另一类是水，其作用是溶解或分散主要成膜物质，改善涂料的流动性，增强涂料渗透能力及与基层的粘结能力。水是水溶性涂料和乳液型涂料的溶剂物质。去离子水、蒸馏水，含杂质较少的饮用自来水均可使用。

4. 助剂

助剂是为了进一步改善或增加涂膜的性质而加入的一种辅助材料，掺量极少，但效果显著。现代涂料助剂主要有四大类的产品：

（1）对涂料生产过程发生作用的助剂，如消泡剂、润湿剂、分散剂、乳化剂等。

（2）对涂料储存过程发生作用的助剂，如防沉剂、稳定剂、防结皮剂等。

（3）对涂料施工过程起作用的助剂，如流平剂、消泡剂、催干剂、防流挂剂等。

（4）对涂膜性能产生作用的助剂，如增塑剂、消光剂、阻燃剂、防霉剂等。

12.3.3 常用的建筑涂料

1. 外墙涂料

外墙涂料的功能主要是装饰和保护建筑物的外墙面。应具有丰富的色彩，良好的耐水性、耐候性、耐污染性，易于墙面清洗。

（1）合成树脂乳液外墙涂料

该类涂料是目前国内外重点发展的建筑涂料，主要有纯丙烯酸乳胶涂料、苯-丙烯酸乳胶涂料、乙-丙烯酸乳胶涂料等。

纯丙烯酸外墙涂料以丙烯酸类共聚物为基料，掺入各种助剂及填料，加工而成的水乳型外墙涂料。该涂料无气味、干燥快、不燃烧，施工方便，耐候性和保光、保色性好，适用于民用住宅、商业楼群、工业厂房等建筑物的外墙饰面，具有较好的装饰效果。但价格较高，限制了它的使用。

苯-丙烯酸乳胶涂料是以一部分或全部苯乙烯代替纯丙烯酸乳液中的甲基丙烯酸制成乳胶涂料，与纯丙烯酸外墙涂料相比仍然具有良好的耐候性和保光保色性，而价格却有较大的降低。

因此，苯-丙烯酸乳胶涂料是比较适合我国国情的外墙乳液涂料，目前在国内的生产量较大。苯-丙烯酸乳胶涂料无气味、无着火危险、施工性能好，喷、刷施工均可，还能在潮湿的表面施工，可用于混凝土和木质基面装饰。

乙-丙烯酸乳液厚涂料是以醋酸乙烯-丙烯酸共聚物乳液为主要成膜物质，掺入一定量的粗集料组成的一种厚质外墙涂料。该涂料具有涂膜厚实、质感强、耐候、耐水、冻融稳定性好、保色性好、附着力强以及施工速度快、操作简便等优点。它主要用于各种基层表面装饰，可以单独使用，也可作复层涂料的面层。苯-丙乳液涂料性能优于乙-丙乳液涂料。

（2）外用合成树脂乳液砂壁状建筑涂料

简称"砂壁状建筑涂料"，是以合成树脂乳液作粘结料，砂粒和石粉为集料，通过喷涂施工形成粗面状的涂料。主要用于各种板材及水泥砂浆抹面的外墙装饰，装饰质感类似于喷粘砂、干粘石、水刷石，但粘结强度、耐久性比较好，适合于中、高档建筑物的装饰。

（3）溶剂型外墙涂料

常用的品种有聚氨酯—丙烯酸溶剂型外墙涂料、丙烯酸酯溶剂型外涂料。

聚氨酯-丙烯酸外墙涂料是由聚氨酯丙烯酸树脂为基料，添加优质的颜料、填料及助剂，经研磨配制而成的双组分溶剂型涂料。其装饰效果好，保旋光性、保色性优良，耐候性良好，不易变色、粉化或剥落，使用寿命在10年以上。适用于混凝土或水泥砂浆外墙的装饰，特别是高级住宅、商业楼群、宾馆建筑的外墙饰面。

丙烯酸系列外墙涂料是以改性丙烯酸共聚物为成膜物质，掺入紫外光吸收剂、填料、有机溶剂、助剂等，经研磨而制成的一种溶剂型外墙涂料。该系列涂料价格低廉，不泛黄，装饰效果好，使用寿命长，适用于民用、工业、高层建筑及高级宾馆内外装饰，也适用于钢结构、木结构的装饰防护，是目前外墙涂料中较为常用的品种之一。

2. 内墙涂料

内墙涂料的主要功能是装饰及保护室内墙面。由于其直接影响室内人造环境和空气质量，因此内墙涂料必须具有良好的装饰性、功能性以及安全健康性。

（1）溶剂型内墙涂料

溶剂型内墙涂料与溶剂型外墙涂料基本相同。主要品种有聚氯乙烯墙面涂料、聚乙烯醇缩丁醛墙面涂料、氯化橡胶墙面涂料、丙烯酸酯墙面涂料、聚氨酯系墙面涂料等。由于其透气性较差，容易结露，较少用于住宅内墙，但其光洁度好，易于冲洗，耐久性好，可用于厅堂、走廊等处。

（2）合成树脂乳液内墙涂料（乳胶漆）

该类涂料是以合成树脂乳液为基料的薄型内墙涂料，常用品种有聚醋酸乙烯乳液内墙涂料、氯乙烯—偏氯乙烯共聚乳液内墙涂料、乙丙乳液内墙涂料、苯丙乳液内墙涂料等。其特点是价格便宜，无毒、不燃，对人体无害，形成的涂膜有一定的透气性，耐水性、耐擦洗性较好，一般用于室内墙面装饰。但不宜使用于厨房、卫生间、浴室等潮湿墙面。

（3）水溶性内墙涂料

常用的水溶性内墙涂料有聚乙烯醇水玻璃内墙涂料（俗称106内墙涂料）、聚乙烯醇缩甲醛内墙涂料（俗称803内墙涂料）和改性聚乙烯醇系内墙涂料等。该类涂料耐水性差，耐候性不强，属于低档涂料。

除此之外，内墙涂料还有多彩内墙涂料和彩色砂壁涂料以及有抗菌、防霉等类型的内墙涂料。

3. 地面涂料

地面涂料的主要功能是装饰与保护室内地面。为获得良好的装饰和保护效果，地面涂料应具有涂刷方便、耐碱性好、粘结力强、耐水性好、耐磨性好、抗冲击力强等特点。安全无毒、脚感舒适、坚固耐磨是地面涂料追求的目标。

（1）聚氨酯地面涂料

该类涂料分厚质弹性地面涂料和薄质地面涂料两类。

聚氨酯厚质弹性地面涂料是以聚氨酯为基料的双组分溶剂型涂料。其优点是整体性好、色彩多样、装饰性好，并具有良好的耐油性、耐水性、耐酸碱性和优良的耐磨性，此外还具有一定的弹性，脚感舒适。缺点是价格高且原材料有毒。聚氨酯厚质弹性地面涂料主要适用于水泥砂浆或水泥混凝土的表面，如用于高级住宅、会议室、手术室、放映厅等的地面装饰，也可用于地下室、卫生间等的防水装饰或工业厂房车间的耐磨、耐油、耐腐蚀等地面。

聚氨酯薄质地面涂料与厚质弹性地面涂料相比，涂膜较薄，涂膜硬度较大，脚感不好，其他性能基本相同。聚氨酯薄质地面涂料主要用于水泥砂浆、水泥混凝土地面，也可用于木质地板。

（2）环氧树脂地面涂料

该类涂料分水性环氧树脂地面涂料和溶剂型环氧树脂地面涂料两类。

用于工业生产车间的地面涂料也称为工业地坪涂料，一般常用环氧树脂涂料和聚氨酯涂料。这两类涂料都具有良好的耐化学品性、耐磨损和耐机械冲击性能。但是由于水泥地面是易吸潮的多孔性材料，聚氨酯对潮湿的忍耐性差，施工不慎易引起层间剥离、起小泡等弊病，且对水泥基层的粘结力不如环氧树脂涂料，因此当以耐磨为主要的性能要求时宜选用环氧树脂涂料，而以弹性要求为主要性能要求时则使用聚氨酯涂料。

以上各种类型的涂料，在施工以及使用过程中若造成室内外空气质量下降以及可能含有影响人体健康的有害物质，特别是室内的涂料，如 VOC、游离甲醛、可溶性重金属（铅、镉、铬、汞）及苯、甲苯、二甲苯含量超过了国家标准《室内装饰装修材料　内墙涂料中有害物质限量》（GB 18582—2008）的规定，均被认定为不合格品。

12.4 橡胶和合成纤维

12.4.1 橡胶

橡胶具有较高的弹性、不透水性、耐磨性、气密性和电绝缘性等，被广泛应用于工业、农业、国防、交通及日常生活中。橡胶按来源不同，分为天然橡胶和合成橡胶两类。由于天然橡胶远远不能满足生产发展的需要，而合成橡胶在结构和性能方面与天然橡胶基本相似，而且性能更好，因此成为目前主要使用的橡胶品种。

合成橡胶是由各种单体经聚合反应或缩合反应而制成的高弹性聚合物，采用不同的单体可以合成出不同种类的橡胶。

12.4.2 合成纤维

纤维按来源不同，分为天然纤维（如棉、毛、麻、丝等）和化学纤维等。化学纤维又分为人造纤维和合成纤维。人造纤维是利用自然界中不能直接纺织的纤维素（如木材、棉短绒），经过化学处理与机械加工制得的纤维，如人造丝、人造棉等。合成纤维是以石油、天然气为原料，通过人工合成的高分子化合物经纺丝和后加工等环节而制得的化学纤维的统称。

合成纤维因具有强度高，耐磨、耐腐蚀、耐高温、质轻、保暖、电绝缘性好及不怕霉蛀等特点，在国民经济的各个领域得到了广泛的应用。在土木工程中，合成纤维可作为增强材料，用于配制纤维混凝土及复合材料；合成纤维通过针刺或编织而成的透水性土工合成材料，具有优良的过滤、隔离、加固防护作用，其抗拉强度高、渗透性、耐高温、抗冷冻、耐老化、耐腐蚀性能好，被广泛应用于高速公路、铁路路基、机场跑道、河床、水坝的构筑以及防洪抢险等重大工程中。

12.5 胶粘剂

能直接将两种材料牢固地粘结在一起的物质通称为胶粘剂。它不但广泛应用于建筑施工及建筑室内外装修工程中，如墙面、地面、吊顶工程的装修粘贴，还常用于屋面防水、地下防水、管道工程、新老混凝土的粘结以及金属构件、基础的修补等，还可用于生产各种新型建筑材料。使用胶粘剂有工艺简单、省工省料、接缝处应力分布均匀、密封和耐腐蚀等优点。

12.5.1 胶粘剂的组成

胶粘剂的基本组成材料有粘料、固化剂、填料和稀释剂等。

粘料是胶粘剂的基本成分，又称基料，对胶粘剂的胶结性能起决定作用。合成胶粘剂的胶料，既可用合成树脂、合成橡胶，也可采用二者的共聚体和机械混合物。用于胶结结构受力部位的胶粘剂以热固性树脂为主；用于非受力部位和变形较大部位的胶粘剂以热塑性树脂和橡胶为主。

固化剂能使基本粘合物质形成网状或体型结构，增加胶层的内聚强度。常用的固化剂有胺类、酸酐类、高分子类和硫磺类等。

加入填料可改善胶粘剂的性能（如提高强度、降低收缩性，提高耐热性等），常用的有金属及其氧化物粉末、水泥及木棉、玻璃等。

为了改善工艺性（降低黏度）和延长使用期，常加入稀释剂。稀释剂分活性和非活性，前者参加固化反应，后者不参加固化反应，只起稀释作用。常用稀释剂有环氧丙烷、丙酮等。

此外，为使胶粘剂具有更好的性能，还应加入一些其他的添加剂，如增韧剂、抗老化剂、增塑剂等。

12.5.2 胶粘剂的性能

为将材料牢固地粘结在一起，胶粘剂必须具备下列基本性能：

（1）工艺性要好，如具有足够的流动性，且能保证被粘结表面能充分浸润；易于调节粘结性和硬化速度等。工艺性是有关胶粘剂粘结操作难易的总评价。

（2）具有足够的粘结强度，这是评价胶粘剂质量高低的主要性能指标。

（3）耐久性、耐候性要好，不易老化。

（4）稳定性要好，膨胀或收缩变形小。

（5）必须对人体无害，其有害物质限量应符合《室内装饰装修材料　胶粘剂中有害物质限量》（GB 18583—2008）的规定。

（6）其他性能如耐温性、耐化学稳定性、储藏稳定性等。

12.5.3　胶粘剂的胶粘机理

胶粘剂之所以能牢固地粘结相同或不同的材料，是由于它们具有粘结力。胶粘机理主要体现在以下几个方面：

1）机械粘结

即这类胶粘剂在粘合时不发生化学反应，而是通过胶粘剂涂在材料表面使被粘物表面受其浸润而粘结在一起。

2）化学反应

某些胶粘剂分子与材料分子间能发生化学反应而固化，将被粘物粘结在一起。

3）物理吸附力

胶粘剂分子和材料分子间存在物理吸附力，即范德华力将材料粘结在一起。

实际上从胶粘力的性质来看，当被粘物表面十分光滑密实时，其粘结力一般来源于物理吸附力；当被粘物表面孔隙多时，胶粘剂渗入被粘物的孔隙内，硬化后被"镶嵌"在一起，同时由于被粘物表面粗糙增加了接触面积，从而增加了粘结力。

12.5.4　常用胶粘剂的品种

胶粘剂的生产厂家很多，品种性能各异，如何根据材料性质及环境条件正确选用胶粘剂，是保证粘结质量的关键。以下仅介绍装饰工程中常用的几种胶粘剂，供设计和选用时参考。

1. 环氧树脂胶粘剂（EP）

环氧树脂胶粘剂的组成材料为合成树脂、固化剂、填料、稀释剂、增韧剂等。随着配方的改进，可以得到不同品种和用途的胶粘剂。环氧树脂未固化前是线型、热塑性树脂，由于分子结构中含有极活泼的环氧基和多种极性基。故它可与多种类型的固化剂反应生成网状体型结构高聚物，对金属、木材、玻璃、硬塑料和混凝土都有很高的粘附力。

2. 不饱和聚酯树脂胶粘剂（UP）

不饱和聚酯树脂是由不饱和二元酸、饱和二元酸组成的混合酸与二元醇起反应制成线型聚酯，再用不饱和单体交联固化后，即成体型结构的热固性树脂，主要用于制造玻璃钢，也可粘结陶瓷、玻璃钢、金属、木材、人造大理石和混凝土。不饱和聚酯树脂胶粘剂的接缝耐久性和环境适应性较好，并有一定的强度。

3. 聚醋酸乙烯胶粘剂（PVAC）

聚醋酸乙烯乳液（常称白乳胶）由醋酸乙烯单体、水、分散剂、引发剂以及其他辅助材料经乳液聚合而得。是一种使用方便，价格便宜，应用普遍的非结构胶粘剂。它对于各种极性材料有较好的粘附力，以粘结各种非金属材料为主，如玻璃、陶瓷、混凝土、纤维织物和木材。它的耐热性在 40℃以下，对溶剂作用的稳定性及耐水性均较差，且有较大的徐变，多作为室温下工作的非结构胶，如粘贴塑料墙纸、聚苯乙烯或软质聚氯乙烯塑料板及塑料地板等。

4. 酚醛树脂胶粘剂（PF）

以酚醛树脂为基料，配以固化剂、改性剂后组成的一类胶粘剂。优点是工艺简单，成本低廉，粘结力强，耐电性、耐水性、电气绝缘性、耐热性能高，在较高温度下仍有一定的粘结强度。广泛用于木材、塑料、金属等材料的粘结，制造业及其他胶种的耐热改性。缺点是胶层脆性较大，抗剥离强度差，需加温、加压固化。通过与其他树脂共混合加入助剂等途径来对酚醛树脂进行改性，以扩大其应用范围。改性后的酚醛树脂胶粘剂主要用于结构胶粘剂。

5. 丁腈橡胶胶粘剂（NBR）

丁腈橡胶是丁二烯和丙烯腈的共聚产物。丁腈橡胶胶粘剂主要用于橡胶制品，以及橡胶与金属、织物、木材的粘结。它的最大特点是耐油性能好，抗剥离强度高，接头对脂肪烃和非氧化性酸有良好的抵抗性，加上橡胶的高弹性，所以更适于柔软的或热膨胀系数相差悬殊的材料之间的粘结，如粘合聚氯乙烯板材、聚氯乙烯泡沫塑料等。为获得更大的强度和弹性，可将丁腈橡胶与其他树脂混合。

12.5.5　胶粘剂的使用

1. 选择合适的品种

选择胶粘剂时要根据实际情况选择，应考虑以下几点：

（1）所要粘结的材料品种和特性。

（2）被粘结材料对胶粘剂有什么特殊要求，如强度、颜色、韧性等。

（3）周围环境对胶粘剂的要求，如温度、湿度、防潮、防水等。

2. 胶粘剂的使用方法

（1）对被粘结物体进行表面处理，如清洁、干燥、打毛等。

（2）涂胶方法。常用涂胶工具有刷子、刮刀、喷涂机、滚涂机等。

（3）施加压力。压紧被粘结物，使其表面互相紧密接触，排出空气。

（4）固化过程。

（5）外界条件的影响，如温度、湿度等。

（6）储存与安全。多数胶粘剂可燃，且燃烧时会放出毒气，因此应按照说明书规定的条件储存，以保证安全和避免胶粘剂失效。

第 13 章　新型建筑材料

建筑材料是建筑工程的基础，建筑材料工业是国民经济的重要基础工业之一，它用量大，经济性强，直接影响工程的总造价。一般住宅类建筑工程的材料费用约占到总造价的50%以上，具有相当大的比例；而且建筑材料的品种和质量水平制约着建筑与结构形式和施工方法。此外，建筑材料直接影响土木和建筑工程的安全可靠性、耐久性及适用性（经济适用、美观、节能）等各种性能。因此，新型建筑材料的开发、生产和使用，对于促进社会进步、发展国民经济具有重要意义。

1. 概述

新型建筑材料是在传统建筑材料基础上产生的新一代建筑材料，主要包括新型墙体材料、保温隔热材料、防水密封材料和装饰装修材料。新型建筑材料是区别于传统的砖瓦、灰砂石等建材的建筑材料新品种。对于建筑行业来讲，新型建材是个广义的概念，以水泥、玻璃、钢材、木材四大材料为原料的新产品；黏土空心砖、各种加气混凝土制品、各种砌块的新型产品；无机非金属新材料用于建筑的各种制品属新型建材以及采用各种新的原材料制作的各种建筑制品等均属新型建筑材料的范畴。

我国新型建材工业是伴随着改革开放的不断深入而发展起来的，从1979～2012年是我国新型建材发展的重要历史时期。经过30多年的发展，我国新型建材工业基本完成了从无到有、从小到大的发展过程，在全国范围内形成了一个新兴的行业，成为建材工业中重要产品门类和新的经济增长点。目前，全国新型建材企业在市场需求的带动下，已经形成了全国范围的新型建材流通网；大部分国外产品我国已能生产，星级宾馆所需的新型建筑材料国内已能自给；不同档次、不同花色品种装饰装修材料的发展，为改善我国城乡人民居住条件、改变城市面貌提供了材料保证。我国已经形成了新型建材科研、设计、教育、生产、施工、流通的专业队伍。

2. 发展新型建筑材料的意义

发展新型建材、推广节能建筑是保护耕地资源的需要。中国房屋建筑材料中 70％是墙改材料，其中黏土砖仍占据主导地位，而生产黏土砖的黏土资源则又是相对较优质的黏土。从中国耕地资源条件看，全国耕地只占土地面积的 13％，目前人均耕地 1.43 亩，为世界平均值的约 1/3。耕地资源紧张，且优质耕地少，后备资源严重不足已是不争事实。开发建材新产品，为推广节能建筑开辟了一条可行之路。

发展新型建材、推广节能建筑是缓解能源紧张的需要。建材工业是和建筑业密不可分、相互依存的行业，两者已一并列入国民经济发展的支柱产业。从市场角度看，建筑业是建材业的最终用户，建材行业产品的 77.3％用于建筑业。目前，中国每年建成的房屋面积高达 16 亿～20 亿 m^2，但新建筑中 95％以上仍属于高耗能建筑，单位建筑面积采暖能耗为气候相近发达国家的 3 倍左右，中国建筑能耗已占全国能源消耗的近 30％。如果建筑节能工作仍维持目前状况，到 2020 年建筑能耗将达到 10.89 亿 t 标准煤，仅空调高峰负荷将相当于 10 个三峡电站满负荷发电。因此，大力发展建筑节能刻不容缓。

发展新型建材、推广节能建筑是发展循环经济的重要环节。建筑材料行业是利用各类废弃物最多、潜力最大的行业。发展循环经济为建材行业赋予了新的生机，目前，中国建材工业消纳了大量的工业和建筑废弃物，如利用煤炭行业的煤矸石烧砖，用电力行业的粉煤灰作为水泥的生产原料与混合材，生产粉煤灰砖和纤维水泥外墙板，脱硫石膏生产石膏板，用冶金产业的各种高炉矿渣生产矿渣水泥、制成矿棉吸声板等，另外，建材产业还能处理相当部分的城市垃圾，甚至部分有毒有害废弃物都能得到有效的消纳和利用。据统计，目前全国建材业每年消纳和利用的各类固体废弃物数量在 4 亿 t 左右，约占全国工业部门固体废弃物利用总量的 80% 以上。实践证明，建材行业成为整个社会实现资源循环的一个关键环节，是国家发展循环经济的重点产业。

发展新型建材、推广节能建筑是改造传统建材和建筑的重要前提。以矿业加窑业为产业特征的传统建材业，目前尚属资源、能源消耗型产业。中国建材行业万元产值耗煤 2.7t、消耗矿山资源逾 100t，是发达国家平均水平的 1.5～2 倍；年能源消耗总量为 2.4 亿 t 标准煤，矿产资源消耗近 40 亿 t，居全国各行业前列。就总量平均而言，主要建材产品单位能耗高于世界先进水平 150%。目前，煤、电、油以及原材料的紧张已成为制约行业发展的突出问题。如何减少能源和资源的消耗，最大限度地提高能源和资源利用效率，同时减排降污，保护环境，使建材产业和建筑业成为节能、节水、节材、节地的可持续发展的现代化产业，已成为各级政府需要认真研究和解决的一个重要课题。

3. 新型建筑材料的种类及发展现状

我国新型建筑材料工业是伴随着改革开放的不断深入而发展起来的，我国新型建筑材料工业基本完成了从无到有、从小到大的发展过程，在全国范围内形成了一个新兴的行业，成为建筑材料工业中重要产品门类和新的经济增长点。

13.1　新型墙体材料

从建筑结构来讲，墙体是建筑的最重要组成部分，也是关系建筑物性能和使用寿命的关键因素，而新型墙体建筑材料的使用在很大程度上促进建筑节能，减轻建筑物自重，对于房屋结构设计以及提高建筑经济性具有重要的意义。新型建筑材料具有构造新、性能好、功能全的特点，使建筑物具备节能保温、舒适美观、安全耐久的功能，也便于进行现代化的施工。新型墙材的使用，还可以增加建筑使用面积，减轻建筑物的自重，增强抗震能力。因此，新型建筑材料工业的发展，为改善我国城镇居民的生活，为节能、节地和资源综合利用发挥了积极的作用。

我国新型墙体材料发展较快，品种较多，主要包括砖、块、板，如黏土空心砖、掺废料的黏土砖、非黏土砖、建筑砌块、加气混凝土、轻质板材、复合板材等，但数量较小，在整个墙体材料中所占比例仍然偏小。只有促使各种新型体材料因地制宜快速发展，才能改变墙体材料不合理的产品结构，达到节能、保护耕地、利用工业废渣、促进建筑技术的目的。

13.2 新型保温隔热材料

1980 年以前，我国保温材料的发展十分缓慢，为数不多的保温材料厂只能生产少量的膨胀珍珠岩、膨胀蛭石、矿渣棉、超细玻璃棉、微孔硅酸钙等产品，无论从产品品种、规格还是质量等方面都不能满足国家建设的需要，与国外先进水平相比，至少落后了 30 年。改革开放以来，我国保温隔热材料有了较大的进步，已发展成为品种比较齐全、初具规模的保温材料的生产和技术体系。但与国外先进水平相比，仍有一定差距，主要差距有：（1）保温隔热材料在国外的最大用户是建筑业，约占产量的 80%。而在我国建筑业市场尚未完全打开，其应用仅占产量的 10%。（2）生产工艺整体水平和管理水平需进一步提高，产品质量不够稳定。（3）科研投入不足，应用技术研究和产品开发滞后，特别是保温材料在建筑中的应用技术研究与开发多年来进展缓慢，严重地影响了保温材料工业的健康发展。

我国保温材料工业经过 30 多年的努力，特别是经过近年的高速发展，不少产品从无到有，从单一到多样化质量从低到高，已形成以膨胀珍珠岩、矿物棉、玻璃棉、泡沫塑料、耐火纤维、硅酸钙绝热制品等为主的品种比较齐全的产业，技术、生产装备水平也有了较大提高，有些产品已达到国际先进水平。但由于我国保温材料工业起步晚，总体技术和装备水平较低，在建筑领域的应用技术有待完善，在很大程度上影响了保温材料的推广应用。

近年来，保温材料工业重复建设现象严重，全国各地蜂拥而上，几年间上百条生产线投产，而在应用领域的开发上却投入不多，造成了目前投资效益低，供大于求的局面。

所以，加强新型保温隔热材料和其他新型建材制品设计施工应用方面的工作，是发展新型建材工业的当务之急。

13.3　新型防水密封材料

防水材料是建筑业及其他有关行业所需要的重要功能材料，是建筑材料工业的一个重要组成部分。随着我国国民经济的快速发展，不仅工业建筑与民用建筑对防水材料提出了多品种高质量的要求，在桥梁、隧道、国防军工、农业水利和交通运输等行业和领域中也都需要高质量的防水密封材料。

改革开放以来，我国建筑防水材料获得较快的发展。防水材料已摆脱了纸胎油毡一统天下的落后局面，目前拥有包括沥青油毡（含改性沥青油毡）、合成高分子防水卷材、建筑防水涂料、密封材料、堵漏和刚性防水材料这五大类产品。以合成高分子材料聚四氟乙烯（etfe）为代表来讲，这种新型材料表面上看上去像是塑料薄膜，但其功能多样化使它成为新型防水材料的代表。除了具备传统的防水功能和延展性外，etfe的防风、防火性能优良，遇到火焰时只会熔化不会燃烧，大大增加了建筑物的安全系数；此外它透光性能好，光能可充分通过薄膜体，再利用光能产生的热量对室内环境进行温度调节和照明，它的能源效率不比太阳能板差。

我国防水材料基本上形成了品种门类齐全，产品规格、档次配套，工艺装备开发已初具规模的防水材料工业体系，国外有的品种我们基本上都有。

13.4　新型装饰装修材料

新型装饰装修材料具有绿色、环保、节能、保温防火性能优越等诸多优点。下面介绍几种新型装饰装修材料：

（1）仿古琉璃轻质屋面瓦：此新型装饰材料适用于混凝土

结构、钢结构、木结构、砖木混合结构等各种结构新建坡屋面和老建筑平改坡屋面，别墅及高档住宅小区，坡度在 $15°\sim90°$ 为宜，适用温度$-40\sim70℃$，是环保节能、简约实用的好材料。

（2）轻质干挂式外墙保温系统：采用干挂式安装工艺，利用铆固件将保温装饰复合板与建筑外墙有机连接为一体，一次性完成外墙保温、装饰与防水功能。此系统适用于各类新建或改建的外墙保温装饰工程，自重 $4\sim5kg/m^2$，不会出现薄抹灰系统中的涂料开裂、瓷砖脱落等现象。

（3）液体壁纸：液体壁纸是一种新型壁纸材料，属于水性涂料，它和传统涂料一样，拥有超强的抗污性能，同时它还具有非常良好的防潮、抗菌性能，不易生虫，不易老化，不开裂，比传统壁纸更加耐用。

（4）无水型粉刷石膏：一种高效节能、绿色环保的建筑装饰装修内墙抹灰材料，具有良好的物理性和可操作性。使用时无需界面处理，落地灰少，抹灰效率高，节省工时，综合造价低，可有效防止灰层空鼓、开裂、脱落，具有优良的性价比。

（5）软石地板：是以天然大理石粉及多种高分子材料合成的新一代高档建筑新型装饰材料，既有天然大理石的纹理，又有特殊的图案，具有节能无污染、可回收再利用的优点，被越来越多的消费者认可。

13.5　新型建筑材料的应用

近几年来，建筑施工企业为适应日益激烈的市场竞争需要，积极推广应用三新技术成果，努力在加大建筑产品的技术含量上下功夫，这对提高质量、降本增效取得了显著的效果。但部分施工企业，常常因缺乏经验操作不当造成新的质量通病。给推广应用新技术、新材料、新工艺带来一定的负面效应。结合目前工程应用、新材料的实践，就轻质墙体材料、新型密封材料、UPVC 水管的应用作如下介绍：

13.5.1 轻质墙体材料

轻质墙体材料混凝土空心砌块、加气混凝土砌块等，是目前广泛推广应用的多功能新型墙体材料，它的优点是：密度轻（均为黏土砖的 1/4～1/3）、导热系数小（约为黏土砖的 1/5）、保温性能好（200mm 厚加气块墙体的热阻相当于 700mm 厚黏土砖的热阻）、防水、隔声、吸湿和易加工（可刨、钉、锯、钻），同时由于密度轻，可以大幅度降低建筑物的自重，减少材料和能源消耗（加气块生产能耗为黏土砖的 69.2%），提高运输效率。对于施工企业来说，砌块不需砍断或敲碎，平均每人每天完成工作量约 200 块，相当于 1923 块标准砖，工效提高 30%；同时，砌块几何尺寸比标准黏土砖大 10 倍，砌筑砂浆可节省 50%。对于用户来说，砌块可按 200mm 建筑模数确定建筑尺寸，所以住宅建筑采用加气混凝土块墙体比使用标准砖时使用面积可增大 3%～5%，从而能获得较好的社会经济效益。

值得注意的是，轻质墙体材料由于其性能上的特点，如果操作不当，会造成粉刷空鼓、起壳、温度和应力开裂等质量通病，从而给后部装饰工程带来一定的危害。为了有效地预防上述通病，首先，要避免砌块太干，砌筑前应充分浇水湿润，使得砂浆能有效地水化、硬化。其次，由于砌块的强度比普通黏土砖要小，为防止应力开裂，故砌块墙的底部应用烧结砖砌三皮高。填充墙梁下口三皮砖应在下部砌体砌完 3d 砌筑，并用普通砖从中间向两边斜砌。如果外窗下为空心砖墙时，应将窗台改为不低于 C10 的细石混凝土，以防止窗台下边开裂。柱与填充墙的接触处，也是裂缝经常出现的部位，粉刷前应在墙体与混凝土交接处加钉钢丝网片，每道宽 15～20cm。

由于轻质墙体材料大都采用工业废料加工而成，且组成墙体材料的物理力学性能如导热、导温和强度等的差异，在环境温度变化较大时，将在砌体表面产生一定的拉、压应力，导致抹灰面易开裂、空鼓。因此，轻质砌块墙体抹灰包括接缝处理、管线槽封补、基层处理、分层整平等，从技术措施、施工方法、检查验收等各方面必须制定和遵照相应的施工技术方案。

13.5.2　新型密封材料的应用

伴随着建筑防水和节能对缝要求的不断提高，解决水密、气密的良好办法是对设计上有意设置、施工中产生的结构缝、施工缝、板缝、门窗缝以及各类节点等接缝部位填充建筑密封材料。目前，建筑密封材料发展重点在硅酮和聚氨酯这两类弹性体密封膏上。

1. 硅酮密封膏

硅酮密封膏（有机硅密封膏）是以聚硅氧烷为主剂，加入硫化剂、促进剂、填料和颜料等配制而成，分单组分和双组分两类。单组分硅酮密封膏是在隔绝空气的条件下，把各组分均匀装填于密封包装筒中，施工后，密封膏借助空气中的水分进行交联反应，形成橡胶弹性体；双组分硅酮密封膏则是把聚硅氧烷、颜料、助剂、催化剂混合后作为一个组分，交联剂作为另一个组分，分别包装于 2 个容器中，使用时两组分按比例混合，密封膏同样借助于空气中的水分交联成弹性体。目前普通硅酮密封膏基本上采用单组分。硅酮密封膏由于具有优异的耐热、耐寒、耐候性，以及与各种材料良好的粘结性、伸缩性、耐水性和憎水性，已成为高层建筑玻璃幕墙的特征性结构密封胶，是国际上发展最快的密封膏品种之一。我国从 20 世纪 60 年代开始研制开发硅酮密封膏，但近几年才形成批量生产能力。

2. 聚氨酯密封膏

聚氨酯密封膏是以聚醚（或聚酯）、多元醇双异氰酸酯预聚体（即含 NCO）为主体和含有活泼氢化物的固化剂组成的一种高温固化型弹性密封材料，分双组分和单组分两种，是 20 世纪 80 年代后世界上发展迅速的 3 大密封膏品种之一。由于聚氨酯密封膏比溶剂型和乳液型密封膏性能好得多，同时又在高档密封膏中价格偏低，因此它在我国的发展前景被看好。

3. 聚硫密封膏

聚硫密封膏是以由液态聚硫橡胶为主剂，和金属过氧化物

（如 PbO_2、MnO_2 等）、硫化剂（固化剂）反应，在常温下形成的弹性体。通常的聚硫橡胶为乙基缩甲醛二硫聚合物或亚丙基二硫聚合物，在物理形态上呈液态。由于聚硫橡胶的分子结构中含有 S-S 键，它耐碱、稀酸、海水、油脂的能力较强；又因聚硫橡胶主链结构中的二氯乙基甲醛键的脆性温度比较低（在－40℃以下），它具有很好的耐低温性能。另外，它的耐候老化、耐臭氧老化性能也很好。因此，聚硫密封膏能较理想地满足高档建筑密封膏的各项性能指标。事实上，它是世界上应用最早、使用最成熟的密封膏，目前仍然是国外高档密封材料的主要品种之一。

4. UPVC 水管

UPVC 排水管的应用聚氯乙烯（UPVC）塑料管与铸铁管相比具有重量轻、耐酸耐碱、阻流小、不结垢，价格便宜、运输和安装轻便、表面不用涂漆等优点，在正常的条件下作为建筑排水管于户外使用，寿命可达 40 年以上。是取代铸铁管的理想的排水材料。

但由于 UPVC 排水管与铸铁管相比，存在机械强度低，抗老化性能差，线性膨胀系数大等缺点，故在施工中必须加以注意：第一，UPVC 管不得暗设，也不得半明半暗安装，以防止挤压破裂引起渗漏；第二，UPVC 管耐热性能差，故安装时不得穿越烟道，同时与家用灶具边的净距应大于 400mm；第三，为防止断裂变形，影响排水效果，UPVC 管不得穿越建筑物沉降缝；第四，因其外壁受环境影响会产生凝结水，管子不宜穿越储藏室，以免影响使用功能。冬期施工时，应采用防寒防冻措施，以保证胶粘剂的粘结质量；第五，由于 UPVC 管的线性膨胀系数比铸铁管要大得多，为解决管道的伸缩问题及立管连接不产生伸缩应力，伸缩节的设置部位及设置的间距必须符合规范要求。

13.5.3 其他新型建筑材料

1. BY 灌浆料

BY-40、BY-60、BY-80、BY-90 系列灌浆料广泛应用于厂

房结构、机械设备、电气设备安装工程、检修抢修工程、港口码头轨道安装工程的灌浆，以及各类混凝土结构的补强，防水堵漏及高速公路的修复。

BY灌浆料具有流动性好、早强高强、无收缩、粘结强度高、耐久性好等优点。

可使用在：（1）大型设备和精密设备地脚螺栓与机座锚固；（2）钢结构（如钢轨、钢架、钢柱等）与基础固接的灌注；（3）后张法预应力钢筋灌浆；（4）梁、柱加固；（5）地铁、隧道、地下工程逆打法施工缝嵌固；（6）墙体结构的加厚及漏渗水的修复。

2. 仿古琉璃轻质屋面瓦

仿古琉璃轻质屋面瓦一般规格为691mm/3000mm（2m²/张），重量为2.5kg/m²，厚度在2.0~2.5mm，适用温度在−50~70℃。

仿古琉璃轻质屋面瓦具有耐候卓越、防水性能突出、抗风、抗震、色彩丰富、个性新颖、持久稳定、防火性能良好、隔热、保温、隔声性能好、出色的韧性与强度、施工简便、施工费用最低、经济节约等优点。

仿古琉璃轻质屋面瓦适用于混凝土结构、钢结构、木结构、砖木混合结构等各种结构新建坡屋面和老建筑平改坡屋面，适用坡度为15°~90°，适用温度为−40~70℃。

3. 轻质干挂式外墙保温装饰挂板

轻质干挂式外墙保温系统采用干挂式安装工艺，利用铆固件，将保温装饰复合板与建筑外墙有机地连接为一体，一次性完成外墙保温、装饰与防水功能。系统自重4~5kg/m²，适用于各类新建、改建的外墙保温装饰工程。不会出现薄抹灰系统中涂料开裂、瓷砖脱落等现象。

轻质干挂式外墙保温系统优点：（1）适用于各种基层墙体。（2）不开裂，不脱落，高效节能，系统使用寿命长。（3）易于安装，施工不受气候影响。（4）装饰外观多样，满足不同建筑风格。（5）具有保温、装饰、防水三合一的独特功能。（6）永久解决门窗框与墙面连接处漏水问题。（7）系统性价比最优。

4. UPVC 波浪瓦

UPVC 波浪瓦具有 UPVC 三层复合芯层发泡专利结构，可作为工业厂房屋面专用防腐瓦，消声、隔热、耐酸碱腐蚀屋面瓦。UPVC 波浪瓦板具有超强的韧性，钉口处不需要任何处理，不会腐蚀漏雨。

UPVC 波浪的规格一般为 830mm/任意长，厚度在 $2.0 \sim 3.0mm$，重量在 $2.5 \sim 4.5kg/m^2$。

UPVC 波浪瓦适用于现代化工厂、化肥厂、污水处理厂、电镀厂、电厂、养殖场、市场、仓库等大型工业建筑屋面及墙体新建及厂房改造工程。

5. 液体壁纸

作为建筑装修中面积最大的墙面装修，旧有的建材产品是墙纸、乳胶漆。跟旧有的墙纸比较见表 13-1。

液体壁纸与旧有墙纸的比较 　　　　　　　　表 13-1

液体壁纸	旧有墙纸
与基层乳胶漆附着牢靠，永不起皮	采用粘贴工艺，胶粘剂老化即起皮
无接缝无从开裂	接缝处容易开裂
液体壁纸性能稳定耐久性好，不变色	壁纸易氧化变色
防水耐擦洗，并且抗静电，灰尘不易附着	壁纸怕潮，需专用清洗剂清洗
二次施工时涂刷涂料即可覆盖	二次施工揭除异常困难
颜色可随意调，色彩丰富	色彩相对稳定
图案丰富且可个性设计	色彩图案选择被动
以珠光原料为色料，产生变色效果	壁纸仅部分高档产品有此效果
无毒、无味，可放心使用	不环保，且易燃
价格合理，美观时尚	价格相对较高

液体壁纸与传统涂料的比较：

液体壁纸属于水性涂料，液体壁纸同传统涂料一样抗污性很强，同时具有良好的防潮、抗菌性能，不易生虫，不易老化。

6. 金属雕花板

合金属雕花保温板吸收了国内外现代墙体材料的多处优点，是集保温、装饰、隔热、环保、阻燃、耐候、防雨、防冻、隔声、抗震、质量轻、占地少等多功能于一体的集成板材，是目前国际最为流行畅销的新型轻体节能环保建材。

合板有砖纹、喷涂纹、木纹、桔皮纹、条纹、文化石纹等多种纹理饰面及上百种色彩可供选择，并保证涂层十年不褪色，板材的规格为：（3000～6000）mm×385mm×16mm，标准规格为：3800mm×385mm×16mm，因其板体间凹凸式扣槽插接非常简便。

金属雕花板具有节能效果显著、装饰效果美观、施工简便、性价比高等优点。

7. HT 无水型粉刷石膏

无水型粉刷石膏是一种高效节能，绿色环保型建筑装饰装修内墙抹灰材料，具有良好的物理性和可操作性，使用时无需界面处理，落地灰少，抹灰效率高、节省工时、抹灰综合造价低，可有效防止灰层空鼓、开裂、脱落，具有优良的性价比。

HT 无水型粉刷石膏产品原材料为地球贮存丰富的硬石膏天然材料，无需煅烧、能量消耗低，无毒无味、环保安全，是一种优良的绿色环保建材产品。具有粘结力强，抹灰表面平整、致密、细腻、用在加气混凝土基材上效果更为显著，抹灰层不会出现空鼓开裂现象。具有呼吸功能，能巧妙地将室外内湿度控制在适宜范围之内，创造舒适的工作生活环境。具有出色的防火性能、吸声性能、保温性能、施工简便、性价比高等优点。

13.6 新型建筑材料的发展趋势

随着经济的发展和人民物质生活水平的提高，城乡建筑迅速增加，因而建筑材料问题已越来越被社会各界所重视，已成为当今社会广泛关注的一个重要主题。

13.6.1 新型建筑材料发展的主要目标

新型建材是建材发展的方向，一定要按照建材绿色化的要求，与资源综合利用、保护土地和环境紧密结合起来，优化新型材料产业与资源、环境、社会发展的关系，实现新型材料的可持续发展，促进人与自然的和谐发展。新型体材料的发展应有利于生态平衡、环境保护和节约能源，既要符合国家产业政策要求，又要能改善建筑物的使用功能，同时坚持综合利废、因地制宜、市场引导的原则，要充分利用本地资源，加快新型材料的发展步伐。

13.6.2 新型建筑材料的发展趋势之展望

随着城市化进程加快，城市人口密度日趋加大，城市功能日益集中和强化，需要建造高层建筑，以解决众多人口的居住问题和行政、金融、商贸、文化等部门的办公空间，因此要求结构建筑向轻质高强方向发展。目前主要目标仍然是开发高强度钢材和高强混凝土，同时探索将碳纤维及其他纤维材料与混凝土聚合物等复合制造的轻质高强结构材料。

到目前为止，普通建筑物的寿命一般设定在 $50 \sim 100$ 年。现代社会基础设施的建设日趋大型化、综合化，例如超高层建筑，大型水利设施、海底隧道等大型工程，耗资巨大、建设周期长、维修困难，因此对其耐久性的要求越来越高。此外，随着人类对地下、海洋等苛刻环境的开发，也要求高耐久性的材料。目前，主要的开发目标有高耐久性混凝土、钢骨混凝土、防锈钢筋、陶瓷质外壁胎面材料、合成树脂涂料、防虫蛀材料、耐低温材料，以及在地下、海洋、高温等苛刻环境下能长久保持性能的材料。

在大空间建筑中"第五代建材"膜材料也是一种广泛应用的新型材料，它是由高分子聚合物涂层与基材按照所需的厚度、宽度通过特定的加工工艺粘合而成。现在它可以发挥极大承载力，构筑灵活大空间，并且具有自然生态美外观。

大深度地下空间是目前为止还没有被广泛开发利用的领域，随着地球表面土地面积逐年减少，人类除了向高空发展外，大深度地下是一个很有潜力的发展空间。与超高层建筑相比，地下空间结构具有很多优点。例如具有保温、隔热、防风等特点，可以节省建筑能耗。为实现大深度地下空间建设，需要开发能适应地下环境要求的药剂材料、生物材料、土壤改良剂、水之净化剂等。

海洋建筑与陆地建筑的工作环境有很大差别，为了实现海洋空间的利用，建造海洋建筑，必须开发适合于海洋条件的建筑材料。海水中的盐分、氯离子、硫酸根等侵蚀作用，使材料很容易被腐蚀而破坏；海水波浪不停地往复作用，对建筑物构成冲击、磨耗和疲劳荷载作用；海洋建筑还要经常受到台风、海啸等严酷的气候条件的作用；建筑在海滩、近海等软弱地基上的建筑物，其沉降现象也很明显。这些严酷苛刻的环境下工作的海洋建筑物所用的材料，要求具有很高的强度、耐冲击性、耐疲劳性、耐磨耗等力学性能，同时还要具有优良的耐腐蚀性能。为实现这些性能，要求开发以下新型材料：如涂膜金属板材、耐腐蚀金属、水泥基复合增强材料、地基强化材料等。

为了实现可持续发展的目标，将建筑材料对环境造成的负荷控制在最小限度之内，需要开发研究环保型建筑材料。例如利用工业废料（粉煤灰、矿渣、煤矸石等）可生产水泥、砌块等材料；利用废弃的泡沫塑料生产保温墙体板材；利用废弃的玻璃生产贴面材料等；既可以减少固体废渣的堆存量，减轻环境污染，又可节省自然界中的原材料，对环保和地球资源的保护具有积极的作用。免烧水泥可以节省水泥生产所消耗的能量。高流态、自密实免振混凝土在施工中不需要振捣，既可节省施工能耗，以能减轻噪声。

建筑材料也有向细微发展的趋势，随着纳米技术和纳米材料的进一步发展和研究，国外和国内利用纳米材料研究开发和应用的材料，目前主要是纳米催化生态建材。利用纳米的氧化分解能力和超薪水作用可制成改善生活环境、提高人们生活质量的生态建筑材料，包括空气净化建材、抗菌灭菌建材、除臭和表面自洁建材等。

随着人类智能化的发展，智能化材料也被人们重视和研发，所谓智能化材料，即材料本身具有自我诊断和预告破坏、自我调节和自我修复的功能，以及可重复利用性。这类材料当内部发生某种异常变化时，能将材料的内部状况，例如位移、变形、开裂等情况反映出来，以便在破坏前采取有效措施。同时，智能化材料能够根据内部的承载能力及外部作用情况进行自我调整，例如吸湿放湿材料，可根据环境的温度自动吸收或放出水分，能保持环境温度平衡；自动调光玻璃，根据外部光线的强弱，调整进光量，满足室内的采光和健康性要求。智能化材料还具有类似于生物的自我生长，新陈代谢的功能，对破坏或受到伤害的部位进行自我修复。当建筑物解体的时候，材料本身还可重复使用，减少建筑垃圾。这类材料的研究开发目前处于起步阶段，关于自我诊断、预告破坏和自我调节等功能已有初步成果。

生态建筑材料也在研究之中，它的科学和权威的定义目前仍在研究确定阶段。生态建筑材料的概念来自生态环境材料。生态环境材料的定义也仍在研究确定之中。其主要特征是节约资源和能源；减少环境污染，避免温室效应与臭氧层的破坏；容易回收和循环利用。作为生态环境材料一个重要分支，按其含义生态建筑材料指在材料的生产、使用、废弃和再生循环过程中，与生态环境相协调，满足最少资源和能源消耗，最小或无环境污染，最佳使用性能，最高循环再利用率要求设计生产的建筑材料。

随着城市道路、市政建设步伐的加快，人行路、停车场、广场、住宅庭院与小区内道路的建设量也逐年被建筑物和灰色的混凝土路面所覆盖，使城市地面缺乏透水性，雨水不能及时还原到地下，严重影响城市植物的生长和生态平衡。同时，由于这种路面缺乏透气性，对城市空间的温度，将雨水导入地下，调节土壤湿度，有利于植物生长，同时雨天不积水，夜间不反应，提高行车、行走舒适性和安全性。多孔的路面材料能吸收交通噪声，减轻交通噪声对环境的污染，是一种与环境相协调的路面材料。除此之外，彩色路面、柔性路面等各种多彩多姿的路面材料，可增加道路环境美观性，为人们提供一个赏心悦目的环境。

13.6.3 新型建筑材料的发展之对策与建议

目前，新型建材的品种和产量正在以前所未有的速度发展，建筑工程若能有效地利用性能优良的新型建材必将推动建筑工程新技术、新工艺的发展。

1. 扩大新型建筑材料应用领域

随着经济的发展和人民生活水平的提高，新型建筑材料的应用相当广泛，大至国家体育馆，小到民用住宅。为此，对新型建材提出一些建议：

（1）结合各地的实际情况，选择一批有基础的城市和有实力的新型建材及制品生产企业进行重点发展，使之形成生产规模大、配套能力强的大型建材及制品企业集团和生产基地。结合住宅产业化试点工作，在北京、上海、天津等一批城市发展新型建材及制品，使之形成各具特色，具有自己的主导产品和合理的产品结构，有一定规模和配套能力的新材料基地，对全国其他大中城市起到示范作用。

（2）结合不同地区、不同建筑类型，以新型墙体材料为重点，瞄准有市场前景的新产品、新技术，尽可能少用天然资源，降低能耗并大量使用废弃物作原料；尽量采用不污染环境的生产技术；尽量做到产品不仅不损害人体健康，而且有利于人体健康；加强多功能、社会效益好的产品开发。

2. 促进新型建筑材料发展的技术

（1）合理加大对新型建筑材料发展的科研投入，为技术创新提供物质以及人才保障。

（2）建立规模庞大、实力雄厚的技术团队，并时刻关注建材技术前沿，以及新型建材科技的最新发展趋势，洞悉市场和用户需求的变化，锐意进取、积极创新，不断地将先进的技术应用到产品研发中，确保新型建材技术领先，且有安全保障。

3. 研发人力资源

（1）加强研发队伍的建设，充实专业研发创新人才储备。

（2）强化技术培训力度，制定专项的培训计划，建立高效的培训机制。

（3）以产品实用创新为重点，加强专业人才的引进。

（4）不断完善薪酬管理制度，为研发人才提供激励性的薪酬。

第 14 章　常用工具类资料

常用工具类资料见表 14-1～表 14-40。

常 用 字 母　　　　　　　　　　　　　　表 14-1

大写	小写	近似读音	大写	小写	近似读音	大写	小写	近似读音	大写	小写	近似读音
汉语拼音字母												
A	a	啊	H	h	喝	O	o	喔	U	u	乌
B	b	玻	I	i	衣	P	p	坡	V	v	万
C	c	雌	J	j	基	Q	q	欺	W	w	乌
D	d	得	K	k	科	R	r	日	X	x	希
E	e	鹅	L	l	勒	S	s	思	Y	y	衣
F	f	佛	M	m	摸	T	t	特	Z	z	资
G	g	哥	N	n	讷						
拉丁（英文）字母												
A	a	欸	H	h	欸曲	O	o	欧	U	u	由
B	b	比	I	i	阿哀	P	p	批	V	v	维衣
C	c	西	J	j	街	Q	q	克由	W	w	达不留
D	d	地	K	k	凯	R	r	阿尔	X	x	欸克斯
E	e	衣	L	l	欸耳	S	s	欸斯	Y	y	外
F	f	欸夫	M	m	欸姆	T	t	梯	Z	z	齐
G	g	基	N	n	欸恩						
希腊字母												
A	α	阿尔法	H	η	衣塔	N	ν	纽	T	τ	滔
B	β	贝塔	Θ	θ	西塔	Ξ	ξ	克西	Υ	υ	依普西隆
Γ	γ	嘎吗	I	ι	约塔	O	o	奥密克戎	Φ	φ	费衣
Δ	δ	德耳塔	K	κ	卡帕	Π	π	派	X	χ	喜
E	ε	艾普西隆	Λ	λ	兰姆达	P	ρ	洛	Ψ	ψ	普西
Z	ζ	截塔	M	μ	谬	Σ	σ	西格马	Ω	ω	欧米嘎

中文意义	符号	中文意义	符号
加、正	$+$	小括弧	（　）
减、负	$-$	中括弧	［　］
乘	$\times$	大括弧	｛　｝
除	$\div$	阶乘	！
比	：	垂直	$\perp$
小数点	．	平行	$\parallel$
等于	$=$	相似	$\sim$
全等于	$\cong$	加或减，正或负	$\pm$
不等于	$\neq$	减或加，负或正	$\mp$
约等于	$\approx$	三角形	$\triangle$
小于	$<$	直角	$\llcorner$
大于	$>$	圆形	$\odot$
小于或等于	$\leqslant$	平行四边形	$\square$
大于或等于	$\geqslant$	［平面］角	$\angle$
远小于	$\ll$	圆周率	π
远大于	$\gg$	弧 AB	$\overset{\frown}{AB}$
最大	max	度	$^{\circ}$
最小	min	［角］分	$'$
a 的绝对值	$\lvert a \rvert$	［角］秒	$''$
x 的平方	x^2	正弦	sin
x 的立方	x^3	余弦	cos
x 的 n 次方	x^n	正切	tan 或 tg
平方根	$\sqrt{}$	余切	cot 或 ctg
立方根	$\sqrt[3]{}$	正割	sec
n 次方根	$\sqrt[n]{}$	余割	cosec 或 csc
以 b 为底的对数	logb	常数	const
常用对数（以 10 为底数的）	lg	数字范围（自……至……）	$\sim$
		相等中距	@
自然对数（以 e 为底数的）	ln	百分率	％
		极限	lim

中文意义	符号	中文意义	符号
趋于	$\rightarrow$	矢量的标量积或数量积	$a \cdot b$
无穷大	∞		
求和	$\sum$	矢量的矢量积或向量积	$a \times b$
i 从 1 到 n 的和	$\sum\limits_{i=1}^{n}$	φ 的梯度	$\mathrm{grad}\varphi$
函数	$f(\ )$，$\varphi(\ )$	a 的旋度	$\mathrm{rot}a$
增量	Δ	a 的散度	$\mathrm{div}a$
微分	d	属于	$\in$
单变量的	$f'(x)$，	不属于	$\notin$
函数的各	$f''(x)$，	包含	$\ni$
级微商	$f'''(x)$	不包含	$\not\ni$
		成正比	∞
偏微商	$\dfrac{\partial}{\partial x}$，$\dfrac{\partial^2}{\partial x^2}$，$\dfrac{\partial^3}{\partial x^3}$	相当于	$\triangleq$
积分	$\displaystyle\int$	按定义	$\underset{def}{=}$
		上极限	$\overline{\lim}$
自下限 a 到上限 b 的定积分	$\displaystyle\int_a^b$	下极限	$\underline{\lim}$
		上确界	$\sup$
二重积分	$\displaystyle\iint$	下确界	$\inf$
		事件的概率	$p(\cdot)$
三重积分	$\displaystyle\iiint$	概率值	p
		总体容量	N
虚数单位	i 或 j	样本容量	n
a 的实部	Rea	总体方差	σ^2
a 的虚部	lma	样本方差	s^2
a 的共轭数	$\bar{a}$	总体标准差	σ
矢量	$\mathbf{a}$，$\mathbf{b}$，$\mathbf{c}$ 或 $\vec{a}$，$\vec{b}$，$\vec{c}$	样本标准差	s
		序数	i 或 j
在笛卡儿坐标轴方向的单位矢量	i，j，k a_x，a_g，a_x	相关系数	r
		抽样平均误差	μ
		抽样允许误差	Δ
矢量 a 的模或长度	$|a|$ 或 a		

国际单位制（SI）的基本单位　　表 14-3

量的名称	单位名称	单位符号
长度	米	m
质量	千克（公斤）	kg
时间	秒	s
电流	安［培］	A
势力学温度	开［尔文］	K
物质的量	摩［尔］	mol
发光强度	坎［德拉］	cd

国际单位制（SI）的辅助单位　　表 14-4

量的名称	单位名称	单位符号
平面角	弧度	rad
立体角	球面度	sr

国际单位制（SI）中具有专门名称的导出单位　　表 14-5

量的名称	单位名称	单位符号	其他表示示例
频率	赫［兹］	Hz	s^{-1}
力	牛［顿］	N	$kg \cdot m/s^2$
压力、压强、应力	帕［斯卡］	Pa	N/m^2
能量、功、热	焦［耳］	J	$N \cdot m$
功率、辐射通量	瓦［特］	W	J/s
电荷量	库［仑］	C	$A \cdot s$
电压、电动势	伏［特］	V	W/A
电容	法［拉］	F	C/V
电阻	欧［姆］	Ω	V/A
电导	西［门子］	S	A/V
磁通量	韦［伯］	Wb	$V \cdot s$
磁通量密度、磁感应强度	特［斯拉］	T	Wb/m^2
电感	享［利］	H	Wb/A
摄氏温度	摄氏度	℃	
光通量	流［明］	lm	$cd \cdot sr$

量的名称	单位名称	单位符号	其他表示示例
光照度	勒〔克斯〕	lx	lm/m^2
放射性活度	贝可〔勒尔〕	Bq	s^{-1}
吸收剂量	戈〔瑞〕	Gy	J/kg
剂量当量	希〔活特〕	Sv	J/kg

国家选定的非国际单位制单位　　　　表 14-6

量的名称	单位名称	单位符号	换算关系和说明
时间	分 〔小〕时 天〔日〕	min h d	1min＝60s 1h＝60min＝3600s 1d＝24h＝86400s
平面角	〔角〕秒 〔角〕分 度	(″) (′) (°)	$1''＝(\pi/648000)$ rad（x 为圆周率） $1'＝60''＝(\pi/10800)$ rad $1°＝60'＝(\pi/180)$ rad
旋转速度	转每分	r/min	$1r/min＝(1/60)$ s^{-1}
长度	海里	n mile	1n mile＝1852m（只用于航程）
速度	节	kn	1kn＝1n mile/h＝（1852/3600）m/s （只用于航行）
质量	吨 原子质量单位	t u	$1t＝10^3 kg$ $1u≈1.6605655×10^{-27} kg$
体积	升	L，(l)	$1L＝1dm^3＝10^{-3} m^3$
能	电子伏	eV	$1eV≈1.6021892×10^{-19} J$
级差	分贝	dB	
线密度	特〔克斯〕	tex	1tex＝1g/km

对表 14-3～表 14-6 的说明：

（1）周、月、年（年的符号为 a），为一般常用时间单位。

（2）〔 〕内的字，是在不致混淆的情况下，可以省略的字。

（3）（ ）内的字，为前者的同义者。

（4）角度单位分、秒的符号不处于数字后时，用括弧。

（5）升的符号中，小写字母 l 为备用符号。

（6）r 为"转"的符号。

（7）人民生活和贸易中，质量习惯称为重量。

（8）公里为千米的俗称，符号为 km。

量的名称	符号	中文单位名称	简称	法定单位符号
一、几何量值				
振幅	A	米	米	m
面积	A、S、As	平方米	米^2	m^2
宽	B、b	米	米	m
直径	D、d	米	米	m
厚	d、δ	米	米	m
高	H、h	米	米	m
长	L、l	米	米	m
半径	R、r	米	米	m
行程、距离	S	米	米	m
体积	V、v	立方米	米^3	m^3
平面角	α、β、γ、θ、φ	弧度	弧度	rad
伸长率	δ	（百分比）	％	
波长	λ	米	米	m
波数	σ	每米	米$^{-1}$	m^{-1}
相角	φ	弧度	弧度	rad
立体角	ω、Ω	球面度	球面度	sr
二、时间				
线加速度	α	米每二次方秒	米/秒^2	m/s^2
频率	f、v	赫兹	赫	Hz
重力加速度	g	米每二次方秒	米/秒^2	m/s^2
旋转频率,转速	n	每秒	秒$^{-1}$	s^{-1}
质量流量	Q_m	千克每秒	千克/秒	kg/s
体积流量	Q_v	立方米每秒	米^3/秒	m^3/s
周期	T	秒	秒	s
时间	t	秒	秒	s

量的名称	符号	中文单位名称	简称	法定单位符号
线速度	v	米每秒	米/秒	m/s
角加速度	a	弧度每二次方秒	弧度/秒^2	rad/s^2
角速度，角频率	ω	弧度每秒	弧度/秒	rad/s
三、质量				
原子量	A	摩尔	摩	mol
冲量	I	牛顿秒	牛·秒	N·s
惯性矩	I	四次方米	米^4	m^4
惯性半径	i	米	米	m
转动惯量	J	千克二次方米	千克·米^2	kg·m^2
动量矩	L	千克二次方米每秒	千克·米^2/秒	kg·m/s
分子量	M	摩尔	摩	mol
质量	m	千克（公斤）	千克	kg
动量	p	千克米每秒	千克·米/秒	kg·m/s
静矩（面积矩）	S	三次方米	米^3	m^3
截面模量	W	三次方米	米^3	m^3
密度	ρ	千克每立方米	千克/米^3	kg/m^3
四、力				
弹性模量	E	帕斯卡	帕	Pa
力	F、P、Q、R、f	牛顿	牛	N
荷重、重力	G	牛顿	牛	N
剪变模量	G	帕斯卡	帕	Pa
硬度	H	牛顿每平方米	牛/米^2	N/m^2
布氏硬度	HB	牛顿每平方米	牛/米^2	N/m^2

量的名称	符号	中文单位名称	简称	法定单位符号
洛氏硬度	HR、HRA、HRB、HRC	牛顿每平方米	牛/米^2	N/m^2
肖氏硬度	HS	牛顿每平方米	牛/米^2	N/m^2
维氏硬度	HV	牛顿每平方米	牛/米^2	N/m^2
弯矩	M	牛顿米	牛·米	N·m
压强	P	帕斯卡	帕	Pa
扭矩	T	牛顿米	牛·米	N·m
动力黏度	η	帕斯卡秒	帕·秒	Pa·s
摩擦系数	μ			
运动黏度	υ	二次方米每秒	米^2/秒	m^2/s
正应力	σ	帕斯卡	帕	Pa
极限强度	σ_{s*}	帕斯卡	帕	Pa
剪应力	τ	帕斯卡	帕	Pa
五、能				
功	A、W	焦耳	焦	J
能	E	焦耳	焦	J
功率	P	瓦特	瓦	W
变形能	U	牛顿米	牛·米	N·m
比能	u	焦耳每千克	焦耳/千克	J/kg
效率	η	（百分比）	%	
六、热				
热容	C	焦耳每开尔文	焦/开	J/K
比热容	c	焦耳每每千克开尔文	焦/(千克·开)	J/(kg·K)
体积热容	C_v	焦耳每立方米开尔文	焦/(米^3·开)	J/(m^3·K)
焓	H	焦耳	焦	J

量的名称	符号	中文单位名称	简称	法定单位符号
传热系数	K	瓦特每平方米开尔方	瓦/(米^2·开)	W/(m^2·K)
熔解热	L_f	焦耳每千克	焦/千克	J/kg
汽化热	L_v	焦耳每千克	焦/千克	J/kg
热量	Q	焦耳	焦	J
燃烧值	q	焦耳每千克	焦/千克	J/kg
热流(量)密度	q、φ	瓦特每平方米	瓦/米^2	W/m^2
热阻	R	平方米开尔方每瓦特	米^2·开/瓦	m^2·K/W
熵	S	焦耳每开尔文	焦/开	J/K
热力学温度	T	开尔文	开	K
摄氏温度	t	摄氏度	度	℃
热扩散率	α	平方米每秒	米^2/秒	m^2/s
线[膨]胀系数	α_L	每开尔文	开$^{-1}$	K^{-1}
面[膨]胀系数	α_S	每开尔文	开$^{-1}$	K^{-1}
体[膨]胀系数	α_V	每开尔文	开$^{-1}$	K^{-1}
热导率	λ	瓦特每米开尔文	瓦/(米·开)	W/(m·K)
七、光和声				
光速	c	米每秒	米/秒	m/s
焦度	Φ, F	屈光度	屈光度	
[光]照度	E、(E_V)	勒克斯	勒	lx
光通量	Φ、(Φ_V、F)	流明	流	lm
焦距	f	米	米	m
曝光量	H、(H_V)	勒克斯秒	勒·秒	lx·s
发光强度	I、(I_V)	坎德拉	坎	cd
声强[度]	I、J	瓦特每平方米	瓦/米^2	W/m^2
光视效能	K	流明每瓦特	流/瓦	lm/W

量的名称	符号	中文单位名称	简称	法定单位符号
〔光〕亮度	L、L_V	坎德拉每平方米	坎/米^2	cd/m^2
响度级	L_N	方	方	（phon）
响度	N	宋	宋	（sone）
折射率	n			
辐〔射能〕通量	P、Φ、Φ_e	瓦特	瓦	W
吸收因数	α、α_a			
声强级	L_1	贝尔或分贝尔	贝或分贝	B 或 dB
反射因数	r			
隔声系数	σ	贝尔或分贝尔	贝或分贝	B 或 dB
透射因数	τ			
八、电和磁				
磁感应强度	B	特斯拉	特	T
电容	C	法拉	法	F
电通〔量〕密度	D	库仑每平方米	库/米^2	C/m^2
电场强度	E	牛顿每库仑或伏特每米	牛/库或伏/米	N/C 或 V/m
电导	G	西门子	西	S
磁场强度	H	安培每米	安/米	A/m
电流	I	安培	安	A
电流密度	J、(S)	安培每平方米	安/米^2	A/m^2
电感	M	亨利	亨	H
绕组匝数	n、W			
电功率	P	瓦特	瓦	W
磁矩	m	安培平方米	安·米^2	A·m^2
电荷〔量〕	Q、q	库仑	库	C
电阻	R	欧姆	欧	Ω
电位差、电势差、电压	U、V	伏特	伏	V

量的名称	符号	中文单位名称	简称	法定单位符号
电位（电势）	V、φ	伏特	伏	V
电抗	X	欧姆	欧	Ω
阻抗	Z	欧姆	欧	Ω
电导率	γ、σ	西门子每米	西/米	S/m
电动势	E	伏特	伏	V
介质常数	ε	法拉每米	法/米	F/m
电荷线密度	λ	库仑每米	库/米	C/m
磁导率	μ	亨利每米	亨/米	H/m
电荷[体]密度	ρ	库仑每立方米	库/米^3	C/m^3
电阻率	ρ	欧姆米	欧·米	Ω·m
电荷面密度	σ	库仑每平方米	库/米^2	C/m^2
磁通[量]	Φ	韦伯	韦	Wb

化学元素符号　　　　　表 14-8

名称	符号	名称	符号	名称	符号	名称	符号	名称	符号	名称	符号	名称	符号
氢	H	硫	S	镓	Ga	钯	Pd	钷	Pm	锇	Os	镤	Pa
氦	He	氯	Cl	锗	Ge	银	Ag	钐	Sm	铱	Ir	铀	U
锂	Li	氩	Ar	砷	As	镉	Cd	铕	Eu	铂	Pt	镎	Np
铍	Be	钾	K	硒	Se	铟	In	钆	Gd	金	An	钚	Pu
硼	B	钙	Ca	溴	Br	锡	Sn	铽	Tb	汞	Hg	镅	Am
碳	C	钪	Sc	氪	Kr	锑	Sb	镝	Dy	铊	T1	锔	Cm
氮	N	钛	Ti	铷	Rb	碲	Te	钬	Ho	铅	Pb	锫	Bk
氧	O	钒	V	锶	Sr	碘	I	铒	Er	铋	Bi	锎	Cf
氟	F	铬	Cr	钇	Y	氙	Xe	铥	Tm	钋	Po	锿	Es
氖	Ne	锰	Mn	锆	Zr	铯	Cs	镱	Yb	砹	At	镄	Fm
钠	Na	铁	Fe	铌	Nb	钡	Ba	镥	Lu	氡	Rn	钔	Md
镁	Mg	钴	Co	钼	Mo	镧	La	铪	Hf	钫	Fr	锘	No
铝	Al	镍	Ni	锝	Tc	铈	Ce	钽	Ta	镭	Ra	铹	Lr
硅	Si	铜	Cu	钌	Ru	镨	Pr	钨	W	锕	Ac		
磷	P	锌	Zn	铑	Rh	钕	Nd	铼	Re	钍	Th		

名称	代号	名称	代号
丙烯腈—丁二烯—苯乙烯共聚物	ABS	中密度聚乙烯	MDPE
		三聚氰胺—甲醛树脂	MF
丙烯腈—甲基丙烯酸甲酯共聚物	A/MMA	三聚氰胺—酚醛树脂	MPF
		聚酰胺（尼龙）	PA
丙烯腈—苯乙烯共聚物	A/S	聚丙烯酸	PAA
丙烯腈—苯乙烯—丙烯酸酯共聚物	A/S/A	聚丙烯腈	PAN
		聚丁烯-1	PB
乙酸纤维素	CA	聚对苯二甲酸丁二醇酯	PBTP
乙酸—丁酸纤维素	CAB	聚碳酸酯	PC
乙酸—丙酸纤维素	CAP	聚三氟氯乙烯	PCTFE
甲酚—甲醛树脂	CF	聚邻苯二甲酸二烯丙酯	PDAP
羧甲基纤维素	CMC	聚间苯二甲酸二烯丙酯	PDAIP
聚甲基丙烯酰亚胺	PMI	聚乙烯	PE
聚甲基丙烯酸甲酯	PMMA	氯化聚乙烯	PEC
聚甲醛	POM	聚氧化乙烯	PEOX
聚丙烯	PP	聚对苯二甲酸乙二醇酯	PETP
氯化聚丙烯	PPC	酚醛树脂	PF
聚苯醚	PPO	聚酰亚胺	PI
聚氧化丙烯	PPOX	聚异丁烯	PIB
聚苯硫醚	PPS	聚乙烯醇缩丁醛	PVB
聚苯砜	PPSU	聚氯乙烯	PVC
聚苯乙烯	PS	聚氯乙烯—乙酸乙烯酯	PVCA
聚砜	PSU	氯化聚氯乙烯	PVCC
聚四氟乙烯	PTFE	聚偏二氯乙烯	PVDC
聚氨酯	PUR	聚偏二氟乙烯	PVDF
聚乙酸乙烯酯	PVAC	聚氟乙烯	PVF
聚乙烯醇	PVAL	聚乙烯醇缩甲醛	PVFM

名称	代号	名称	代号
聚乙烯基咔唑	PVK	酪素（塑料）	CS
聚乙烯基吡咯烷酮	PVP	三乙酸纤维素	CTA
间苯二酚—甲醛树脂	RF	乙基纤维素	EC
增强塑料	RP	乙烯—丙烯酸乙酯	E/EA
聚硅氧烷	SI	环氧树脂	EP
脲甲醛树脂	UF	乙烯—丙烯共聚物	E/P
不饱和聚酯	UP	乙烯—丙烯—二烯三元共聚物	E/P/D
氯乙烯—乙烯共聚物	VC/E		
氯乙烯—乙烯—丙烯酸甲酯共聚物	VC/E/MA	乙烯—四氯乙烯共聚物	E/TFE
氯乙烯—乙烯—乙酸乙烯酯共聚物	VC/E/VCA	乙烯—乙酸乙烯酯共聚物	E/VAC
		乙烯—乙烯醇共聚物	E/VAL
氯乙烯—丙烯酸甲酯共聚物	VC/MA	全氟（乙烯—丙烯）共聚物	FEP
氯乙烯—甲基丙烯酸甲酯共聚物	VC/MMA	通用聚苯乙烯	GPS
		玻璃纤维增强塑料	GRP
氯乙烯—丙烯酸辛酯共聚物	VC/OA	高密度聚乙烯	HDPE
氯乙烯—偏二氯乙烯共聚物	VC/VDC	高冲击强度聚苯乙烯	HIPS
硝酸纤维素	CN	低密度聚乙烯	LDPE
丙酸纤维素	CP	甲基纤维素	MC

常用增塑剂名称缩写代号　　　　表 14-10

名称	代号	名称	代号
烷基磺酸酯	ASE	邻苯二甲酸二乙酯	DHXP
邻苯二甲酸苄丁酯	BBP	邻苯二甲酸二异丁酯	DIBP
己二酸苄辛酯	BOA	乙二酸二异癸酯	DIDA
邻苯二甲酸二丁酯	DBP	邻苯二甲酸二异癸酯	DIDP
邻苯二甲酸二辛酯	DCP	乙二酸二异壬酯	DINA
邻苯二甲酸二乙酯	DEP	邻苯二甲酸二异壬酯	DINP
邻苯二甲酸二庚酯	DHP	乙二酸二异辛酯	DIOA

名称	代号	名称	代号
邻苯二甲酸二异辛酯	DIOP	壬二酸二辛酯	DOZ
邻苯二甲酸二甲酯	DMP	磷酸二苯甲苯酯	DPCF
邻苯二甲酸二壬酯	DNP	磷酸二苯辛苯酯	DPOF
己二酸二辛酯	DOA	邻苯二甲酸辛癸酯	ODP
间苯二甲酸二辛酯	DOIP	磷酸三氯乙酯	TCEF
邻苯二甲酸二辛酯	DOP	磷酸三甲苯酯	TCF
癸二酸二辛酯	DOS	均苯四甲酸四辛酯	TOPM
对苯二甲酸二辛酯	DOTP	磷酸三苯酯	TPF

钢筋符号　　　　　　　　　　　　　表 14-11

种类		符号	种类		符号
热轧钢筋	HPB300（Q235） HRB335（20MnSi） HRB400（20MnSiV、 20MnSiNb、20、MnTi） RRB400（K20mnSi）	Φ Φ Φ ΦR	预应力钢筋	消除应力钢丝	光面 螺旋肋 刻痕	ΦP ΦH ΦI
预应力钢筋	钢绞线	ΦS		热处理钢筋	40Si2Mn 48Si2Mn 45Si2Cr	ΦHT

建材、设备的规格型号表示法　　　　　表 14-12

符号	意义	符号	意义
	一、土建材料	in	英寸
⌐	角钢	♯	号
⊏	槽钢	@	每个、每样相等中距
⊥	工字钢	C	窗
—	扁钢、钢板	c	保护层厚度
□	方钢	e	偏心距
φ	圆形材料直径	M	门

符号	意义		符号	意义	
n	螺栓孔数目		BWG	伯明翰线规	
C M MU S T	材料强度等级表示法	混凝土强度等级 砂浆强度等级 砖、石、砌块强度等级 钢材强度等级 木材强度等级	CWG	中国线规	
			SWG	英国线规	
			DG	电线管	
			G	焊接钢管	
β	高厚比		VG	硬塑料管	
λ	长细比		B D G L R X	灯具安装方式表示法	壁装式 吸顶式 管吊式 链吊式 嵌入式 线吊式
( )	容许的				
+（—）	受拉（受压）的				
二、电气材料设备					
AWG	美国线规				

表 14-13

符号	意义		符号	意义	
BLV BLVV BLX BLXF BV BVR BVV BX BXR BXF HBV HPV	导线类型表示法	铝芯聚氯乙烯绝缘线 铝芯聚氯乙烯护套线 铝芯橡胶线 铝芯氯丁橡胶线 铜芯聚氯乙烯绝缘线 铜芯聚氯乙烯绝缘软线 铜芯聚氯乙烯护套线 铜芯橡皮线 铜芯橡胶软线 铜芯氯丁橡胶线 铜芯聚氯乙烯通信广播线 铜芯聚氯乙烯电话配线	AQ DQ E GF H L M QQ R RH	输送液体、气体管类型表示法	氨气管 氮气管 二氧化碳管 鼓风管 化工管 凝水管 煤气管 氢气管 热水管 乳化剂管
三、给水排水材料设备			S TF X XF Y YI YQ YS Z ZK ZQ	输送液体、气体管类型表示法	上水管 通风管 下水管 循环水管 油管 乙炔管 氧气管 压缩空气管 蒸汽管 真空管 沼气管
DN	公称直径（mm·毫米）				
d	管螺纹（in·英寸）				
PN	管线承受压力，如 $1.6N/mm^2$				

394

符号	意义		符号	意义
B、B_A	水泵类表示法	单级单吸离心水泵		
D、D_A		多级多吸离心水泵		
HB		单级单吸混流泵		
J、J_A		离心式水泵		
S、S_A		单级双吸离心水泵		

米制、市制长度单位换算表　　　　　　表 14-14

单位	米制				市制	
	米 (m)	毫米 (mm)	厘米 (cm)	公里 (km)	市寸	市尺
1m	1	1000	100	0.0010	30	3
1mm	0.0010	1	0.1000	10^{-6}	0.0300	0.0030
1cm	0.0100	10	1	10^{-5}	0.3000	0.0300
1km	1000	1000000	100000	1	30000	3000
1市寸	0.0333	33.3333	3.3333	$3.3333×10^{-5}$	1	0.1000
1市尺	0.3333	333.3333	33.3333	0.0003	10	1
1市丈	3.3333	3333.3333	333.3333	0.0033	100	10
1市里	500	500000	50000	0.5000	15000	1500
1in	0.0254	25.4000	2.5400	$2.5400×10^{-5}$	0.7620	0.0762
1ft	0.3048	304.8000	30.4800	0.0003	9.1440	0.9144
1vd	0.9144	914.4000	91.4400	0.0009	27.4320	2.7432
1mile	1609.3440	$1.6093×10^6$	$1.6093×10^5$	1.6093	$4.8280×10^4$	4828.0320

英制、市制长度单位换算表　　　　　　表 14-15

单位	市制		英制			
	市丈	市里	英寸 (m)	英尺 (ft)	码 (yd)	英里 (mile)
1m	0.3000	0.0020	39.3701	3.2808	1.0936	0.0006
1mm	0.0003	$2×10^{-6}$	0.0394	0.0033	0.0011	$0.6214×10^{-6}$
1tm	0.0030	$2×10^{-5}$	0.3937	0.0328	0.0109	$0.6214×10^{-3}$
1km	300	2	$3.9370×10^4$	3280.8398	1093.6132	0.6214
1市寸	0.0100	$6.6667×10^{-5}$	1.3123	0.1094	0.0365	$2.0712×10^{-5}$
1市尺	0.1000	0.0007	13.1233	1.0936	0.3645	0.0002
1市丈	1	0.0067	131.2333	10.9361	3.6454	0.0021
1市里	150	1	$1.9685×10^4$	1640.4167	546.8055	0.3107

单位	市制		英制			
	市丈	市里	英寸 （m）	英尺 （ft）	码 （yd）	英里 （mile）
1in	0.0076	$5.0800×10^{-5}$	1	0.0833	0.0278	$1.5783×10^{-5}$
1ft	0.0914	0.0006	12	1	0.3333	0.0002
1vd	0.2743	0.0018	36	3	1	0.0006
1mile	482.8032	3.2187	63360	5280	1760	1

英寸的分数、小数习惯称呼与毫米对照　　表 14-16

英寸（in）		我国习惯称呼	毫米（mm）
分数	小数		
1/16	0.0625	半分	1.5875
1/8	0.1250	一分	3.1750
3/16	0.1875	一分半	4.7625
1/4	0.2500	二分	6.3500
5/16	0.3125	二分半	7.9375
3/8	0.3750	三分	9.5250
7/16	0.4375	三分半	11.1125
1/2	0.5000	四分	12.7000
9/16	0.5625	四分半	14.2875
5/8	0.6250	五分	15.8750
11/16	0.6875	五分半	17.4625
3/4	0.7500	六分	19.0500
13/16	0.8125	六分半	20.6375
7/8	0.8750	七分	22.2250
15/16	0.9375	七分半	23.8125
1	1.0000	一英寸	25.4000

英制面积单位换算表　　　　表 14-17

单位	英制				
	平方英尺（ft²）	平方码（yd²）	英亩	美亩	平方英里（mile²）
1m²	10.7639	1.1960	0.0002	0.0002	0.3861×10⁻⁶
1a	1076.3910	119.5990	0.0247	0.0247	0.3861×10⁻⁴
1ha	1.0764×10⁵	11959.9005	2.4711	2.4710	0.0039
1km²	1.0764×10⁷	1.1960×10⁴	247.1054	247.1041	0.3861
1平方市尺	1.1960	0.1329	0.2746×10⁻⁴	0.2746×10⁻⁴	0.4290×10⁻⁷
1平方市丈	119.5990	13.2888	0.0027	0.0027	0.4290×10⁻⁵
1市亩	7175.9403	797.3267	0.1647	0.1647	0.0003
1市顷	7.1759×10⁵	7.9733×10⁴	16.4737	16.4736	0.0257
1ft²	1	0.1111	0.2296×10⁻⁴	0.2296×10⁻⁴	0.3587×10⁻⁷
1yd²	9	1	0.0002	0.0002	0.3228×10⁻⁶
1英亩	43560	4840	1	0.999995	0.0016
1美亩	43560.2178	4839.9758	1.000005	1	0.0016
1mile²	27878400	209600	640	639.9968	1

米制、市制体积和容积单位换算表　　　　表 14-18

单位	米制			市制			
	立方米（m³）	立方厘米（cm³）	升（L）	立方市寸	立方市尺	市斗	市石
1m³	1	1000000	1000	27000	27	100	10
1cm²	10⁻⁶	1	0.0010	0.0270	0.2700×10⁻⁴	0.0001	10⁻⁵
1L	0.0010	1000	1	27	0.0270	0.1000	0.0100
1立方市寸	0.3704×10⁻⁴	37.0370	0.0370	1	0.0010	0.0037	0.0004
1立方市尺	0.0370	3.7037×10⁴	37.0370	1000	1	3.7037	0.3704
1市斗	0.0100	10000	10	270	0.2700	1	0.1000
1市石	0.1000	100000	100	2700	2.7000	10	1

单位	米制			市制			
	立方米 （m³）	立方厘米 （cm³）	升 （L）	立方市寸	立方市尺	市斗	市石
1in³	1.6387 ×10⁻⁵	16.3871	0.0164	0.4424	0.0004	0.0016	0.0002
1ft³	0.0283	2.8317 ×10⁴	28.3168	764.5549	0.7646	2.8317	0.2832
1yd³	0.7646	7.6455 ×10⁵	764.5549	2.0643 ×10⁴	20.6430	76.4555	7.6455
1gal（英）	0.0045	4543.7068	4.5437	122.6801	0.1227	0.4544	0.0454
1gal（美）	0.0038	3785.4760	3.7855	102.2079	0.1022	0.3785	0.0379
1bu	0.0363	3.6350 ×10⁴	36.3497	981.4407	0.9814	3.6350	0.3635

英制体积和容积单位换算表　　表 14-19

单位	英制					
	立方英寸 （m³）	立方英尺 （ft³）	立方码 （yd³）	加仑 （英液量） （gal）	加仑 （美液量） （gal）	蒲式耳 （bu）
1m³	6.1024 ×10⁴	35.3146	1.3079	220.0846	264.1719	27.5106
1cm³	0.0610	0.3531 ×10⁻⁴	0.1308 ×10⁻⁵	0.2201 ×10⁻³	0.2642 ×10⁻³	0.2751 ×10⁻⁴
1L	61.0237	0.0353	0.0013	0.2201	0.2642	0.0275
1 立方市寸	2.2601	0.0013	0.4844 ×10⁻⁴	0.0082	0.0098	0.0010
1 立方市尺	2260.1387	1.3080	0.0484	8.1513	9.7842	1.0189
1 市斗	610.2374	0.3531	0.0131	2.2008	2.6417	0.2751
1 市石	6102.3745	3.5315	0.1308	22.0085	26.4172	2.7511
1in³	1	0.0006	2.1433 ×10⁻⁵	0.0036	0.0043	0.0005
1ft³	1728	1	0.0370	6.2321	7.4805	0.7790
1yd³	46656	27	1	168.2668	201.9740	21.0333
1gak（英）	277.2740	0.1605	0.0059	1	1.2003	0.1250
1gak（美）	231	0.1337	0.0050	0.8331	1	0.1041
1bu	2218.1920	1.2837	0.0475	8	9.6026	1

米制重量单位换算表　　　　　表 14-20

单位	米制		
	千克（kg）	克（g）	吨（t）
1kg	1	1000	0.0010
1g	0.0010	1	10^{-6}
1t	1000	1000000	1
1 市两	0.0500	50	0.5000×10^{-4}
1 市斤	0.5000	500	0.0005
1 市担	50	50000	0.0500
1floz	0.0283	28.3495	0.2835×10^{-4}
1lb	0.4536	453.5920	0.0005
1ton	1016.0461	1.0160×10^{4}	1.0160
1US ton	907.1840	907184	0.9072

市制重量单位换算表　　　　　表 14-21

单位	市制		
	市两	市斤	市担
1kg	20	2	0.0200
1g	0.0200	0.0020	0.2000×10^{-4}
1t	20000	2000	20
1 市两	1	0.1000	0.0010
1 市斤	10	1	0.0100
1 市担	1000	100	1
1flox	0.5670	0.0567	0.0006
1lb	9.0718	0.9072	0.0091
1ton	2.0321×10^{4}	2032.0922	20.3209
1US ton	1.8144×10^{4}	1814.3680	18.1437

英制重量单位换算表　　　　　表 14-22

单位	英制			
	盎司（flox）	磅（lb）	英（长）吨（ton）	美（短）吨（Us ton）
1kg	35.2740	2.2046	0.0010	0.0011
1g	0.0353	0.0022	0.9842×10^{-6}	1.1023×10^{-6}
1t	3.5274×10^{4}	2204.6244	0.9842	1.1023

单位	英制			
	盎司（flox）	磅（lb）	英（长）吨（ton）	美（短）吨（Us ton）
1市两	1.7637	0.1102	0.4921×10^{-4}	0.5512×10^{-4}
1市斤	17.6370	1.1023	0.0005	0.0006
1市担	1763.6995	110.2312	0.0492	0.0551
1flox	1	0.0625	0.2790×10^{-4}	0.3125×10^{-4}
1lb	16	1	0.0004	0.0005
1ton	35840	2240	1	1.1200
1US ton	32000	2000	0.8929	1

千克与磅换算表　　表 14-23

千克（kg）	0.4536	0.9072	1.3608	1.8144	2.2680
磅或千克（lb 或 kg）	1	2	3	4	5
磅（lb）	2.2046	4.4092	6.6139	8.8185	11.0231
千克（kg）	2.7216	3.1751	3.6287	4.0823	
磅或千克（lb 或 kg）	6	7	8	9	
磅（lb）	13.2277	15.4324	17.6370	19.8416	

法定计算单位与习用非法定计量单位换算表　　表 14-24

量的名称	习用非法定计量单位		法定计量单位		单位换算关系
	名称	符号	名称	符号	
力	千克力	kgf	牛顿	N	1kgf＝9.80665N≈10N
	吨力	tf	千牛顿	kN	1tf＝9.80665kN≈10kN
线分布力	千克力每米	kgf/m	牛顿每米	N/m	1kgf/m＝9.80665N/m ≈10N/m
	吨力每米	tf/m²	千牛顿每米	kN/m	1tf/m＝9.80665kN/m ≈10kN/m

量的名称	习用非法定计量单位		法定计量单位		单位换算关系
	名称	符号	名称	符号	
面分布力、压强	千克力每平方米	kgf/m²	牛顿每平方米（帕斯卡）	N/m²（Pa）	1kgf/m²=10N/m²（Pa）
	吨力每平方米	tf/m²	千牛顿每平方米（千帕斯卡）	kN/m²（Pa）	1tf/m²≈10kN/m²（Pa）
	标准大气压	atm	兆帕斯卡	MPa	1atm=0.101325MPa≈0.1MPa
	工程大气压	at	兆帕斯卡	MPa	1at=0.0980665MPa≈0.1MPa
	毫米水柱	mmH₂O	帕斯卡	Pa	1mmH₂O=9.80665Pa≈10Pa（按水的密度为 1g/cm² 计）
	毫米汞柱	mmHg	帕斯卡	Pa	1mmHg=133.322Pa
	巴	bar	帕斯卡	Pa	1bar=10⁵Pa
体分布力	千克力每立方米	kgf/m³	牛顿每立方米	N/m³	1kgf/m³=9.80665N/m³≈10N/m³
	吨力每立方米	tf/m³	千牛顿每立方米	kN/m³	1tf/m³=9.80965kN/m³≈10kN/m³
力矩、弯矩、扭矩、力偶矩、转矩	千克力米	kgf·m	牛顿米	N·m	1kgf·m=9.80665N·m≈10kN·m
	吨力米	tf·m	千牛顿米	kN·m	1tf·m=9.80665kN·m≈10kN·m
双弯矩	千克力二次方米	kgf·m²	牛顿二次方米	N·m²	1kgf·m²=9.80665N·m²≈10kN·m²
	吨力二次方米	tf·m²	千牛顿二次方米	kN·m²	1tf·m²=9.80665kN·m²≈10kN·m²
应力、材料强度	千克力每平方毫米	kgf/mm²	兆帕斯卡	MPa	1kgf/mm²=9.80665MPa≈10MPa
	千克力每平方厘米	tgf/cm²	兆帕斯卡	MPa	1tgf/mm²=0.0980665MPa≈0.1MPa
	吨力每平方米	tf/m²	千帕斯卡	kPa	1tf/·m²=9.80665kPa≈10kPa

量的名称	习用非法定计量单位		法定计量单位		单位换算关系
	名称	符号	名称	符号	
弹性模量、剪变模量、压缩模量	千克力每平方厘米	kgf/cm²	兆帕斯卡	MPa	$1kgf/cm^2 = 0.0980665MPa$ $\approx 0.1MPa$
压缩系数	平方厘米每千克力	cm²/kgf	每兆帕斯卡	MPa^{-1}	$1cm^2/kgf = (1/0.0980665)$ MPa^{-1}
地基抗力刚度系数	吨力每三次方米	tf/m³	千牛顿每三次方米	kN/m³	$1tf/m^3 = 9.80665kN/m^3$ $\approx 10kN/m^3$
地基抗力比例系数	吨力每四次方米	tf/m⁴	千牛顿每四次方米	kN/m⁴	$1tf/m^4 = 9.80665kN/m^4$ $\approx 10kN/m^4$
功、能、热量	千克力米	kgf·m	焦耳	J	$1kgf \cdot m = 9.80665J \approx 10J$
	吨力米	tf·m	千焦耳	kJ	$1tf \cdot m = 9.80665kJ \approx 10kJ$
	立方厘米标准大气压	cm³·atm	焦耳	J	$1cm^3 \cdot atm = 0.101325J \approx 0.1J$
	升标准大气压	L·atm	焦耳	J	$1L \cdot atm = 101.325J \approx 100J$
	升工程大气压	L·at	焦耳	J	$1L \cdot at = 98.0665J \approx 100J$
	国际蒸汽表卡	cal	焦耳	J	$1cal = 4.1868J$
	热化学卡	cal_th	焦耳	J	$1cal_{th} = 4.184J$
	15℃卡	cal₁₅	焦耳	J	$1cal_{15} = 4.1855J$
功率	千克力米每秒	kgf·m/s	瓦特	W	$1kgf \cdot m/s = 9.80665W \approx 10$
	国际蒸汽表卡每秒	cal/s	瓦特	W	$1cal_s = 4.1868W$
	千卡每小时	kcal/h	瓦特	W	$1kcal/h = 1.163W$
	热化学卡每秒	cal_th/s	瓦特	W	$1cal_{th}/s = 4.184W$
	升标准大气压每秒	L·atm/s	瓦特	W	$1L \cdot atm/s = 101.325W \approx 100W$

量的名称	习用非法定计量单位		法定计量单位		单位换算关系
	名称	符号	名称	符号	
功率	升工程大气压每秒	L·at/s	瓦特	W	1L·at/s＝98.0665W≈100W
	米制马力		瓦特	W	1米制马力＝735.499W
	电工马力		瓦特	W	1电工马力＝746W
	锅炉马力		瓦特	W	1锅炉马力＝9809.5W
动力黏度	千克力秒每平方米	kgf·s/m²	帕斯卡秒	Pa·s	1kgf·s/m²＝9.80665Pa·s ≈10Pa·s
	泊	P	帕斯卡秒	Pa·s	1P＝0.1Pa·s
运动黏度	斯托克斯	St	二次方米每秒	m²/s	1St＝10^{-4}m²/s
发热量	千卡每立方米	kcal/m³	千焦耳每立方米	kJ/m³	1kcal/m³＝4.1868kJ/m³
	热化学千卡每立方米	kcal$_{th}$/m³	千焦耳每立方米	kJ/m³	1kcal$_{th}$/m³＝4.184kJ/m³
汽化热	千卡每千克	kcal/kg	千焦耳每千克	kJ/kg	1kcal/kg＝4.1868kJ/kg
热负载	千卡每小时	kcal/h	瓦特	W	1kcal/h＝1.163W
热强度、容积热负荷	千卡每立方米小时	kcal/(m³·h)	瓦特每立方米	W/m³	1kcal/(m³·h)＝1.163W/m³
热流密度	卡每平方厘米秒	cal/(cm²·s)	瓦特每平方米	W/m²	1cal/(cm²·s)＝41868W/m²
	千卡每平方米小时	kcal/(m²·h)	瓦特每平方米	W/m²	1kcal/(m²·h)＝1.63W/m²
比热容	千卡每千克摄氏度	kcal/(kg·℃)	千焦耳每千克开尔文	kJ/(kg·K)	1kcal/(kg·℃)＝4.1868kJ/(kg·K)
	热化学千卡每千克摄氏度	kcal$_{th}$/(kg·℃)	千焦耳每千克开尔文	kJ/(kg·K)	1kcal$_{th}$/(kg·℃)＝4.18kJ/(kg·K)

量的 名称	习用非法定计量单位		法定计量单位		单位换算关系
	名称	符号	名称	符号	
体积热容	千卡每立方 米摄氏度	kcal/ (m³·K)	千焦耳每立 方米开尔文	kJ/ (m³·K)	$1kcal_{th}/(m^3·℃)$ $=4.1868kJ/(m^3·K)$
	热化学千 卡每立方 米摄氏度	kcal_th/ (m³·K)	千焦耳每立 方米开尔文	kJ/ (m³·K)	$1kcal_{th}/(m^3·℃)$ $=4.184 kJ/(m^3·K)$
传热系数	卡每平方 厘米秒摄 氏度	cal/ (cm²· s·℃)	瓦特每平 方米开尔文	W/ (m²·K)	$1cal/(cm^2·s·℃)$ $=41868W/(m^2·K)$
	千卡每平 方米小时 摄氏度	kcal/ (m²· h·℃)	瓦特每平 方米开尔文	W/ (m²·K)	$1kcal/(m^2·h·℃)$ $=1.163W/(m^2·K)$
热导率	卡每厘米 秒摄氏度	cal/ (cm· s·℃)	瓦特每米 开尔文	W/ (m·K)	$1kcal/(cm·s·℃)$ $=418.68W/(m·K)$
	千卡每米小 时摄氏度	kcal/ (m·h· ℃)	瓦特每米 开尔文	W/ (m·K)	$1kcal/(m·h·℃)$ $=1.163W/(m·K)$
热阻率	厘米秒摄 氏度每卡	cm·s· ℃/cal	米开尔文 每瓦特	m· K/W	$1cm·s·℃/cal$ $=(1/418.68) m·K/W$
	米小时摄氏 度每千卡	m·h· ℃/kcal	米开尔文 每瓦特	m· k/W	$1m·h·℃/kcal$ $=(1/1.163) m·K/W$
〔光〕 照度	辐透	ph	勒克斯	lx	$1ph=10^4lx$
〔光〕 亮度	熙提	sb	坎德拉 每平方米	cd/m²	$1sd=10^4 cd/m^2$
	亚熙提	asb	坎德拉 每平方米	cd/m²	$1asd=(1/\pi)cd/m^2$
	朗伯	la	坎德拉 每平方米	cd/m²	$1la=(10^4/\pi)cd/m^2$
声压	微巴	μbar	帕斯卡	Pa	$1\mu bar=10^{-1}Pa$
声能密度	尔格每立 方厘米	erg/cm³	焦耳 每立方米	Vm³	$1erg/cm^3=10^{-1}Vm^3$

量的名称	习用非法定计量单位		法定计量单位		单位换算关系
	名称	符号	名称	符号	
声功率	尔格每秒	erg/s	瓦特	W	$1erg/a=10^{-7}W$
声强	尔格每秒平方厘米	erg/(s·cm²)	瓦特每平方米	W/m²	$1erg/(s·cm^2)=10^{-3}W/m^2$
声阻抗率、流阻	CG 瑞利	CGS rayl	帕斯卡秒每米	Pa·s/m	$1CGSrayl=10Pa·s/m$
	瑞利	rayl	帕斯卡秒每米	Pa·s/m	$1rayl=1Pa·s/m$
声阻抗	CGS 声欧姆	CGSΩ$_A$	帕斯卡秒每三次方米	Pa·s/m³	$1CGS Ω_A=10^5Pa·s/m^3$
	声欧姆	Ω$_A$	帕斯卡秒每三次方米	Pa·s/m³	$1Ω_A=1Pa·s/m^3$
力阻抗	CGS 力欧姆	Ω$_M$	牛顿秒每米	N·s/m	$1CGSΩ_M=10^3N·s/m$
	力欧姆	Ω$_M$	牛顿秒每米	N·s/m	$1Ω_M=1N·s/m$
吸声量	赛宾	Sab	平方米	m²	$1Sab=1m^2$

pH 值参考表　　　　　　表 14-25

pH 值	0	1	2	3	4	5	6	7
溶液性质	强酸性				强酸性			中性
pH 值	8	9	10	11	12	13	14	
溶液性质	弱碱性			强碱性				

注：pH 值＜7 溶液显酸性，值越小酸性越强；pH 值＞7 溶液显碱性，值越大碱性越强。

材料基本性质常用名称及代号表　　　表 14-26

名称	代号	公式	常用单位	说明
密度	ρ	$\rho=m/V$	g/cm³	m：材料干燥状态下的重量（g）； V：材料绝对密实状态下的体积（cm³）
质量密度	ρ_0	$\rho_0=m/V_1$	g/cm³	m：材料的重量（g）； V：材料在自然状态下的体积（cm³）

名称	代号	公式	常用单位	说明
孔隙率	ξ	$\xi = \dfrac{V_1 - V}{V_1} \times 100\%$ $= \left(1 - \dfrac{\rho_0}{\rho}\right) \times 100\%$	%	计算松散状态的颗粒之间的 ξ 时，V 为颗粒体积，V_1 为松散体积
强度	f	$f = P/A$	MPa (N/mm²)	P：破坏时的重力（N）；A：受力面积（mm²）
含水率	W	$m_水 / m$	%	$m_水$：材料中所含水重（g）；m：材料干燥重量（g）
重量吸水率	$B_重$	$B_重 \dfrac{m_1 - m}{m} \times 100\%$	%	m：材料干燥重量（g）；m_1：材料吸水饱和状态下的重量（g）
体积吸水率	$B_体$	$B_体 = \dfrac{m_1 - m}{V_1} \times 100\%$ $= B_量 \cdot \rho_0$	%	V_1：材料在自然状态下的体积（cm³）；m、m_1、ρ_0 同上
软化系数	ψ	$\psi = f_1 / f_0$		f_1：材料在水饱和状态下的抗压强度（MPa 或 N/mm²）；f_0 材料在干燥状态下的抗压强度（MPa 或 N/mm²）
渗透系数	K	$\dfrac{Q}{A} = K \dfrac{H}{L}$		Q/A：单位时间内渗过材料试件单位面积的水量；H/L：压力水头和渗透距离（试件厚度的比值）
抗冻等级	F			材料在 $-15℃$ 以下冻结，反复冻融后重量损失 $\leqslant 5\%$，强度损失 $\leqslant 25\%$ 的冻融次数
抗渗等级	P			试件能承受的最大水压力值
导热系数	λ		W/m·K (kcal/m·h·℃)	物体厚 1m，两表面温差 1℃时，1h 通过 1m² 围护结构表面积的热量
热阻	R		m²·K/W (m·h·℃ /kcal)	室外温差为 1℃时，使 1kcal 热量通过 1m² 围护结构表面积的热量

名称	代号	公式	常用单位	说明
比热	c	$c=Q/P\,(t_1-t_2)$	kJ/kg·K（kcal/kg·℃）	Q：加热于物体所耗热量（kJ）； P：材料重量（kg）； t_1-t_2：物体加热前后的温度差
蓄热系数	S		W/m²·K	表面温度波动1℃时，在1h内，1m²围护结构表面吸收和散发的热量
蒸汽渗透系数	μ		g/m·h·mmHg	材料厚1m，两侧水蒸气分压力差为1mmHg时，1h经过1m²表面积扩散的水蒸气量
吸声系数	α	$\alpha\dfrac{E}{E_0}$	％	材料吸收声能与入射声能的比值
热流量	Q			单位时间内自某物体传出和传入的热量
热流[量]密度	q		W/m²	垂直于热流方向的单位面积的热流量
热惰性	D			热阻与蓄热系数的乘积 $D=R\cdot S$

注：常用单位中的（ ）为习用非法定单位。

部分塑料密度表　　　　　表 14-27

名称	密度（kg/m³）	名称	密度（kg/m³）
聚氨酯泡沫塑料（硬质）	0.02～0.3	聚氯乙烯泡沫塑料（硬）	≤0.045
聚氨酯泡沫塑料（软质）	0.03～0.45	酚醛泡沫塑料	0.14～0.2
可发性聚苯乙烯泡沫塑料	0.02～0.05	脲醛泡沫塑料	0.15
浮液聚苯乙烯泡沫塑料	0.02～0.1	脲醛泡沫塑料	0.01～0.02
聚乙烯泡沫塑料	≤0.06	有机硅泡沫塑料	0.19～0.40
聚氯乙烯泡沫塑料（软）	0.08～0.15	环氧树脂泡沫塑料	0.084

名称	密度（kg/m³）	名称	密度（kg/m³）
聚乙烯醇缩甲醛泡沫塑料	0.1～0.5	ARS 塑料	1.02～1.20
聚氯乙烯（硬质）	1.35～1.60	尼龙-6	1.12～1.14
聚甲醛（共）	1.43	尼龙 46	1.15
聚碳酸酯	1.2	尼龙-610	1.09～1.13
玻纤增强聚碳酸酯	1.4	尼龙-9	1.05
聚四氟乙烯	2.1～2.2	尼龙-1010	1.04～1.09
聚三氟氯乙烯	2.19～2.16	尼龙-11	1.04
氟塑料-46	2.10～2.2	玻纤增强尼龙	1.3～1.52
聚砜	1.24	碎木酚醛塑料	1.3～1.4
聚苯撑氧	1.06	石棉酚醛塑料	1.5～1.6
聚酰亚胺	1.4～1.6	酚醛玻纤压塑料	1.7～1.8
有机玻璃	1.19	DAP 塑料	1.55～1.90
聚氯醚	1.4	脲-甲醛模压塑料（a·纤维填充）	1.4～1.52
糖醛	1.16	三聚氰胺-甲醛压塑料（玻纤增强）	1.8～2.0
酚醛	1.25～1.40	三聚氰胺-甲醛塑料	1.45～1.5
碎布酚醛塑料	1.3～1.4	不饱和聚酯玻纤压塑料	2.1
聚氯乙烯（软质）	1.3～1.5	聚酯塑料	1.38～1.39
聚丙烯	0.9～0.91	环氧玻纤压塑料	1.8～2.0
低压聚乙烯	0.94～0.95	玻纤增强糖醛-丙酮塑料	1.7
高压聚乙烯	0.91～0.93	赛璐珞塑料	1.35～1.40
聚苯乙烯	1.04～1.09	有机硅玻纤层压塑料	1.7
AS 塑料	1.00～1.03	氨基塑料	1.35～1.45

表 14-28

常用热塑性塑料综合技术性能表

性能		聚苯乙烯塑料 (PS)	低压聚乙烯塑料 (低压 PE)	硬聚氯乙烯塑料 (硬 PVC)	软聚氯乙烯塑料 (软 PVC)	聚丙烯塑料 (PP)	聚甲醛塑料 (POM)	尼龙 (PA) 1010	聚酰亚胺塑料 (PI)	聚甲基丙烯酸甲酯塑料 (PMMA)
密度 (g/cm³)		1.05~1.07	0.94~0.96	1.35~1.45	1.16~1.35	0.9~0.91	1.42~1.43	1.04~1.09	1.4~1.6	1.18~1.20
吸水率 (%)		0.05~0.1	0.005~0.01	0.07~0.4	0.15~0.75	0.03~0.04	0.25	0.5~1	0.2~0.3	1.18~1.20
伸长率 (%)		48	60~150	20~40	200~450	>200	15~25	100~250	6~8	2~10
抗拉强度 (MPa)		≥30.0	≥20.0	35.0~50.0	10.5~24.0	30.0~39.0	40.0~70.0	52.0~55.0	94.5	49.0~77.0
抗压强度 (MPa)		—	22.5	56.0~91.0	6.3~12.0	39.0~56.0	12.20	79.0	>170.0	84.0~126.0
抗弯强度 (MPa)		≥50.0	25.0~40.0	70.0~120.0	—	42.0~56.0	80.0~110.0	82.0~89.0	>100.0	91.0~120.0
冲击强度 (J/cm²)	缺口	1.177~1.57	0.687~0.785	0.214~1.069		0.216~0.491	0.746	0.392~0.491	0.373	0.785~0.981
	无缺口	1.962~2.943	≥4.905	11.772	—	≥7.848	10.595	>48.069	5.297	—
硬度	布氏	—	邵氏, D60~70	14.7~17.4	—	—	—	7.1	—	14~18
	洛氏	M65~80	—	—	—	R95~105	M80	17.2	—	M85~M105
热变形温度 (℃)	1.86 (MPa)	66~91	48	54~73	—	56~67	124	45	360	74~107
	0.46 (MPa)	—	60~82	82	—	100~116	170	—	—	—

指标

物理机械性能

性能		指标								
		聚苯乙烯塑料 (PS)	低压聚乙烯塑料 (低压 PE)	硬聚氯乙烯塑料 (硬 PVC)	软聚氯乙烯塑料 (软 PVC)	聚丙烯塑料 (PP)	聚甲醛塑料 (POM)	尼龙 (PA) 1010	聚酰亚胺塑料 (PI)	聚甲基丙烯酸甲酯塑料 (PMMA)
耐热性 ℃	马丁	70~75	121	≥65	40~70	44	60~64	45	—	600~880
	连接	60~75	121~127	66~79	—	121	85	80	260	100~120
耐寒性 (即脆化温度)(℃)		−30	−70	−30	−30	−35		−60	−180	
熔点 (℃)		200	123~129	160	160	164~170	175	200~210	—	>108
热胀系数 (10⁻⁵/℃)		8	12.6~16	5~18.5	7~25	10.8~11.2	8.1~10	14~16	5.5~6.3	5~9
电气性能 介电系数 [10⁵ 赫 (Hz)]		2.4~2.65	2.3~2.4	2.8~3.1	3.3~4.5	2~2.6	3.7	3.6	3~4	3~3.6
击穿电压 (kV/mm)		50~55	26~28	16.7~51.1	11.8~39.3	30	~	10~15	>40	20

注：1. 马丁耐热度，表示材料长期使用时所能承受的最高温度，但瞬时使用条件下的温度远可超过此数值。

2. 介电系数，表示材料的电绝缘性能。介电系数越大，绝缘性能越好。

3. 击穿电压，指使绝缘体或介质失去绝缘性能而被电流击穿时的电压。其数值越大，电缘性能越好。

4. 抗拉、抗压、抗弯强度均按 1kgf/cm²≈0.1MPa 或 0.1MPa 换算。

5. 冲击强度按 1kgf·cm/cm²=0.0981J/cm² 换算。

直径 （in）	外径×壁厚 （mm）	重量 （kg/m）	直径 （in）	外径×壁厚 （mm）	重量 （kg/m）
1/2″	22×2	0.16	2″	63×4.5	1.17
1/2″	22×2.5	0.19	2″	63×7	1.74
3/4″	25×2	0.20	2½″	83×5.3	1.88
3/4″	25×3	0.29	3″	89×6.5	2.53
1″	32×3	0.38	3½″	102×6.5	2.73
1″	32×4	0.49	4″	114×7	3.30
1¼″	40×3.5	0.58	5″	140×8	4.64
1¼″	40×5	0.77	6″	166×8	5.60
1½″	51×4	0.88	8″	218×10	7.50
1½″	51×6	1.49			

塑料软管规格表　　　　　　　　表 14-30

内径×壁厚 （mm）	每1000m重 （kg）	内径×壁厚 （mm）	每1000m重 （kg）	内径×壁厚 （mm）	每1000m重 （kg）
1×0.3	2.5	4.5×0.5	13.7	12×0.6	40
1.5×0.3	3.32	5×0.5	15.4	14×0.7	50
2×0.3	3.84	6×0.5	16.7	16×0.8	71.5
2.5×0.3	4.16	7×0.5	20	20×1	91
3×0.3	5	8×0.5	25	25×1	125.1
3.5×0.3	8.33	9×0.5	28.6	30×1.3	132
4×0.5	11.1	10×0.6	33.3	34×1.3	200

塑料硬板规格表 表 14-31

规格 （mm）	重量 （kg/m²）	规格 （mm）	重量 （kg/m²）	规格 （mm）	重量 （kg/m²）
2	2.96	7	10.04	14	20.70
2.5	3.70	7.5	11.10	15	22.20
3	4.44	8	11.84	16	23.70
3.5	5.18	8.5	12.60	17	25.20
4	5.92	9	13.30	18	26.60
4.5	6.66	9.5	14.10	19	28.10
5	7.40	10	14.80	20	29.60
5.5	8.14	11	16.30	25	34.83
6	8.88	12	17.80	28	41.40
6.5	9.62	13	19.20	30	44.40

圆钢规格重量表 表 14-32

规格 （mm）	截面面积 （mm²）	重量 （kg/m）	规格 （mm）	截面面积 （mm²）	重量 （kg/m）
φ3.5	9.62	0.075	φ6	28.27	0.222
φ4	12.57	0.098	φ6.3	31.17	0.245
φ5	19.63	0.154	φ6.5	33.18	0.260
φ5.5	23.76	0.187	φ7	38.48	0.302
φ5.6	24.63	0.193	φ7.5	44.18	0.347
φ8	50.27	0.395	φ19	283.50	2.23
φ9	63.63	0.499	φ20	314.20	2.47
φ10	78.54	0.617	φ21	346.40	2.72
φ11	95.03	0.746	φ22	380.10	2.98
φ12	113.10	0.888	φ24	452.40	3.55
φ13	132.70	1.04	φ25	490.90	3.85
φ14	153.90	1.21	φ26	530.90	4.17
φ15	176.70	1.39	φ28	615.80	4.83
φ16	201.10	1.58	φ30	706.90	5.55
φ17	227.00	1.78	φ32	804.20	6.31
φ18	254.50	2.00	φ34	907.90	7.13

工字钢规格重量表 表 14-33

工字钢型号	尺寸（mm）			截面面积（cm²）	重量（kg/m）
	高	腿宽	腹厚		
10	100	68	4.5	14.3	11.2
12.6	126	74	5.0	18.1	14.2
14	140	80	5.5	21.5	16.9
16	160	88	6.0	26.1	20.5
18	180	94	6.5	30.7	24.1
20a	200	100	7.0	35.5	27.9
20b	200	102	9.0	39.5	31.1
22a	220	110	7.5	42.1	33.0
22b	220	112	9.5	46.5	36.5
25a	250	116	8.0	48.5	38.1
25b	250	118	10.0	53.5	42
28a	280	122	8.5	55.4	43.5
28b	280	124	10.5	61.0	47.8
32a	320	130	9.5	67.1	52.7
32b	320	134	11.5	73.5	57.7
32c	320	134	13.5	79.9	62.7
36a	360	136	10.0	76.4	60.0
36b	360	138	12.0	83.6	65.6
36c	360	140	14.0	90.8	71.3
40a	400	142	10.5	86.1	67.6
40b	400	144	12.5	94.1	73.8
40c	400	146	14.5	102.2	80.1

注：本表摘自《热轧型钢》（GB/T 706—2008）。

槽钢规格重量表 表 14-34

槽钢型号	尺寸（mm）			截面面积（cm²）	重量（kg/m）
	高	腿长	腹厚		
5	50	37	4.5	6.93	5.44
6.3	63	40	4.8	8.45	6.63
8	80	43	5.0	10.24	8.04
10	100	48	5.3	12.74	10.00

槽钢型号	尺寸（mm）			截面面积（cm²）	重量（kg/m）
	高	腿长	腹厚		
12.6	126	53	5.5	15.69	12.31
14a	140	58	6.0	18.51	14.53
14b	140	60	8.0	21.31	16.73
16a	160	63	6.5	21.96	17.23
16	160	65	8.5	25.16	19.75
20a	200	73	7.0	28.83	22.63
20	200	75	9.0	32.83	25.77
32a	320	88	8.0	48.5	38.0
32b	320	90	10.0	54.9	43.1
32c	320	92	12.0	61.3	48.1

等边角钢规格重量表   表 14-35

角钢型号	尺寸（mm）		截面面积（cm²）	重量（kg/m）	角钢型号	尺寸（mm）		截面面积（cm²）	重量（kg/m）
	边宽	边厚				边宽	边厚		
2.5	25	3	1.43	1.123	6.3	63	6	7.282	5.720
2.5	25	4	1.86	1.460	7.5	75	5	7.385	5.797
3.6	36	3	2.104	1.651	7.5	75	6	8.775	6.885
3.6	36	4	2.754	2.162	7.5	75	7	10.145	7.964
4.5	45	3	2.651	2.081	7.5	75	8	11.495	9.024
4.5	45	4	3.841	2.733	10	100	8	15.60	12.246
4.5	45	5	4.291	3.369	10	100	10	19.24	15.104
5	50	4	3.891	3.054	10	100	12	22.80	17.898
5	50	5	4.801	3.769	14	140	10	27.33	21.454
5	50	6	5.644	4.470	16	160	10	31.429	24.672
6.3	63	4	4.962	3.896	16	160	12	37.359	29.350
6.3	63	5	6.130	4.814	20	200	16	61.981	48.655

角钢型号	尺寸（mm）			截面面积（cm²）	重量（kg/m）
	长边	短边	边厚		
3.2/2	32	20	3	1.490	1.170
4.5/2.8	45	28	4	2.801	2.199
5/3.2	50	32	4	3.171	2.489
6.3/4.0	63	40	5	4.982	3.911
6.3/4.0	63	40	8	7.682	6.031
(7.5/5)	75	50	5	6.106	4.795
(7.5/5)	75	50	6	7.246	5.688
(7.5/5)	75	50	8	9.466	7.431
10/6.3	100	63	6	9.588	7.526
10/6.3	100	63	8	12.568	9.866
16/10	160	100	10	25.283	19.847
20/12.5	200	125	12	37.886	29.740

注：括号内尺寸不推荐使用。

薄钢板习用号数的厚度 表 14-37

习用号数	厚度				习用号数	厚度			
	普通薄钢板		镀锌薄钢板			普通薄钢板		镀锌薄钢板	
	in	mm	in	mm		in	mm	in	mm
8	0.1644	4.18	0.01681	4.270	21	0.0329	0.835	0.0366	0.930
9	0.1495	3.80	0.1532	3.900	22	0.0299	0.758	0.0336	0.855
10	0.1345	3.41	0.1382	3.510	23	0.0269	0.682	0.0306	0.778
11	0.1196	3.03	0.1233	3.130	24	0.0239	0.606	0.0276	0.700
12	0.1046	2.65	0.1084	2.742	25	0.0209	0.530	0.0247	0.627
13	0.0897	2.28	0.0934	2.370	26	0.0179	0.455	0.0217	0.552
14	0.0747	1.89	0.0785	1.990	27	0.0164	0.416	0.0202	0.513
15	0.0673	1.71	0.0710	1.800	28	0.0149	0.378	0.0187	0.475
16	0.0598	1.52	0.0635	1.610	29	0.0135	0.342	0.0172	0.437
17	0.0538	1.36	0.0575	1.460	30	0.0120	0.304	0.0157	0.399
18	0.0478	1.22	0.0516	1.310	31	0.0105	0.266	0.0142	0.361
19	0.0418	1.06	0.0456	1.155	32	0.0097	0.246	0.0134	0.340
20	0.0359	0.911	0.0396	1.000					

注：表列习用号数及钢板厚度为英美制规定，与我国实际生产的镀锌钢板及普通薄钢板的产品规格有出入，我国产品无号数称呼，为满足目前习惯称呼与实际厚度的关系对照，特选录此表，供参考。实际规格仍应以我国产品为准。

钢丝规格重量表　　　　　　　　　　　　　表 14-38

线号	直径（mm）	重量（kg/km）	线号	直径（mm）	重量（kg/km）
4	6.0	220	14	2.0	24
5	5.5	185	15	1.8	20
6	5.0	153	16	1.6	16
7	4.5	124	17	1.4	12
8	4.0	98	18	1.2	8
9	3.5	95	19	1.0	6
10	3.2	62	20	0.9	5
11	2.9	51	22	0.711	3.2
12	2.6	41	24	0.558	3.1
13	2.3	32			

刺钢丝规格重量表　　　　　　　　　　　　表 14-39

线号	刺间距离（mm）	长度（m/50kg）	重量（kg/km）
12	65	320	152
	75	360	139
	100	395	127
	125	430	116
14	65	545	91.8
	75	575	86.9
	100	650	76.9
	125	700	71.4

铁钉规格重量表　　　　　　　　　　　　　表 14-40

规格（in）	重量（kg/100 个）	规格（in）	重量（kg/100 个）
1/2	0.012	1	0.036
5/8	0.020	1¼	0.066
3/4	0.026	1½	0.098
7/8	0.030	1¾	0.156
2	0.214	4	1.021
2¼	0.272	4½	1.220
2½	0.341	5	1.640
3	0.514	6	2.380
3½	0.731	7	3.810

参 考 文 献

[1] 陈茂明. 材料员专业知识与实务（第二版）[M]. 北京：中国环境科学出版社，2007.

[2] 李慧平. 建筑企业材料供应与管理（第三版）[M]. 北京：中国环境科学出版社，2003.

[3] 蒋建清. 材料员 [M]. 北京：中国环境科学出版社，2012.

[4] 李亚杰，方坤河. 建筑材料（第六版）. 北京：中国水利水电出版社，2009.

[5] 苏达根. 土木工程材料（第二版）. 北京：高等教育出版社，2008.

[6] 龚爱民. 建筑材料. 郑州：黄河水利出版社，2009.

[7] 李洪斌，任淑霞. 土木工程材料. 北京：中国水利水电出版社，2010.

[8] 刘启顺. 土木工程材料. 北京：中国计划出版社，2010.

[9] 毕万里，周明月. 建筑材料 [M]. 北京：高等教育出版社，2002.

[10] 柯国军. 土木工程材料 [M]. 北京：北京大学出版社，2006.

[11] 安素琴. 建筑装饰材料 [M]. 北京：高等教育出版社，2006.

[12] 钱晓倩. 土木工程材料 [M]. 浙江：浙江大学出版社，2006.

[13] 崔长江. 建筑材料 [M]. 河南：黄河水利出版社，2004.

[14] 魏鸿汉. 材料员岗位知识与专业技能. 北京：中国建筑工业出版社，2013.

[15] 湖南大学等. 土木工程材料. 北京：中国建筑工业出版社，2011.